U0249590

叠后波阻抗反演综合应用模式
——以阳泉矿区为例

师素珍　彭苏萍　刘最亮　著

科学出版社
北　京

内 容 简 介

本书以叠后波阻抗为主题，总结并梳理了作者在实践中的成功案例。例如，盾构机掘进砂岩层位选择、底抽巷层位确定和岩石力学性质分析、煤层厚度精细刻画、煤层分叉合并解释、煤层冲刷带圈定、夹矸展布形态预测、构造煤识别等，揭示不同地质问题的波阻抗响应机理及识别方法，形成利用叠后波阻抗反演进行实际地质难点高效预测的方法体系，从而建立一个叠后波阻抗反演在煤矿中的综合应用模式。

本书对于阳泉矿区井下高效安全生产具有重要指导意义，对类似地质条件的工区也具有推广应用价值和借鉴意义。本书可供地球物理、采矿工程和地质工程等相关专业的科研人员和学生参考。

图书在版编目(CIP)数据

叠后波阻抗反演综合应用模式：以阳泉矿区为例 / 师素珍，彭苏萍，刘最亮著. —北京：科学出版社，2023. 4

ISBN 978-7-03-074660-3

Ⅰ. ①叠… Ⅱ. ①师… ②彭… ③刘… Ⅲ. ①矿山地质–地震反演–研究–阳泉 Ⅳ. ①TD1

中国国家版本馆 CIP 数据核字（2023）第 013444 号

责任编辑：焦 健 李亚佩 / 责任校对：何艳萍

责任印制：吴兆东 / 封面设计：北京图阅盛世

科学出版社 出版

北京东黄城根北街 16 号

邮政编码：100717

http://www.sciencep.com

北京中科印刷有限公司 印刷

科学出版社发行 各地新华书店经销

*

2023 年 4 月第 一 版 开本：787×1092 1/16

2023 年 4 月第一次印刷 印张：12 3/4

字数：300 000

定价：178.00 元

（如有印装质量问题，我社负责调换）

前　言

煤炭仍然是我国的主要能源，三维地震勘探是查明地下煤系地层赋存状态的有力手段，在过去30年中起到了至关重要的作用。随着煤炭开采深度的增加，安全问题越发重要和突出。对采前煤系地层的查明程度已经不满足于简单的构造解释，而对于煤体结构解释、岩性解释、流体解释及围岩力学性质解释逐渐成为更为关注的热点。

本书依托国家重点研发计划项目“煤矿隐蔽致灾地质因素动态智能探测技术研究”，以阳泉矿区历年波阻抗数据为基础，以波阻抗反演为主题，列举各类波阻抗反演在解决煤层厚度、煤体结构、岩性、流体和岩石力学性质预测等地质问题的成功实例，形成利用叠后波阻抗反演进行地质难点高效预测的方法体系，建立叠后波阻抗反演在煤矿中的综合应用模式。

全书共分7章。第1章叠后波阻抗反演技术，论述了叠后波阻抗技术的发展以及基于测井约束波阻抗反演的原理、流程和关键技术；第2章区域地质条件概述，主要介绍阳泉矿区的位置与交通、区域构造、含煤地层、煤层情况；第3章新景矿区，主要介绍测井约束波阻抗反演在新景矿区的应用，包括主要煤层厚度预测、15#煤层夹矸及分叉合并识别、K_7砂岩趋势确定及泥岩夹层确定、回风底抽巷$K_{2下}$石灰岩展布预测；第4章新元矿区，主要介绍测井约束波阻抗反演在新元矿区的应用，包括主要煤层厚度预测、主要煤层顶底板岩性预测、3#煤层冲刷带解释；第5章寺家庄矿区，主要介绍测井约束波阻抗反演在寺家庄矿区的应用，包括主要煤层厚度预测、15118巷道岩性预测、巷道围岩岩石力学性质预测；第6章叠后波阻抗反演影响因素分析，介绍影响反演结果的因素和解决方法；第7章叠后波阻抗反演技术综合应用模式，总结叠后波阻抗反演技术在不同地质问题中的应用模式和流程。

本书研究得到了华阳新材料科技集团有限公司的大力支持，在此表示真诚的感谢！

由于作者水平有限，书中难免有不妥之处，敬请读者批评指正。

目　录

第1章　叠后波阻抗反演技术

1.1　地震反演

由地下地质信息得到地震信息的过程，称为正演；反过来，由地震信息得到地下地质信息的过程，称为地震反演。地球物理反演就是从有限频带宽度的地震数据中恢复宽带波阻抗（图1.1），恢复地下地质结构和岩石性质（Sarkheil，2020；撒利明等，2015；Ning，2006）。

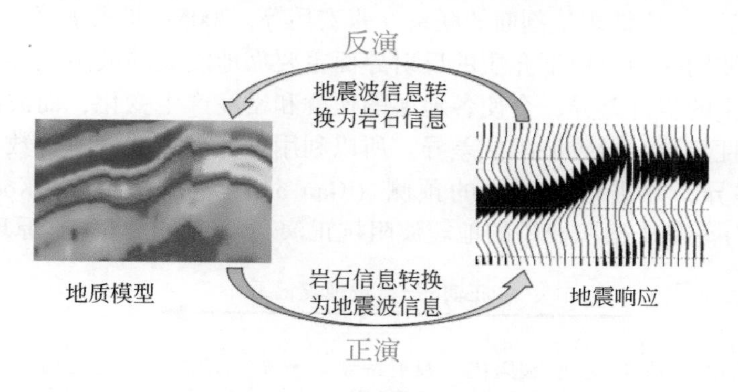

图1.1　正演与反演关系

通常在地震解释过程中是沿同相轴解释的，同相轴的变化对应着地下地层的变化，也就是说同相轴实际上就是地下岩层的分界面（杨文采，1993）。反演是在解释层位的基础上建立地质模型并反演出波阻抗界面，通过已知的地震资料、测井资料及其他资料，利用反褶积等方法推算出地下地质体的空间分布规律，反演出的波阻抗界面实际上就是地下地质体的反映，其本质是地震资料解释的一部分，可以看成地下地质体的一种地震属性（Brossier et al.，2015；张国栋等，2010）。因此，地震反演技术将地震反射剖面转换为地层波阻抗剖面，可直接进行地质解释和分析，是地震数字处理结果之一，比解释的层位更能反映地下地层的变化，逐渐成为煤层勘探的重要手段（管永伟等，2016）。

煤层预测最重要的是横向和纵向上的分辨率，然而一般地震数据只能提供中频信息（姚逢昌和甘利灯，2000），可得到比较高的横向分辨率，但是对于提高纵向分辨率的低频和高频信息却没有什么手段，而测井资料中含有高低频信息，因此，在反演过程中将测井资料作为约束地震反演的条件，从而达到提高地震分辨率的目的（Li et al.，2011；Li，2004；沈财余和阎向华，1999）。

反演结果的可靠性与地震资料及测井资料有关，一般认为井位越多测井资料越全，对反演越有利。当然井口数量多时，一定程度上能提高反演准确度，但并不是越多越好，关键是能找到测井曲线和地下地质体的正确对应关系（沈财余等，2002）。有些测井资料和地震资料在采集时受到各种影响，并不能真实反映地下地质体的真实特征，因此需要对已知的资料做处理，比如对测井曲线去异常值、标准化、曲线重构等，这样处理后的测井资料更具有横向对比性。最终反演的结果是通过层位建立地质模型，在测井约束的条件下进行反演，然后利用反演出来的波阻抗数据体沿层位提取属性进行综合分析，并进行勘探预测和评价（张超英等，2004；杨立强，2003）。

1.2　波阻抗反演原理

地下层位速度的不同对应着波阻抗的不同，速度的差异界面即波阻抗的分界面，而界面的反射系数可以表示为界面上下波阻抗之差与波阻抗之和的比值（Tarantola，1984）。由地震反射波理论可知，地震反射记录是地下反射系数序列与地震子波的褶积。由此，建立了地震反射记录叠加剖面与地震波阻抗剖面的联系（张宏兵等，2005；张永华等，2004）。

在地震反射波勘探中，地下介质的反射界面主要靠地震波的波阻抗界面来反映。地下岩性分界面所产生的岩性差异，会使各地层的速度和密度产生变化，而波阻抗为速度与密度之积，因而岩性差异会导致波阻抗差异。所以利用反演得到的波阻抗数据可以有效识别地下地质体的差异，并进行目的层的预测（Gan and Goulty，2010；Koesoemadinata and Mcmechan，2003）。基于褶积模型的地震波阻抗正演和反演方法的基本原理如图 1.2 所示。

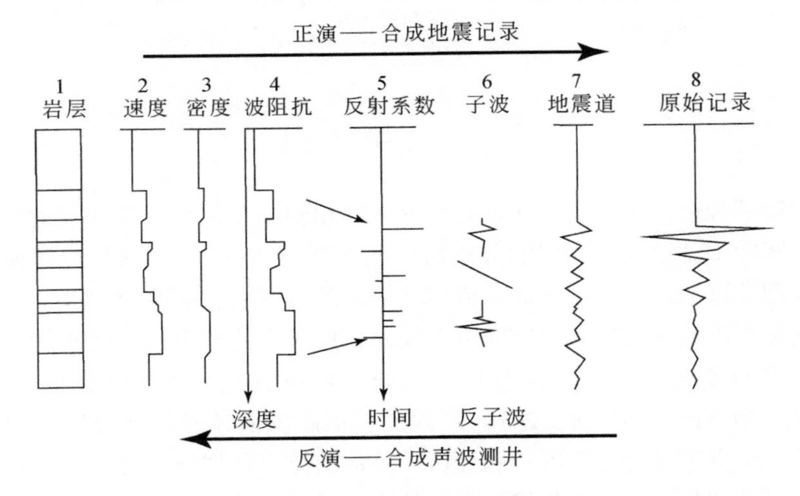

图 1.2　波阻抗正演和反演的基本原理图

在正演过程中，设 $s(t)$ 为最终得到的地震道，v_i 和 v_{i+1} 分别是第 i 层和第 i+1 层的速度，单位为 m/s，ρ_i 和 ρ_{i+1} 分别是第 i 层和第 i+1 层的密度，单位为 g/cm^3，当地震波垂直入射岩性分界面时，反射系数 r_i 为

$$r_i=\frac{\rho_{i+1}v_{i+1}-\rho_i v_i}{\rho_{i+1}v_{i+1}+\rho_i v_i} \tag{1.1}$$

根据式（1.1），当波阻抗从小变大时，反射系数为正；反之当波阻抗从大变小时，反射系数为负。将反射系数序列 $r(t)$ 与地震子波 $w(t)$ 褶积，再加上随机噪声 $n(t)$，即为

最终得到的地震道 $s(t)$：

$$s(t)=r(t)*w(t)+n(t) \tag{1.2}$$

反演是正演的逆过程，原理与正演恰好相反。反演通过一系列数学算法，消除随机噪声 $n(t)$ 和地震子波 $w(t)$ 对地震道 $s(t)$ 的影响，得到反射系数序列 $r(t)$，再将反射系数序列代入递推公式（1.3）：

$$Z_{j+1}=Z_0\prod_{i=1}^{j}\frac{1+r_i}{1-r_i} \tag{1.3}$$

式中，Z_0 是初始波阻抗；Z_{j+1} 是 $j+1$ 层的波阻抗。如果知道初始波阻抗，就可以依据式（1.3）逐层计算出各层的波阻抗，得到波阻抗数据体。

波阻抗反演的基本思路：首先根据研究区域的测井相关信息建立初始模型，然后对建立的初始模型进行地震正演，求得合成地震记录；将合成地震记录与实际地震记录进行比较，根据比较结果，对地震波阻抗模型的密度、速度、子波及深度进行修改，随后正演求取合成地震记录，再与实际地震记录进行比较，继续修改地震波阻抗模型；进行多次反复修改，直至最终的合成地震记录与实际地震记录达到最为接近状态，这样反复修改所得到的结果，就是波阻抗反演结果（Figueiredo et al.，2017；孙振涛等，2002）。

1.3　褶积模型

基于褶积模型的反演是地震反演中的一类重要方法，主要包括递推反演、稀疏脉冲反演和基于模型反演等方法，在煤炭资源勘探中发挥着重要作用（Wang et al.，2021；左博新等，2012）。

在地震勘探中，通常把地震记录面貌的形成过程概括为以下的数学模型（韦瑜等，2017）。假设地震道 $f(t)$ 是由有效波 $s(t)$ 和干扰波 $n(t)$ 叠加组成的，即

$$f(t)=s(t)+n(t) \tag{1.4}$$

此处的有效波是指一次反射波。对反射波地震勘探而言，除一次反射波以外的所有波都是干扰波。层状介质的一次反射波通常用线性褶积模型表示：

$$s(t)=w(t)*r(t)=\int_0^T w(\tau)r(t-\tau)\,\mathrm{d}\tau \tag{1.5}$$

式中，$s(t)$ 是地震道；$w(t)$ 是地震子波；$r(t)$ 是反射系数函数；符号“$*$”表示褶积运算；T 是地震记录的双程旅行时，s；τ 是地震子波的延续时间，s；t 是岩层间双程旅行时，s。

式（1.5）称为地震记录道的时间域褶积模型。根据傅里叶展开式中的褶积定理，式（1.5）在频率域中就是乘积关系，即

$$S(\mathrm{j}\omega)=W(\mathrm{j}\omega)\cdot R(\mathrm{j}\omega) \tag{1.6}$$

式中，$S(\mathrm{j}\omega)$、$W(\mathrm{j}\omega)$、$R(\mathrm{j}\omega)$ 分别是 $s(t)$、$w(t)$、$r(t)$ 的傅里叶变换；$\omega=2\pi/T$，是圆频率。

它们的复数形式可分解为振幅谱和相位谱两部分，即

$$\begin{aligned}S(\mathrm{j}\omega)&=S(\omega)\cdot \mathrm{e}^{-\mathrm{j}\theta_S(\omega)}\\W(\mathrm{j}\omega)&=W(\omega)\cdot \mathrm{e}^{-\mathrm{j}\theta_W(\omega)}\\R(\mathrm{j}\omega)&=R(\omega)\cdot \mathrm{e}^{-\mathrm{j}\theta_R(\omega)}\end{aligned} \tag{1.7}$$

三者之间的振幅谱和相位谱分别为

$$S(\omega)=W(\omega)\cdot R(\omega) \tag{1.8}$$

$$\theta_S(\omega)=\theta_W(\omega)+\theta_R(\omega) \tag{1.9}$$

式（1.8）和式（1.9）表明，地震道的振幅谱是地震子波振幅谱及反射系数振幅谱的乘积，地震道的相位谱是地震子波相位谱和反射系数相位谱之和，若以离散形式表示，则式（1.5）可写成

$$s_i=w_i*r_i=\sum_{k=0}^{m}w_k r_{t-k}=\sum_{k=0}^{p}r_k w_{t-k} \tag{1.10}$$

式中，

$$\begin{aligned} s_i&=\{s_0,s_1,s_2,\cdots,s_n\}\\ w_i&=\{w_0,w_1,w_2,\cdots,w_m\}\\ r_i&=\{r_0,r_1,r_2,\cdots,r_p\}\end{aligned} \tag{1.11}$$

式中，s_i，w_i，r_i 分别是有效波记录、地震子波及反射系数的时间序列，长度各为 $n+1$、$m+1$ 及 $p+1$，一般有 $m<n$，$p<n$。这是一个线性方程组，可以表示为如下的矩阵形式：

$$\begin{bmatrix}s_0\\ s_1\\ \vdots\\ s_n\end{bmatrix}=\begin{bmatrix}w_0 & w_{-1} & \cdots & w_{-p}\\ w_1 & w_0 & \cdots & w_{1-p}\\ \vdots & \vdots & & \vdots\\ w_n & w_{n-1} & \cdots & w_{n-p}\end{bmatrix}\begin{bmatrix}r_0\\ r_1\\ \vdots\\ r_p\end{bmatrix} \tag{1.12}$$

由于地震子波为物理可实现序列，故 $w_{-k}=0$；又因为地震子波长度为 m，故 $w_{k>m}=0$，因而有

$$\begin{bmatrix}s_0\\ s_1\\ \\ \vdots\\ \\ \\ s_n\end{bmatrix}=\begin{bmatrix}w_0 & 0 & \cdots & 0\\ w_1 & w_0 & \cdots & \vdots\\ \vdots & \vdots & & 0\\ w_m & w_{m-1} & \cdots & w_0\\ 0 & w_m & \cdots & w_1\\ \vdots & 0 & & \vdots\\ 0 & 0 & \cdots & w_m\end{bmatrix}\begin{bmatrix}r_0\\ r_1\\ \\ \vdots\\ \\ \\ r_p\end{bmatrix} \tag{1.13}$$

矩阵式（1.13）可写成如下的向量形式：

$$\boldsymbol{s}=\boldsymbol{w}\boldsymbol{r} \tag{1.14}$$

式中，$\boldsymbol{s}$ 是 $n+1$ 阶地震记录道的列向量；$\boldsymbol{w}$ 是 $(m+1)\times(p+1)$ 阶的子波矩阵；$\boldsymbol{r}$ 是 $p+1$ 阶反射系数的列向量。

上述表征地震记录数学关系的一系列表达式，如时间域表达式（1.5）、频率域表达式（1.6）、离散表达式（1.10）、向量表达式（1.14），其表示的物理过程都是等效的，统称为地震记录的褶积模型。

大量事实表明，利用声波测井资料和其他资料换算出反射系数函数 $r(t)$，并选用合适的地震子波 $w(t)$，按上述褶积模型计算出的人工合成地震记录与对应的井旁地震记录大都符合较好。由此可见，这一套地震记录形成的理论（也称地震记录的褶积模型理论，此

外还有波动理论）是基本符合客观实际的，并且是正确合理的。

1.4　地 震 子 波

在地震数据处理中，特别是高分辨率处理中，常常涉及子波，但在不同场合下子波的含义并不完全相同（高静怀等，2009）。

一种场合是指原始记录中包含子波，它与震源、大地滤波、接收仪器特性等因素有关。在数据处理过程中，常要以很大的努力来估算子波和消除子波的影响，但解释人员基本上与这种子波不产生联系。

另一种场合是指处理的数据及向解释人员提供的数据中包含子波。高分辨率处理虽然以获得反射系数剖面为理想目标，但受原始数据信号频带的限制及信噪比的限制，处理结果只能是反射系数的带限版本。这就是说处理结果仍然是反射系数与带限子波的褶积，这种子波在一定程度上是可以选择的，与解释工作有直接联系（Rui and Zhi，2018）。

在高分辨率数据的解释和反演中，子波扮演着非常重要的角色，在进行目的层标定合成记录过程中以及反演中都要对子波进行分析和提取，因此很有必要在这里对子波进行详细的研究（戴永寿等，2008）。

在地震反演过程中，子波提取是最复杂的问题之一，主要分为统计子波提取和雷克子波提取两大类。统计子波提取无须测井信息就能得到估计子波，但要对地震资料和反射系数序列的分布进行假设，得到的子波精度与假设条件有关；雷克子波是根据规律计算得到的，进行标定时要确定其主频和相位（Sun and Feng，2010；杨培杰和印兴耀，2008）。

1.4.1　地震资料提取统计子波

地震反演系统中的统计子波提取，只是使用地震道来提取子波。该方法不计算相位谱，默认为最小相位。振幅谱是用地震道的自相关计算出来的，对每一个用作子波提取的地震道而言计算步骤如下。

（1）提取分析时窗。

（2）将时窗的起始和结束时间用一个斜坡长度创造斜坡，其长度取 10 个采样点或 1/4 个时窗长度二者中的较小长度。

（3）对时窗内的数据计算自相关系数，自相关的长度等于期望子波长度的 1/2。

（4）计算自相关的振幅谱。

（5）取自相关振幅谱的均方根，近似为子波的振幅谱。

（6）加期望相位。

（7）采用反快速傅里叶变换（fast Fourier transform，FFT）产生子波。

（8）将该道计算的结果与分析时窗内其他道计算的子波求和。

在上述流程中，子波长度是一个关键的参数，它决定了地震道振幅谱的平滑程度。当子波长度增加时，子波谱就接近于分析时窗内地震数据的谱。

在提取统计子波的过程中，仅仅使用了地震资料，没有考虑测井资料，忽略了子波相位的重要性。在反演流程中，这种子波是最初始的子波，往往是为了进一步提取高精度的子波做基础，很少直接用作反演子波。对于信噪比高的资料，统计子波的提取方法是较为可取的。

1.4.2　理论子波

根据地震子波的特点用一些具有特殊数学表达式的波形来表示，如雷克子波等，计算时要确定其主频和相位，对目的层段提取的统计子波进行主频分析，该主频就可以作为雷克子波的主频；对于相位而言，实际的地震记录是混合相位，但是通常都对地震资料做了零相位化处理，所以雷克子波的相位近似选用零相位。雷克子波在时间域和频率域的表达式如下：

$$w(t)=\left[1-2(\pi f_p t)^2\right]\exp\left[-(\pi f_p t)^2\right] \tag{1.15}$$

$$\left\{\begin{aligned} & w(f)=(2/\sqrt{\pi})(f^2/f_p^3)\exp\left[-(f/f_p)^2\right] \\ & \theta(f)=0 \end{aligned}\right\} \tag{1.16}$$

式中，f_p 是雷克子波的主频；t 是时间；$w(t)$ 是子波；$w(f)$ 是振幅谱；$\theta(f)$ 是相位谱。

1.5　基于模型的反演

由于使用的原始资料不同，地震反演可分为叠前反演和叠后反演两大类；由于所用的地震信息不同，地震反演还可以分为地震波振幅反演和地震波旅行时反演；还有一些其他的因素可以影响分类，如地质结果，地震反演可分为波阻抗反演、构造反演、参数反演等（潘新朋等，2018；赵小龙等，2016；Gunning and Glinsky，2007）。

随着地震反演技术的日渐成熟，地震反演的种类随着新反演思路的不断提出以及计算方法的不断变化大幅度增加，不过从最根本的层面也就是实现地震反演的方式来分类，叠后波阻抗反演可以分为以下三种：道积分反演、递推反演及基于模型的反演。为满足煤田精细探测的需要，主要采用基于模型的反演方法（梁光河和顾贤明，1993）。

基于模型的反演是在反褶积反演的基础上发展起来的，其一定程度上解决了褶积反演方法频带宽度有限的问题，同时通过实际的测井数据以及多种地质信息的约束，该方法的精确度和分辨率都得到了提升（贺维胜等，2007；孟宪军等，2005）。

基本技术思路：先建立一个初始模型，然后由此模型进行地震正演，求得合成地震记录，并与实际地震信息比较，通过不断修改更新模型（波阻抗模型），包括速度、密度、深度及子波，再正演求取合成地震记录，与实际地震记录比较后，继续修改模型，如此反复，从而不断通过迭代修改模型正演合成地震资料来与实际地震记录匹配达到最佳吻合，以最大限度地符合地震记录，误差最小时对应的模型就是反演结果，最终得到地下的波阻抗模型（Weglein et al.，2009）（图 1.3）。基于模型的反演方法以测井资料丰富的高频信息和完整的低频成分补充地震有限带宽的不足，可获得高分辨率的地层波阻抗资料，为薄层描述创造了有利条件（吴媚等，2007；陆文凯和张善文，2004）。

基于模型的反演有如下优点。

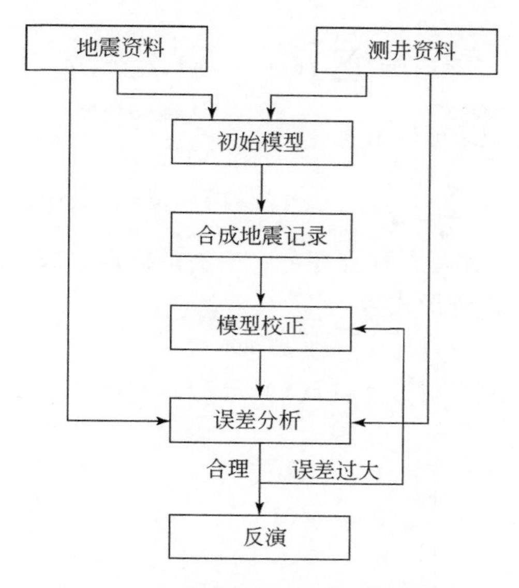

图1.3　基于模型的反演基本技术思路

（1）基于模型的反演弥补了反褶积反演方法受到频带宽度限定的影响，使得反演的结果更加真实可靠。

（2）基于模型的反演通过合成地震记录的标定与子波提取这一反复迭代的步骤，最终能够得到逼近真实地层环境的平均子波即最终子波（Duijndam，1988）。

（3）基于模型的反演方法综合利用测井、地质和地震等方面的资料，测井资料保证了纵向上的精度，地震资料保证了横向上的精度。

1.5.1　基于模型的反演原理

该方法可以将垂向分辨率高的测井资料和横向连续性较好的地震数据相结合，通过约束反演，对中频带地震资料进行高频和低频恢复，扩展带宽，从而将界面性质的地震资料转换成可与测井资料对比的，既有较高垂向分辨率又有较好横向连续性且具有明确地质意义的地层波阻抗剖面，可直接与钻井对比进行厚度分析（朱卫星等，2013）。

该方法用于计算煤层厚度的原理为：由于时间域内煤层的波阻抗与其他煤系地层相比明显较低，介于一定幅值之间，可以将这一区间作为煤层的门槛值，全区进行追踪，转换为时间域的样点数，然后利用数学方法将其与实际钻井结果进行匹配，从而达到煤层厚度分布预测的目的（董政等，2017；徐敬领等，2012）。

为了使地震资料可以与钻井资料直接联系对比，需将常规的界面型反射剖面转换成岩性测井剖面，其具体方法如下。

对于一个给定的N层地层模型，各层厚度、速度、密度参数分别为$d(i)$、$v(i)$、$\rho(i)$，$i=1,2,\cdots,N$。波在各层中的垂直传播时间为$t(i)=2d(i)/v(i)$，则第i层顶部的反射时间为

$$\tau(i)=\sum_{j=1}^{i-1} t(i), \quad i=1,2,\cdots,N \tag{1.17}$$

由该模型建立的地震记录可表示为

$$s(i)=\sum_{t_0}^{t} r(j)w(i-\tau(j)+1), \quad i=1,2,\cdots,N_{\text{samp}} \tag{1.18}$$

式中，$s(i)$ 是地震振幅；i 是记录样点序号；N_{samp} 是样点总数；w 是地震子波；r 是地层反射系数。式（1.18）的矩阵形式为

$$\boldsymbol{s}=\boldsymbol{wr} \tag{1.19}$$

式中，$\boldsymbol{s}=[s(1),s(2),\cdots,s(N)]^{\mathrm{T}}$；$\boldsymbol{r}=[r(1),r(2),\cdots,r(N)]^{\mathrm{T}}$；$\boldsymbol{w}$ 是（$N_{\text{samp}}\times N$）阶子波矩阵。

$$\boldsymbol{w}=\begin{bmatrix} w(1) & 0 & \cdots & 0 \\ w(2) & w(1) & \cdots & 0 \\ \vdots & \vdots & \vdots & \vdots \\ w(m) & \cdots & w(2) & w(1) \\ 0 & w(m) & \cdots & w(2) \\ \vdots & \vdots & \vdots & \vdots \\ 0 & 0 & \cdots & w(m) \end{bmatrix} \tag{1.20}$$

设 N 层地层模型中各层波阻抗初值为 $I_0(i)$，其对数可表示为

$$L(i)=\lg\left[I_0(i)\prod_{j=1}^{i}\frac{1+r(j)}{1-r(j)}\right] \tag{1.21}$$

对式（1.21）进行级数展开，略去高次项，有

$$L(i)=L(0)+\sum_{j=1}^{i} 2r(j), \quad i=1,2,\cdots,N \tag{1.22}$$

式（1.22）表示，第 i 层地层的对数波阻抗近似等于上覆界面反射系数代数和的两倍，因而有

$$r(j)=\frac{1}{2}[L(i)-L(i-1)], \quad i=1,2,\cdots,N \tag{1.23}$$

地层反射系数与其对数波阻抗的关系用矩阵表示为

$$\boldsymbol{r}=\boldsymbol{dl} \tag{1.24}$$

式中，$\boldsymbol{r}=[r(1),r(2),\cdots,r(N)]^{\mathrm{T}}$；$\boldsymbol{l}=[L(1),L(2),\cdots,L(N)]^{\mathrm{T}}$；$\boldsymbol{d}$ 是 N 行、$N+1$ 列系数矩阵；根据以上推导，可得

$$\boldsymbol{d}=\frac{1}{2}\begin{bmatrix} -1 & 1 & 0 & \cdots & 0 & 0 \\ 0 & -1 & 1 & 0 & \cdots & 0 \\ 0 & 0 & -1 & 1 & \cdots & 0 \\ \vdots & \vdots & \vdots & \vdots & & \vdots \\ 0 & 0 & 0 & \cdots & -1 & 1 \end{bmatrix} \tag{1.25}$$

将式（1.24）代入式（1.19）得

$$\boldsymbol{s}=\boldsymbol{wdl} \tag{1.26}$$

实际地震记录为 $\boldsymbol{m}$，$\boldsymbol{m}=[m(1),m(2),\cdots,m(N_{\mathrm{samp}})]^{\mathrm{T}}$，模型地震道 $\boldsymbol{s}$ 与实际地震记录之差为 $\boldsymbol{e}=\boldsymbol{m}-\boldsymbol{s}$；以 $\boldsymbol{e}$ 为基础建立目标函数，使待求波阻抗与实际地震记录发生直接联系，其物理含义是：寻求一个最佳地层模型，使由此模型计算的合成地震记录与实际地震记录的误差能量最小。

基于模型的反演方法，一般是从初始模型出发，采用模型优选迭代扰动算法，通过不断修改更新模型，使模型正演合成地震资料与实际地震数据最佳吻合，最终的模型数据便是反演结果。其实质是地震-测井联合反演，低、高频信息来源于测井资料，构造特征及中频信息来源于地震资料。多解性是基于模型的反演的固有特性，减少多解性问题的关键是正确建立初始模型。基于模型的反演结果的精度不仅依赖于研究目标的地质特征、钻井数量、井位分布以及地震资料的分辨率和信噪比，还取决于处理工作的精细程度，在相同的地质条件下，钻井越多，结果越可靠，反之亦然（邹冠贵等，2009）。

1.5.2　基于模型的反演流程

依据基于模型的反演原理，构建基于模型的反演流程如图1.4所示，需要注意的是基于模型的反演方法对测井资料的依赖性较大，所以对于测井资料丰富的地区应用该方法效果较好，当工区测井资料较少时，可能会使反演结果与实际差别较大。同时地震资料的质

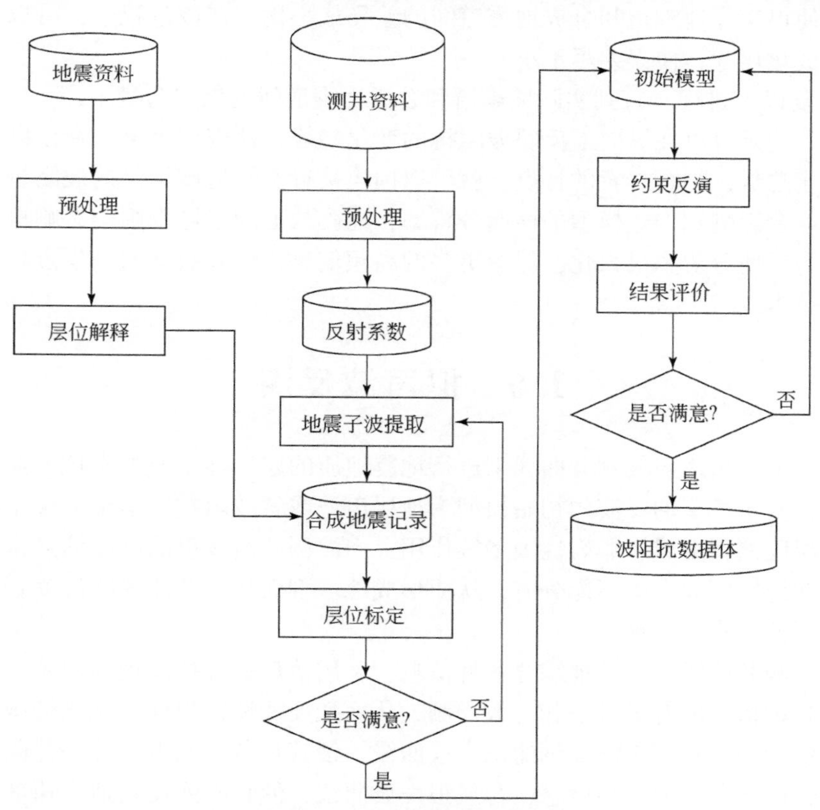

图1.4　基于模型的反演流程

量也会影响反演效果，因为地震数据会为初始模型的建立提供层位、断层信息，若地震资料分辨率较高，层位、断层解释就会越精确，建立的初始模型就越接近实际模型，因此在反演前需对地震数据进行必要的处理。

该方法将地震资料和测井资料合理地利用，解决了地震纵向分辨率的问题，在理想条件下可以获得和测井资料一致的分辨率，使其成为煤层开发阶段煤层解释的关键技术。

该方法的反演精度取决于工区位置的地质结构、测井资料、地震资料，以及人员对于该方法的使用精度。该方法的流程具体如下。

（1）对目的层位置的测井资料及其对应的地震资料解析。例如，对地震波和测井密度调整，就可以使这些资料构建的模型符合数据的基本要求。一般情况下，测井过程会受到实际测井情况的影响，并产生一些误差。因此，在建立模型前，需要对环境条件进行相应的校正。

（2）进行方波化处理。根据测井求取的波阻抗，其尺寸表示模型内各层的厚度，且地层厚度与地震数据相比常大于或者等于其采样率。

（3）由褶积子波及方波化处理后的模型得到合成地震道，其与实际地震道间有一定差异，形成差异的原因主要有两个：一是因为二者间的反射系数序列并不完全相同；二是实际地震道内包含了噪声成分，但合成地震道内并不存在。

（4）通过利用最小平方的优化算法（又称最小二乘法），模型的波阻抗数据得到不断更新，从而使得实际地震道和合成地震道间的差异最小化，在该过程中，可以通过调整振幅大小及方波化尺寸，使误差尽量小。

（5）重复以上过程，直到实际地震道和合成地震道间的误差为最小。

由于测井记录可以在纵向上反映波阻抗的变化趋势，地震记录可以在横向上反映波阻抗界面的变化趋势，结合二者的特点，就可以构建接近实际地震记录的波阻抗模型。地震层位的精确度会影响到构建模型的横向分辨率，地震数据的采样率则会影响构建模型的纵向分辨率，为了使分辨率最大化，保留更多的高频信息，地震数据的采集过程往往会使用加密采样的技术。

1.6　拟声波反演

通常情况下多采用声波测井曲线来进行地震地质的层位标定及波阻抗反演。在褶积理论的基础上，基于模型的反演的初始模型为地层声波或者波阻抗。但是大多条件下，因为孔隙度及岩层胶结程度或者非岩性因素等作用，声波测井曲线里的高频信息常常代表不了岩性变化，在地层剖面上也不能分清，从而形成地震剖面和测井曲线匹配度较差，钻井地质和波阻抗反演不吻合的现象。

基于声波测井曲线，有效地综合各种信息，利用信息融合技术把它们统一到同一个模型上，实现各种信息的有机融合和有效控制，从而把反映地层岩性变化比较敏感的自然伽马等测井曲线转换为具有声波量纲的拟声波曲线，使其具备自然伽马等测井曲线的高频信息，同时结合声波曲线的低频信息，合成拟声波曲线，使它既能反映地层速度和波阻抗的变化，又能反映地层岩性等的细微差别。拟声波曲线构建的最终目的是提高地震反演的分辨率和精度，是将反映地层细微差别的非声波曲线信息融合到声波曲线中去。

1.6.1　声波曲线和伽马曲线原理

声波测井是通过声波在地层内传播过程中，其频率、幅度及速度等声学特性产生变化，从而研究钻井处的地质剖面。所谓声波测井就是测量滑行波在穿越单位地层长度所用的时间。

自然伽马为一种通过测量地层内天然放射性元素的核衰变时放射出的伽马射线强度来识别岩层的测井方法。对于不同的岩石，其放射性元素种类及含量是不同的。岩石中放射性元素的含量与岩石岩性及其形成时的物理化学条件相关，岩层内泥质含量常常决定了沉积岩放射性，岩石内泥质含量越多则放射性越强。自然伽马测井通常和岩石孔隙及里面的流体性质没有关系，也和地层水及泥浆矿化度没有关系。对于砂泥岩的地层剖面，自然伽马曲线能够有效地实现岩性划分及地层对比（查华胜等，2014）。

从图 1.5 可以看出，声波测井受非地层岩性干扰较大，如埋藏深度、孔隙度及岩石胶结程度等。在大多数时候声波曲线很难反映岩性变化，不能分清地层剖面中的砂泥岩，尤其是孔隙度较为发育的层位和地区。经常遇到基于声波曲线的合成地震记录分辨率低，且与井旁的地震道匹配度差距较大，而自然伽马曲线主要取决于岩层内的泥质含量，在砂泥岩的地层剖面中能够十分明显地反映岩性的变化特征，且很少受到非地层岩性的影响，从而有效地划分砂泥岩。

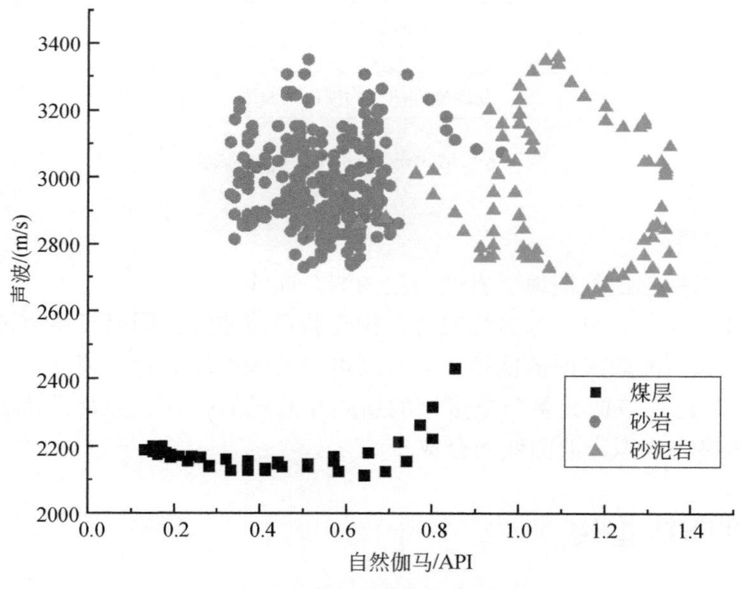

图 1.5　XJ-2 井自然伽马与声波交会图

1.6.2　拟声波曲线构建

波阻抗反演能够有效地实现叠后地震资料的反演工作。在声波曲线的基础上，通过信息融合技术将各种有用信息统一至模型中，达到信息有效控制及有机融合的目的，从而把区分岩性较好的自然伽马等测井曲线转化为拟声波曲线，使其拥有自然伽马等测井曲线中的高频信息，又同时能够利用声波曲线中的低频信息，最终构建成拟声波曲线（陈学国和王全柱，2010）。拟声波曲线既可以反映地层波阻抗及速度变化，又可以反映地层的岩性等细微差别。因此构建拟声波曲线的目的是提高地震反演精度及分辨率，使反映地层细微差别的其他非声波曲线的信息融入声波曲线。拟合过程中细微错误会降低拟声波曲线结果的准确性，因此在构建拟声波曲线前，需要对测井曲线进行校正。

1）实现的方法

拟声波曲线合成的关键问题是使自然伽马等曲线中的高频信息与声波曲线中的低频信息融合到一起。图 1.6 是拟声波曲线的合成流程图。

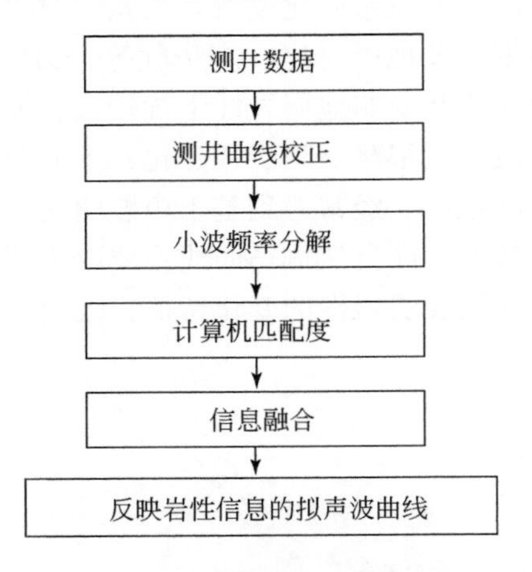

图 1.6　拟声波曲线的合成流程图

2）实现的步骤

（1）寻找可以敏感地判别地层岩性变化的测井曲线。

（2）将声波曲线和非声波源曲线融合，构建新声波曲线，同时具备声波量纲。

（3）提取原始声波曲线内的低频成分，其可以反映地层的背景速度。

（4）“调制”已生成的具备声波量纲的新测井曲线的高频成分及原始声波曲线提取出的低频成分，最终完成拟声波曲线的合成。

1.6.3　密度曲线重构

在现有的煤田测井资料中，电阻率和伽马-伽马测井资料比较丰富，质量也较好，很少有密度和声波测井资料，而密度曲线和声波曲线正是波阻抗反演所需要的，因此，需要利用已有的经验转换关系，来求得密度曲线及声波曲线，以满足地震资料反演的需要（车廷信等，2013）。

理论和实践表明，当所使用的伽马源能量在一定范围内时，这种被测定的散射伽马射线强度与岩石的密度有密切关系，所以，伽马-伽马测井又称为密度测井。在煤田中，具体表现为煤层和砂泥岩具有相同的单一趋势，随着伽马-伽马测井值的增加，密度呈对数趋势降低。煤层段伽马-伽马曲线值较砂泥岩段高，对应低密度；相反地，砂泥岩段伽马-伽马曲线值较煤岩段低，对应高密度。正是根据这一特点采用对数拟合完成伽马-伽马曲线到密度曲线的重构：

$$\rho(i)=a+b\ln\mathrm{GGR}(i),\quad i=1,2,\cdots,n \tag{1.27}$$

式中，i 是深度采样点；$\rho(i)$ 是第 i 采样点密度；$\mathrm{GGR}(i)$ 是第 i 采样点伽马-伽马值；a、b 是常数。根据煤层密度为 $1.4\mathrm{g/cm^3}$，砂岩密度为 $2.65\mathrm{g/cm^3}$，可以确定 a、b 的取值。

由式（1.27）可得

$$\begin{cases}\rho_2=a+b\ln\mathrm{GGR}(i)_{\min}\\ \rho_1=a+b\ln\mathrm{GGR}(i)_{\max}\end{cases} \tag{1.28}$$

由式（1.28）可以求得每口井的 a、b 值，即

$$\begin{cases}a=\rho_2-b\ln\mathrm{GGR}_{\min}\\ b=\dfrac{\rho_1-\rho_2}{\ln\mathrm{GGR}_{\max}-\ln\mathrm{GGR}_{\min}}\end{cases} \tag{1.29}$$

此处，$\rho_1=1.4\mathrm{g/cm^3}$，$\rho_2=2.65\mathrm{g/cm^3}$。通过各井的伽马-伽马值算出 a、b，代入式（1.27）中就可以由井的伽马-伽马曲线重构出每口井的密度曲线。

1.6.4　效果检查分析

将声波曲线及自然伽马曲线构建的拟声波曲线，同录井地层岩性剖面和原声波曲线进行对比，从结果能看出构建的拟声波曲线可以反映地层岩性在纵向上的变化，并且曲线中砂泥岩的岩性特征非常清楚。拟声波曲线在原声波曲线很难反映岩性变化的位置具有更好的效果。

分析利用拟声波曲线完成人工合成地震记录的层位标定，发现井旁地震道和合成地震记录对应关系良好。从利用拟声波曲线进行基于模型的反演剖面上看，其特征在剖面岩性上明显，能够很好地对应测井，具有很高的分辨率。

1.7　测井约束波阻抗反演

测井约束波阻抗反演是基于模型的反演的一种。其基本思想是：测井资料具有很高的垂向分辨率，但只是一个点上的数据；地震资料的分辨率虽然不高，但是有线上和面上的详细资料，将两者结合起来，取长补短。

1.7.1　测井数据分析及处理

测井资料是建立初始模型的基础资料和地质解释的基本依据。通常情况下，声波测井受到井孔环境（如井壁垮塌、泥浆浸泡等）的影响而产生误差，同一口井的不同层段，不

同井的同一层段误差大小亦不相同。因此，用于制作初始模型的测井资料必须经过环境校正。

时域地层波阻抗模型是通过声波测井的时深转换实现的。由于声波测井存在误差，转换后的时域测井曲线的时间域厚度也会存在误差，消除这种误差的方法是将合成地震记录与井旁地震道比较，准确找出二者主要波组（目的层附近的每个同相轴）之间的对应关系，然后以地震记录的时间域厚度为标准，在合理范围内对测井资料进行压缩或拉伸校正，从而改善合成地震记录与井旁地震道的相似性，求得准确的时深转换关系，精确标定各岩性界面在地震剖面上的反射位置。

声波是唯一与地震资料直接发生联系的测井资料，煤层与围岩声波特征不同是基于模型的反演方法应用的先决条件，由于目的层固有特征或测井过程的工程因素，有时研究的层段（煤层）与围岩在声波上无明显差异，这就要求在仔细分析相关测井资料的基础上，对声波测井进行合理的校正。

1.7.1.1 测井曲线标准化

保证测井资料输入的准确性是反演的第一步，如果测井曲线存在误差，则会导致后续反演结果均不可靠，因此必须对工区测井曲线进行处理。一般在现场收集的测井资料会受到仪器性能、井眼变化、采集时间或者人为等不确定因素的影响，会使同类测井资料之间存在一定的误差，而使数据无法反映地下地层的真实情况，主要表现为同类井间幅值不一致，或者测井曲线出现异常值等。因此，在反演之前对工区测井曲线进行深度校正、去异常值，并进行标准化处理，使测井曲线能够真实可靠。

对于测井曲线深度校正，要力求选择井况好、特征标志较明显、纵向分辨率高、合成记录标定质量比较高的曲线作为标准曲线，对剩下的井进行校正，使同类曲线幅值一致，对相同的岩性具有一致的响应。无论环境校正，还是标准化处理，由测井资料求取的平均速度必须与区域平均速度场的趋势大致相当，与目的层速度一致，以防止对测井资料的盲目相信与利用（高春云等，2020；吕杰堂等，2020）。

应用直方图法对声波曲线标准化处理分两步进行，首先选取可对比追踪的标准层，选取条件为岩性、电性特征明显，沉积稳定，具有一定厚度的单层或层组。其次利用交会分析技术作出所有井标准层总的测井响应频率直方图和单井的标准层测井响应频率直方图。

一般认为不同井点的同一标准层应该具备呈规律性变化的或者相似的测井响应，依据频率直方图得到的极值能够进行定量校正和定性分析。如图 1.7 所示，若标准井 A 处测井曲线的直方图范围为 $A_1 \sim A$，井 B 的范围为 $B_1 \sim B$，可以利用式（1.30）进行标准化过程：

$$\mathrm{Acb}' = (\mathrm{Acb} - B) / (B_1 - B) \times (A_1 - A) + A \tag{1.30}$$

式中，Acb′是 $A \sim A_1$ 范围内的任意一点；Acb 是 $B \sim B_1$ 范围内的任意一点。

1.7.1.2 特征曲线重构

特征曲线影响着岩性识别精度的纵向分辨率，从而影响着目的层预测的精度，而声波时差曲线是进行常规波阻抗反演的基础资料。随着勘探开发程度的不断提高，常规的储层

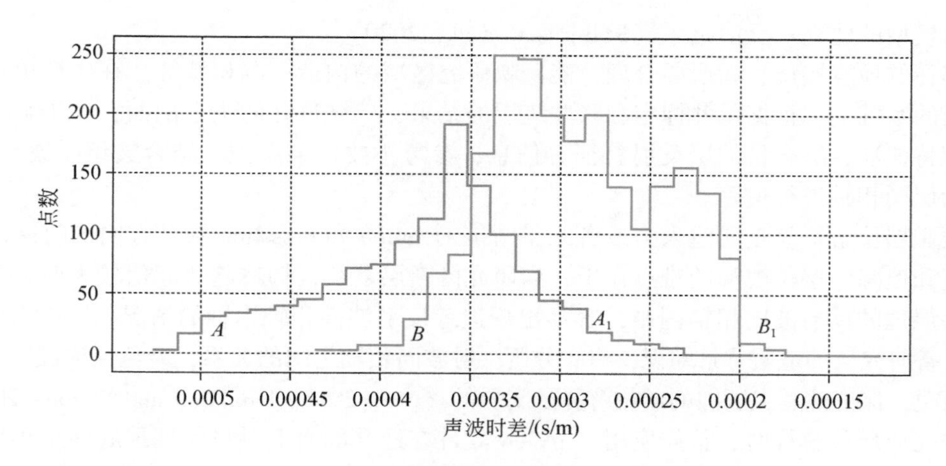

图1.7　测井曲线的标准化示意图

研究不能满足勘探开发的要求，对于复杂岩层如砂泥岩薄互层的研究受到越来越多的重视，现阶段声波时差曲线的应用难以满足目的层预测高精度的要求，利用声波测井的常规波阻抗反演面临着严峻的挑战。

研究发现，重构目的层特征曲线，即重构声波时差曲线，能够对目的层预测纵向分辨率有所改善，由于波阻抗及声波时差等速度类测井资料与地震反射有直接的物理对应关系，因此在反演处理中处于主要的地位。当工区波阻抗或速度曲线与实际地层的岩性对应关系不好时，不能很好区分储层和围岩，这时仅用声波曲线进行约束反演将难以直接表达储层分布特征。特征曲线重构是以地质、测井、地震综合研究为基础，针对具体地质问题和反演目标，基于岩石物理学，从多种测井曲线中优选并重构出反映目的层特征的曲线。理论上，常规测井系列中的自然伽马、自然电位、密度、补偿中子、电阻率等非速度类曲线与地震反射没有直接对应关系，但能直接反映地层的岩性。这些测井曲线都可以用于识别目的层，与声波时差建立了较好的相关性，通过数理统计方法转换成拟声波曲线，实现目的层特征曲线重构。利用这些曲线对速度类测井曲线进行重构处理，一定程度上是在速度类测井曲线中加入了一些地层的岩性信息。用重构后的速度类测井曲线进行反演，相当于在反演中加入了岩石物性及地质先验知识的控制。

在进行特征曲线重构时，一定要遵循两条原则：一是针对研究区目的层地质特征，在地质分析的基础上，以岩石物理学为指导，充分利用岩性、电性、放射性等测井信息与声学性质的关系，多学科研究，综合尽可能多的资料进行目的层特征曲线重构，并使得这条曲线有明显的目的层特征，既能反映波阻抗特征，又能反映岩性，能够更好地识别目的层；二是为使反演后的波阻抗数据体在纵向上有较高的分辨率，需要对测井曲线进行校正处理，重构后的特征曲线与井旁地震道相匹配（李宁等，2021；王焕弟和陈小宏，2008）。

1.7.2　层位追踪

地震层位及构造的精细解释也是地震反演中不可缺少的重要环节，其精确性直接影响着初始模型的建立及反演结果（Kolbjrnsen et al., 2020）。

解释的地震层位、断层要合理，能反映研究区域的构造、沉积特征。在生产单位提供构造图的基础上，根据单井标定和联井统层的结果，建立过井的主干剖面，在了解了目的层沉积特征后，综合目的层反射特征等信息，参考主要标准层位，结合波组、波系特征，对目的层同相轴进行追踪。

地震层位解释就是通过人力或者人工智能对 inline 和 crossline 两个方向的时间剖面进行浏览和追踪。层位解释的难点在于，当研究区断层复杂，构造趋势起伏较大时，辨别区分同一层位的反射波同相轴困难，容易出现追踪反射波同相轴串轴的情况。所以需要解释人员具备研究区的地质背景知识，耐心分析反射波同相轴之间的关系，避免反射波同相轴串轴的情况，保证地震工区内的层位解释是闭合的（Nie，2017；Faraklioti and Petrou，2004）。

在完成层位解释时，首先应用 GeoView 软件在连井剖面上对目标层顶底两个小层进行追踪，之后在 inline 方向和 crossline 方向分别追踪，追踪方式和解释二维地震资料相似，对于波形稳定的地震响应层可以全区自动连续追踪；对于构造发育，风化严重，横向速度差异较大的响应层，需要逐步拾取。追踪完成后，还需要分别浏览两个方向的剖面，将剖面内的跳点抹平，跳点出现是因为两个方向的层位解释结果不匹配。一般跳点会出现在反射波同相轴不清晰处以及断层附近。通过构造精细解释，修改和调整了解释成果中的不合理的点，以提高层位约束的精度，为后续反演工作提供可靠的基础。作为模型建立和反演层段的顶底界控制界面，为反演结果的准确性提供了有力保障。

垂直于三维地震体 time 轴的横截面就是时间切片，地震体时间切片的物理意义就是在特定的地震波旅行时平面上地震信息的体现。可以应用时间切片和剖面分别对层位进行解释，再彼此作为依据相互校验，将两者的优势凸显出来，两者联合可提高层位的解释精度。根据以上方法，先完成 32×32 精度较低的解释工作，再逐步提高解释精度从 16×16 开始，到 8×8，再到 4×4，最后一直加密到 1×1。32×32 网格较粗，工作量也较小，先解释粗网格可以控制研究区区域性的构造趋势，而且粗网格解释产生的跳点数目较少，方便修改，跳点修正后，为下一步加密解释提供准确的层位点，为后续解释工作提供便利。所以层位解释是一项工作量很大的构造解释步骤，需要反复检查，确保地震解释层位与实际地质情况统一。

1.7.3　子波的提取

以深度计算的钻井、地质及测井信息与以时间计算的地震信息之间存在差异，因此地震反演的关键问题在于建立深度域资料同时间域地震资料间的关系。作为联系测井和地震数据的桥梁，子波提取和层位标定在地震反演过程中是非常重要的步骤。当地震记录是已知的参数，而初始模型未能更精确时，求解最佳地震子波为反演的关键问题之一。因此地震子波的含义已大大超过它在常规地震资料处理时的含义，在此情况下地震子波定义成初始模型和地震记录间匹配因子较为合理。故只在提取子波比较精确的情况下，才能得到准确的预测结果（Zhang et al., 2020；Wang，2015；张广智等，2005）。

第一，子波的频率需要和井旁地震道的主频相同。对目的层段井旁的地震剖面进行频

谱分析，并确定主频值，当作合成地震记录的主频。

第二，选取的子波长度需要合适（100ms 上下）。因为地层对高频信号有吸收效应，故在浅层，其子波长度需要选择短些；而在深层，选择的子波可略长。

子波提取与合成地震记录标定相互制约且相互依赖。主要过程可简述为：首先产生一个初始理论子波进行初步标定，时深关系初步确定后，再用井旁地震道和各个测井数据重新估算子波，然后加入低频模型进行子波标定，综合分析提取的子波质量，最终确定采用的最合理子波。

通过地震数据的频谱分析（图1.8）可知，某研究区地震数据主频为50Hz，因此雷克子波的主频也取50Hz。分别提取雷克子波、统计子波进行分析，如图1.9所示，经过对比发现统计子波相关系数要低于雷克子波，所以反演选取雷克子波作为最终的子波。

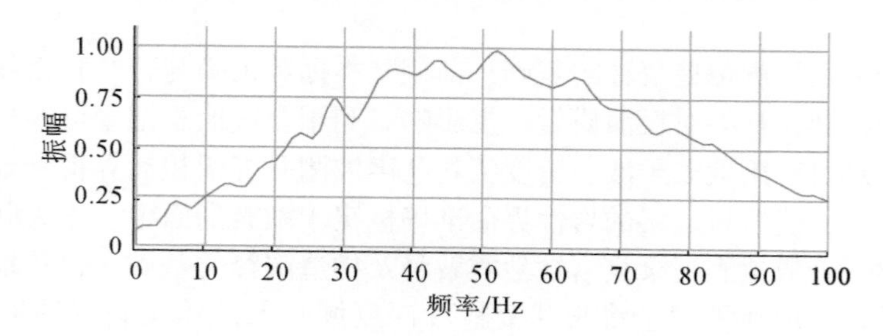

图1.8　地震数据的频谱分析

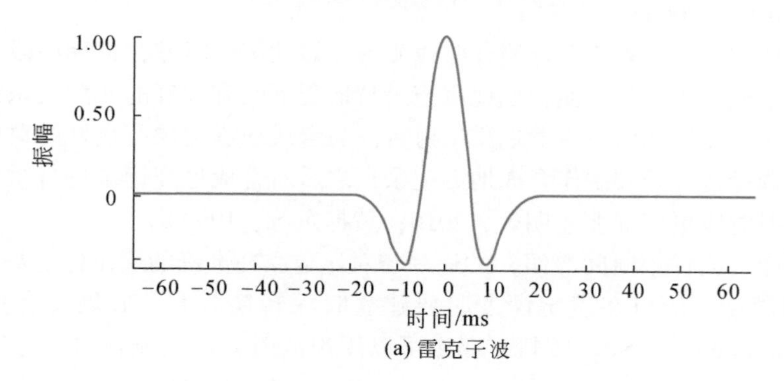

(a) 雷克子波

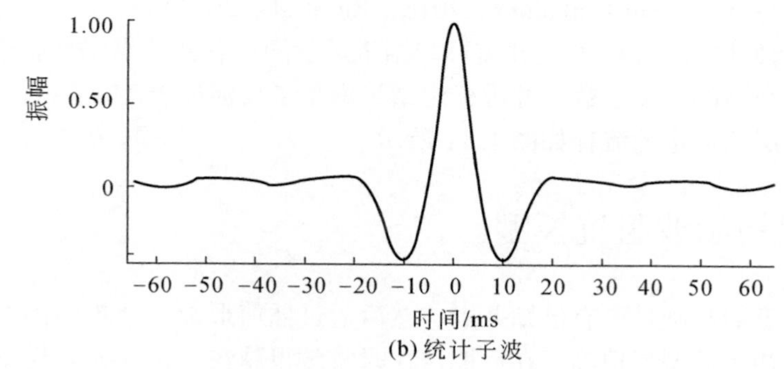

(b) 统计子波

图1.9　子波对比

在提取子波过程中，其时窗选择应满足如下条件。

（1）时窗的长度需为子波长度3倍以上，从而提高其稳定性，并降低子波的抖动。

（2）时窗的顶底不能位于测井曲线剧烈变化处，最好选择过渡带。

（3）时窗和子波的长度所相应位置的选择需存在测井曲线，避免褶积时面临边界截断效应的问题。

（4）子波提取过程中井旁地震道需沿构造走向，并远离断层。

（5）时间段的选择需满足品质好、信噪比高的要求，子波提取不宜选在偏离井位太远的位置及断层周围。

1.7.4　制作合成地震记录与井震标定

作为地震反演及地震构造解释的基础，前期井震标定正确与否，直接作用于波阻抗模型及地质模型的构建，最终对反演质量产生影响。利用合成地震记录可实现地震地质的标定。合成地震记录可利用地震子波、密度资料及声波测井等褶积运算得到地震反射图，经过精准地合成记录，能够将地层的岩性界面准确标定于地震剖面中。作为联系测井资料及地震资料的桥梁，合成地震记录是岩性地震解释及构造解释的基础，也是地质和地震资料综合利用的纽带。合成地震记录将测井资料（深度域）及地震资料（时间域）很好地结合在一起，实现高横向分辨率地震资料及高纵向分辨率的测井资料有效结合（季敏和陈双全，2011；曾正明，2005）。

制作合成地震记录首先要选择测井曲线质量较好的声波时差，目标层段包含在曲线长度内，且曲线不能太短。为了使合成地震记录与地震剖面有较好的匹配关系，选择最佳的子波频率和极性，使目标层段主要地震反射特征与合成地震记录有良好的对应关系。在实际操作中一般选择雷克子波制作合成地震记录，之后对合成地震记录进行微调，使主要目的层与地震反射对应更好（张志明等，2016；黄捍东等，1999）。

地质体界面（岩性或时间界面）的追踪与对比建立在准确的层位标定基础上，由于地震资料是时间深度，所以在确定深度时要建立时深转换关系。如果没有垂直地震剖面（vertical seismic profile，VSP）资料，那么可以用声波时差曲线制作合成地震记录来确定时间与深度的关系（Wu and Guillaume，2016；Xu et al.，2013）。

图1.10是新景矿区3-147井的井震标定结果示意图，各测井真实地震道及合成地震道在目的层位上有很高的相关系数，井震标定结果满足了反演要求。

子波提取与层位标定的流程如图1.11所示。

1.7.5　构建初始波阻抗模型

构建初始模型的基础是要有已知井点，然后通过插值形成一个粗略的初始模型。但已知的井位越多，初始模型越精确，在后期迭代时收敛得越快。建立初始模型的目的是把测井曲线中对岩性细致的纵向描述与地震资料中同相轴变化的横向连续更好地结合起来（陈勇和韩波，2006）。

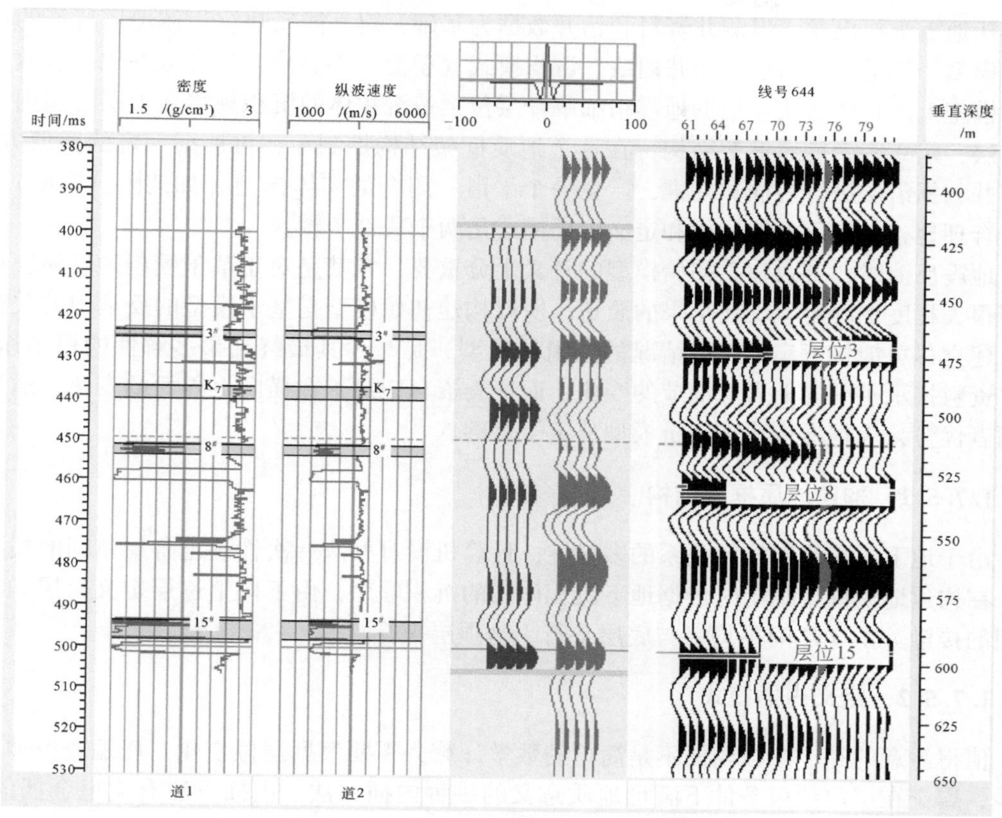

图1.10　3-147井的井震标定结果示意图

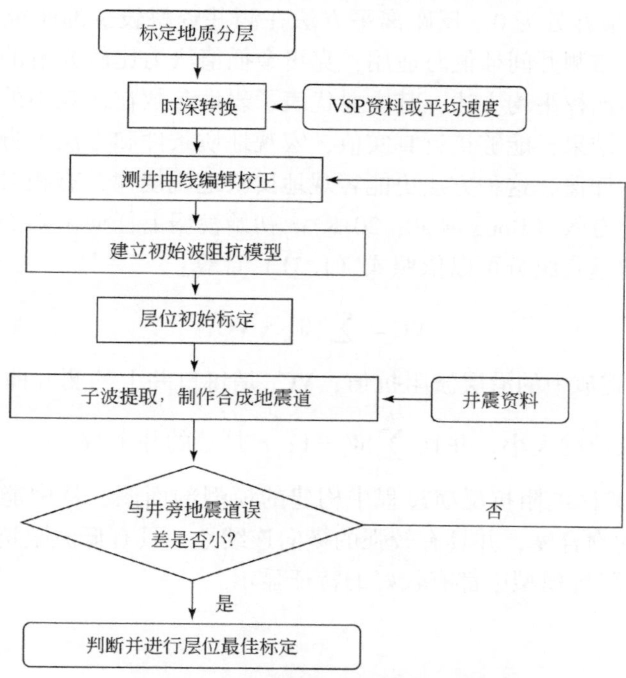

图1.11　子波提取与层位标定流程图

从地震资料出发，以测井资料和钻井数据为基础，建立能反映沉积体地质特征的低频初始模型。把地质、断层、测井曲线、沉积模式（整合、不整合）等建立在以地震道为坐标的模型上。具体做法：根据地震精细解释层位，按沉积体的沉积规律在大层之间内插很多小层，建立一个地质框架结构，在这个地质框架结构控制下，再根据一定的插值方式，对测井数据沿层进行内插和外推，产生一个平滑、闭合的实体模型（如波阻抗模型）。因此，合理地建立地质框架结构和定义内插模式是两个关键步骤。

地震反演时，有效建立初始模型的意义十分重要，尤其是对于基于模型的反演，初始模型很大程度上决定了反演结果的质量，所以构建初始模型是基于模型的反演中的关键问题。建立尽可能接近实际地层情况的波阻抗模型，是减少其最终结果多解性的根本途径。测井资料揭示了纵向上岩层细节的变化，而地震资料记录了在横向上界面的变化，通过结合两者优势，为精准构建波阻抗模型奠定了基础。

1.7.5.1　构建地质框架结构

由于地下沉积体间接触关系的多样性，计算机没有办法一次性确定各层位间的拓扑关系，在构建地质框架结构时依据地下沉积体间的沉积顺序，由下向上逐层定义每层和其他层间的接触关系（层间平均、与底层平行、与顶层平行）。

1.7.5.2　定义内插模式

值得注意的是，参数内插不是简单的数学计算，需要根据层位变化，压缩或拉伸测井曲线，属于在层位约束条件下满足地质意义的一种内插方法。内插方法有克里金插值法、三角形网格法和反距离平方法等，但这些内插方法全遵循特定的准则，即所有井的权值在该井处为1，而在其他井处为0。反距离平方法在测井资料较少的研究区更加适用；三角形网格法仅在规则分布测井间插值时适用；克里金插值法为比较光滑的内插方法，事实上是一种特殊条件下的加权平均方法，其主要代表了岩性参数在宏观中的变化趋势，这种方法能够给出确定性的结果，能够接近真实值，宏观地质条件和方法本身的适用性决定了计算误差，对于井间估计值，这种方法更能客观地反映地质规律，有相对较高的精度，作为定量分析的工具十分有效（Rong et al.，2018）。初始模型上任何未知的地震道的波阻抗值或者其他测井曲线的垂直组分可以依照式（1.31）计算：

$$\mathrm{VC} = \sum_{n=1}^{N} W_n \cdot \mathrm{VC}_n \tag{1.31}$$

式中，VC是未知地震道中的沿层波阻抗值；VC_n是每口井上的测井曲线的垂直组分；W_n是归一化后波阻抗权值的大小，并且$\sum_{n=1}^{N} W_n = 1$；n是总的井个数。

图1.12是新景矿区波阻抗反演过程中构建的模型剖面图，从中能够看到模型地震道及测井曲线有较高的吻合度，并具有较强的横向连续性，具有低波阻抗的3#煤层、8#煤层和15#煤层在初始波阻抗模型中都有较好的特征显示。

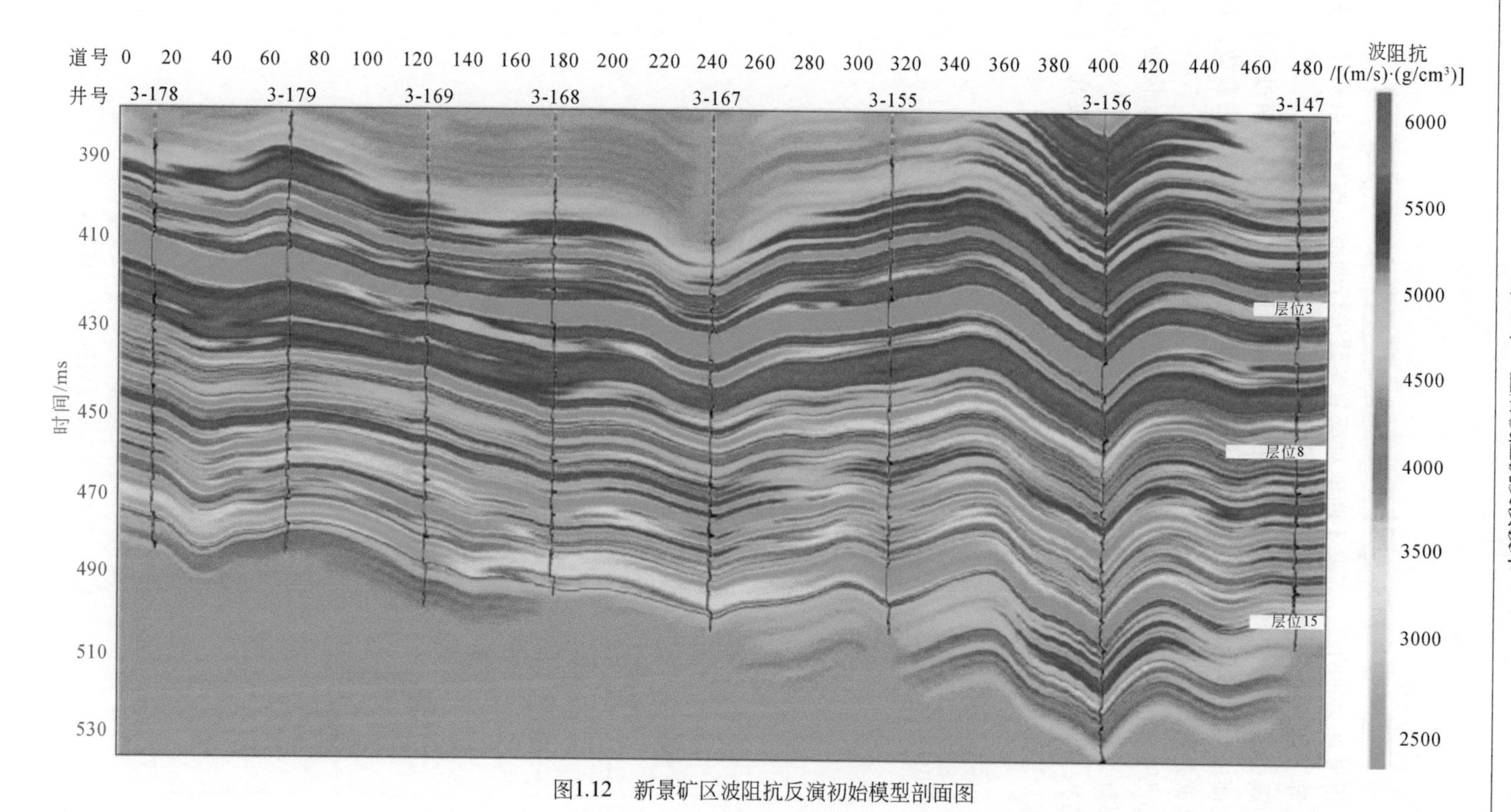

图1.12　新景矿区波阻抗反演初始模型剖面图

1.7.6　反演分析

为了获得最真实的曲线，需要不断地对反演参数进行调整、改变约束条件、重新选取子波、迭代等（印兴耀等，2020；王玉梅，2013）。

选择地震道的范围及时窗的大小，利用基于模型的反演方法。在反演过程中，首先完成过井的剖面反演，不断调整反演参数，并反复分析及试验，确定适当的参数，其次对全区反演，这就是所谓的反演分析过程。

图1.13是3-147井的叠后波阻抗反演分析剖面，图中蓝色曲线是初始模型，红色曲线是反演波阻抗，右侧3组分别是合成地震记录（左）、实际地震记录（中）以及两者匹配误差值（右）。可见，两者的相关系数在0.99以上，在目的层周围匹配度高、差异小，结果较为理想，适合进行叠后反演。

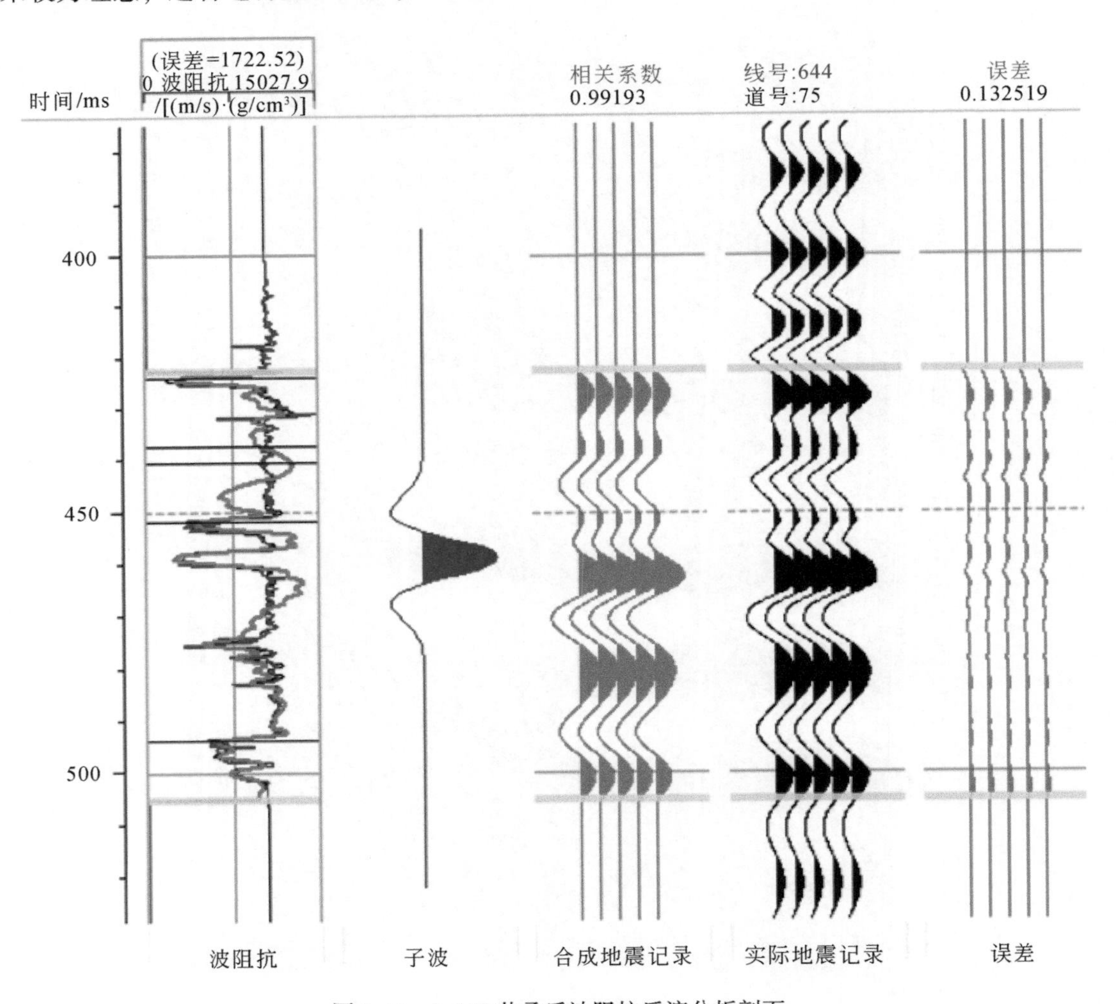

图1.13　3-147井叠后波阻抗反演分析剖面

1.7.7　测井约束反演过程

初始模型的建立就是一个按地震解释层位把测井声阻抗曲线沿层位横向外推的过程。外推的同时，按层序的厚度变化对测井声阻抗曲线进行拉伸和压缩。多井约束时，井间则按井的距离加权内插。这样，初始模型就保留了测井曲线的高分辨率。具体做法就是在给定的约束条件下不断地在初始模型与地震道之间求解一个反射系数校正值 $\Delta r(j)$，并用此来修正初始模型的阻抗曲线，制作合成地震记录，使其尽可能地与实际地震记录吻合。最终修正的模型就是反演得到的波阻抗。本次采用测井约束波阻抗反演。

约束反演使用初始波阻抗模型作为反演的起点，并用一个最大阻抗变化参数（即初始猜测平均阻抗的百分比）作为限定反演计算的阻抗偏离初始猜测的“硬”边界。在反演计算中，阻抗参数可以自由地改变，但不能超过固定的边界。例如，25%作为最大阻抗变化参数，则样点 i 处计算的最终阻抗 $I(i)$ 必须满足式（1.32）：

$$I_0(i)-25\%\,\text{IAV}\leqslant I(i)\leqslant I_0(i)+25\%\,\text{IAV} \tag{1.32}$$

式中，$I_0(i)$ 是样点处的初始猜测阻抗；IAV 是输入约束 I_0 的平均阻抗。

当不存在约束或约束很宽时，由目标函数的最小平方解系统可以得到与地震道最佳拟合的期望输出，且其低频趋势由初始模型来实现而不是由数据解出。反之，最大阻抗变化参数减小时，约束变紧。而当其趋于零时，则引起期望输出无限地逼近初始模型。

1.7.8　反演结果评价

采用反演分析得出的参数参与拟声波反演，最终获得波阻抗数据体。在进行解释前，解释人员需要仔细地检查拟声波反演的正确性，然后对结果进行客观的评价，主要采用下列方法判断。

（1）波阻抗与地震波形的叠合。先将地震数据体与波阻抗数据体归一化成相同数量单位，接着将原始地震波形叠加到波阻抗剖面中。假如地震波形与反演结果相差很大，甚至有串层的现象，这些都代表反演效果不理想，地质现象可能会出现假象，解释人员会被误导。

（2）测井曲线和井旁道的对应关系检验。假如测井响应和井旁道不具有较好的对应关系，也就是测井曲线上响应很好，但井旁道波阻抗并没有显示，这就表明初始波阻抗模型的构建不理想，在反演时地震信息较多地改造了测井信息，导致出现很多假象而影响反演结果。

（3）连井波阻抗剖面与连井测井剖面对比。利用连井测井的对比剖面，能清晰地认识井和井间岩性的展布变化规律。如果测井对比结果和连井波阻抗剖面反映出的岩性变化规律一致，就表明反演结果合理，并且符合地质认识。

图1.14～图1.19为拟声波反演剖面图，从图中能够看出，反演结果一定程度上将地震频带进行了拓宽，较好地拟合了曲线，地层的构造格架比较合理，纵向分辨率得到了提高，反演剖面能够区分低波阻抗、强反射的煤层。可以发现，煤层表现为特征明显的低值，说明拟声波反演能够识别煤层。

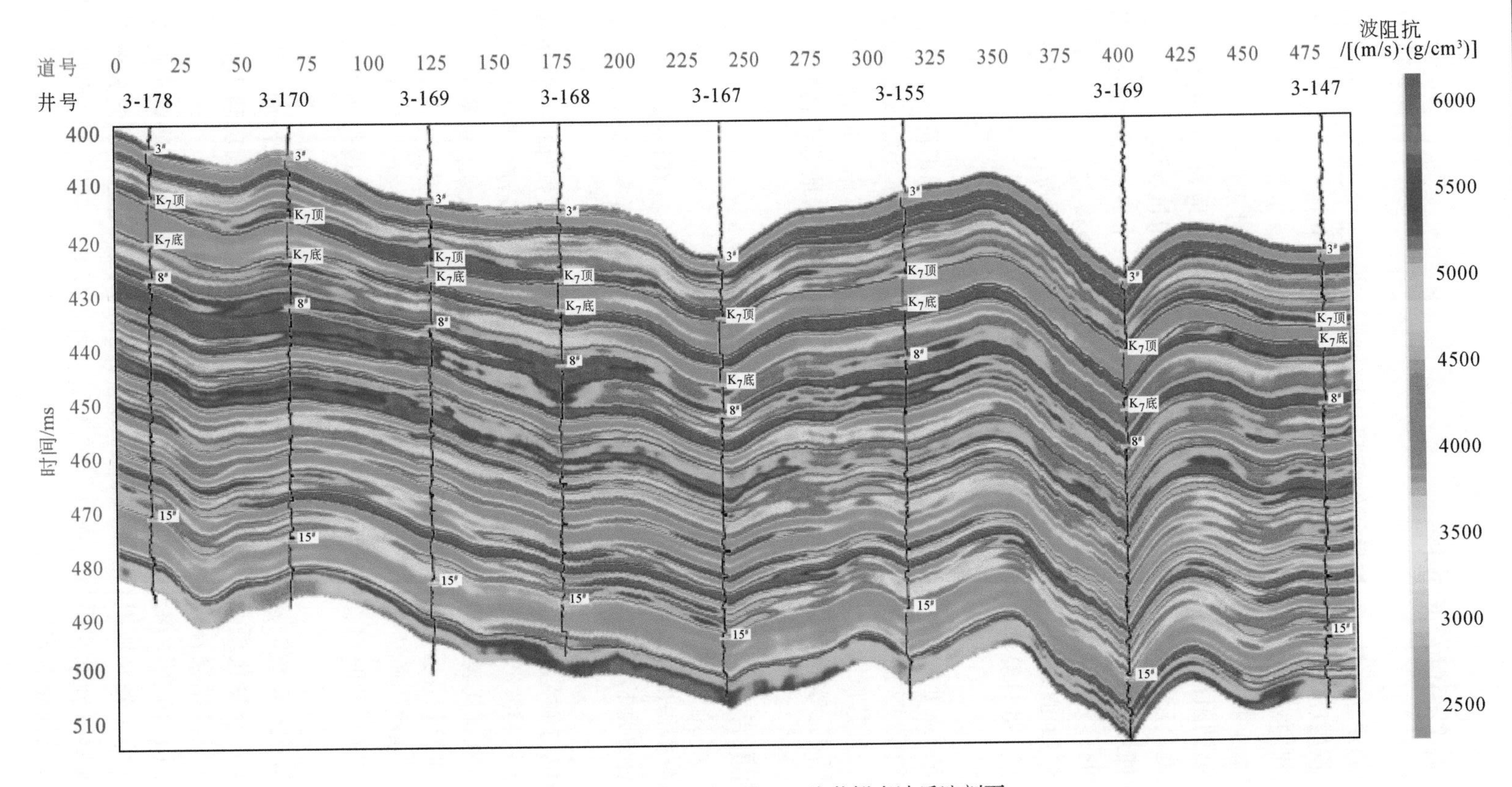

图1.14　新地震工区三维line1连井拟声波反演剖面

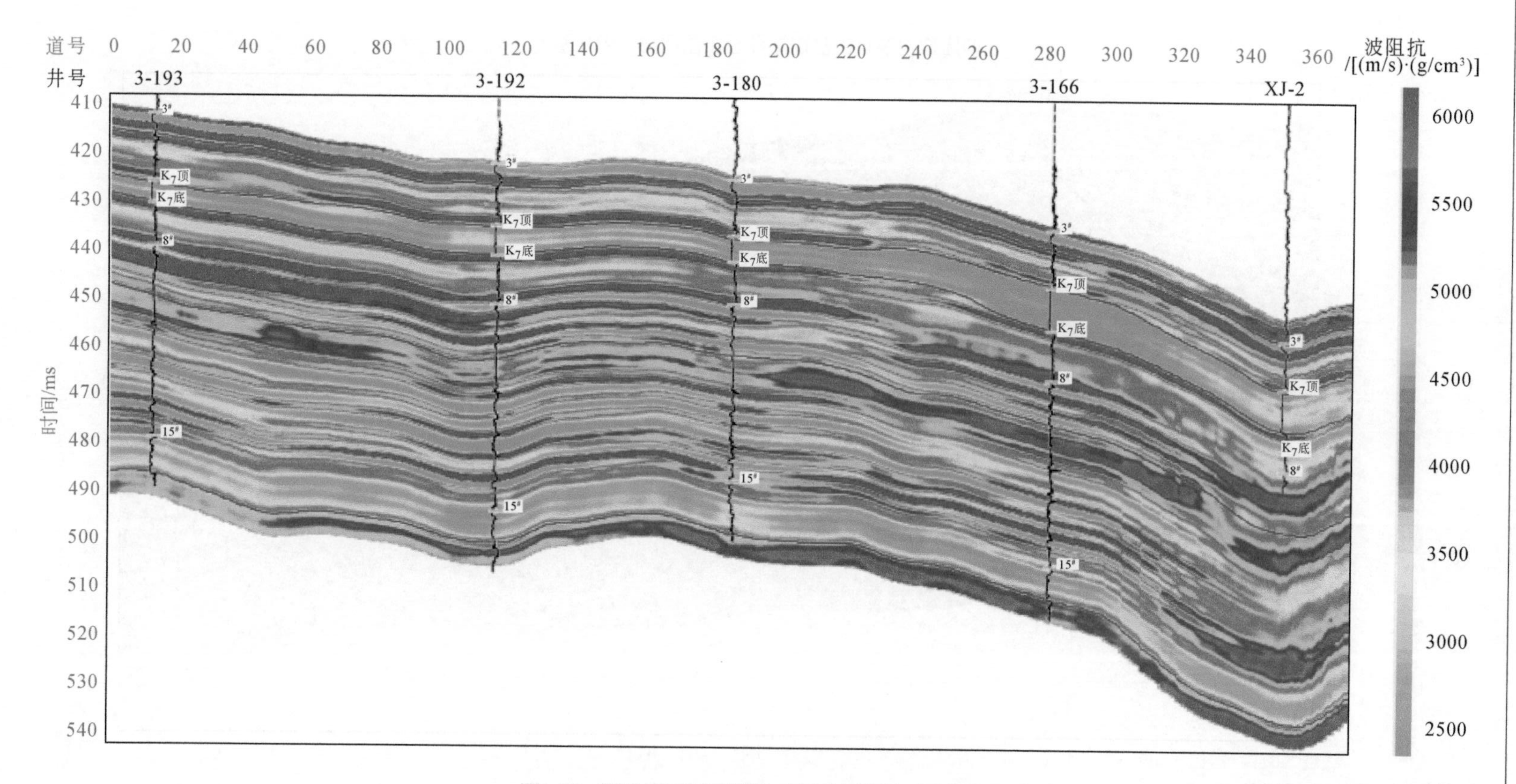

图1.15　新地震工区三维line2连井拟声波反演剖面

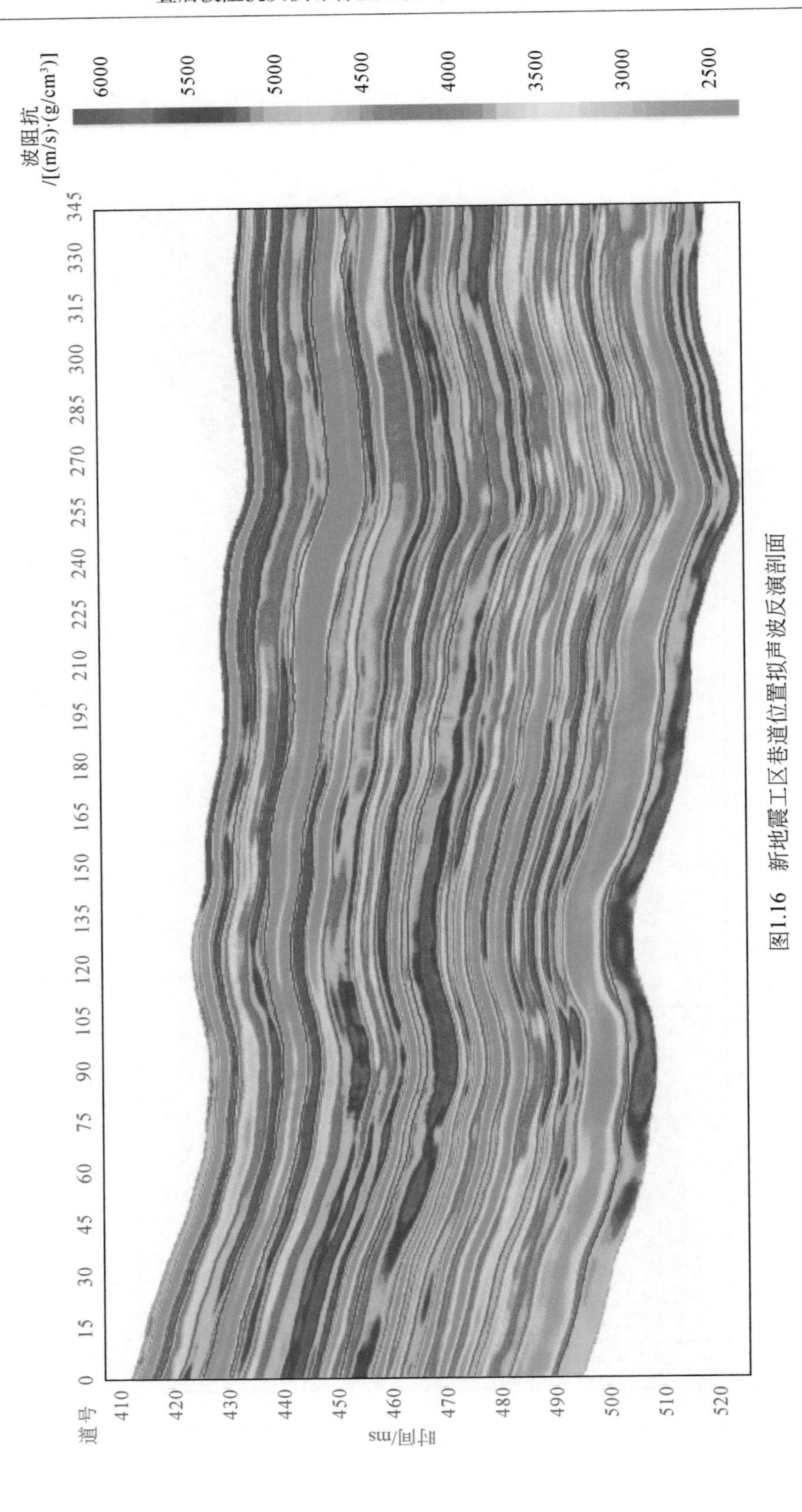

图1.16　新地震工区巷道位置拟声波反演剖面

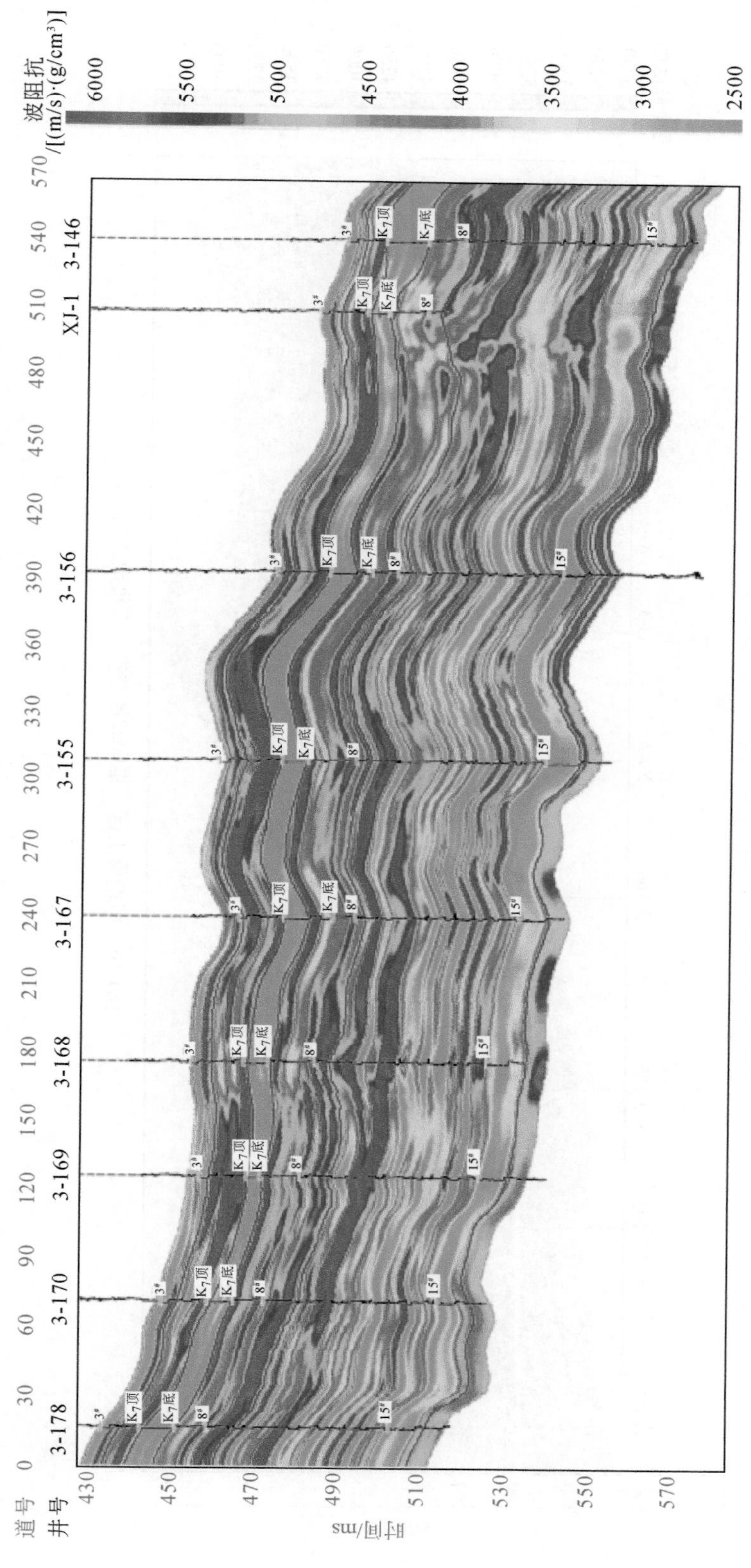

图1.17　新地震工区巷道位置连井拟声波反演剖面

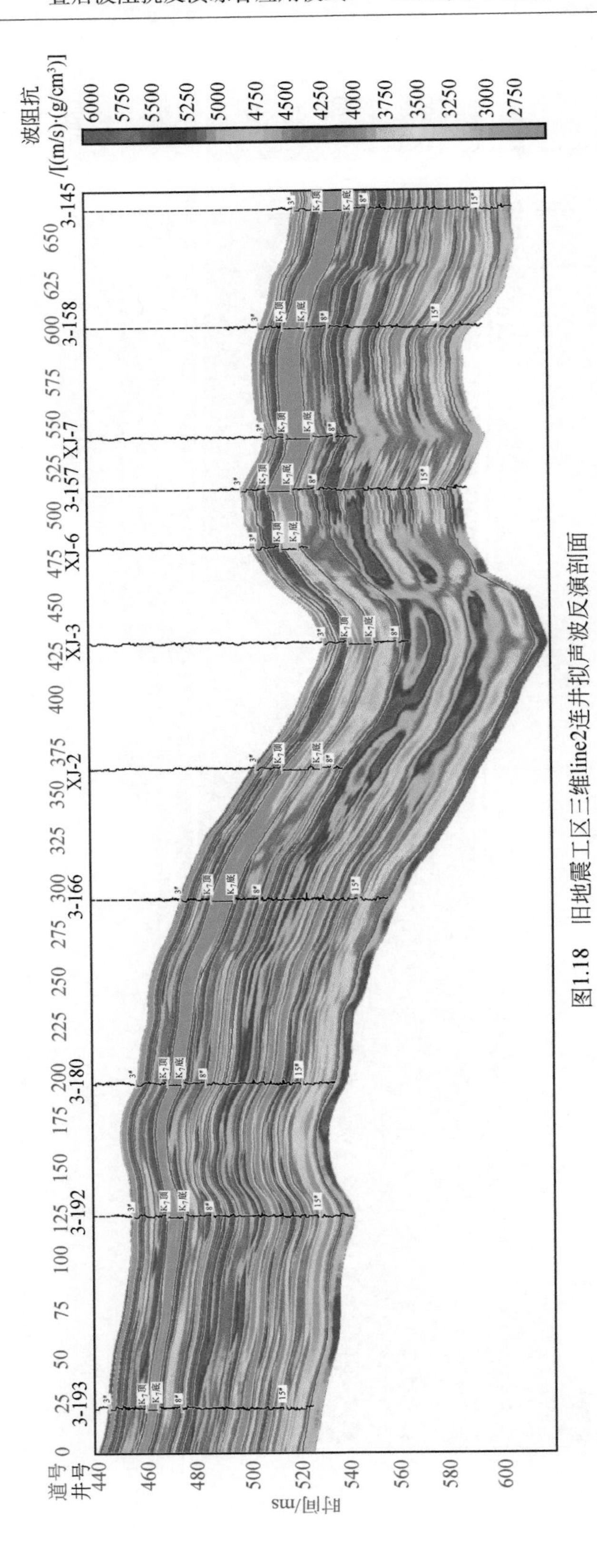

图1.18　旧地震工区三维line2连井拟声波反演剖面

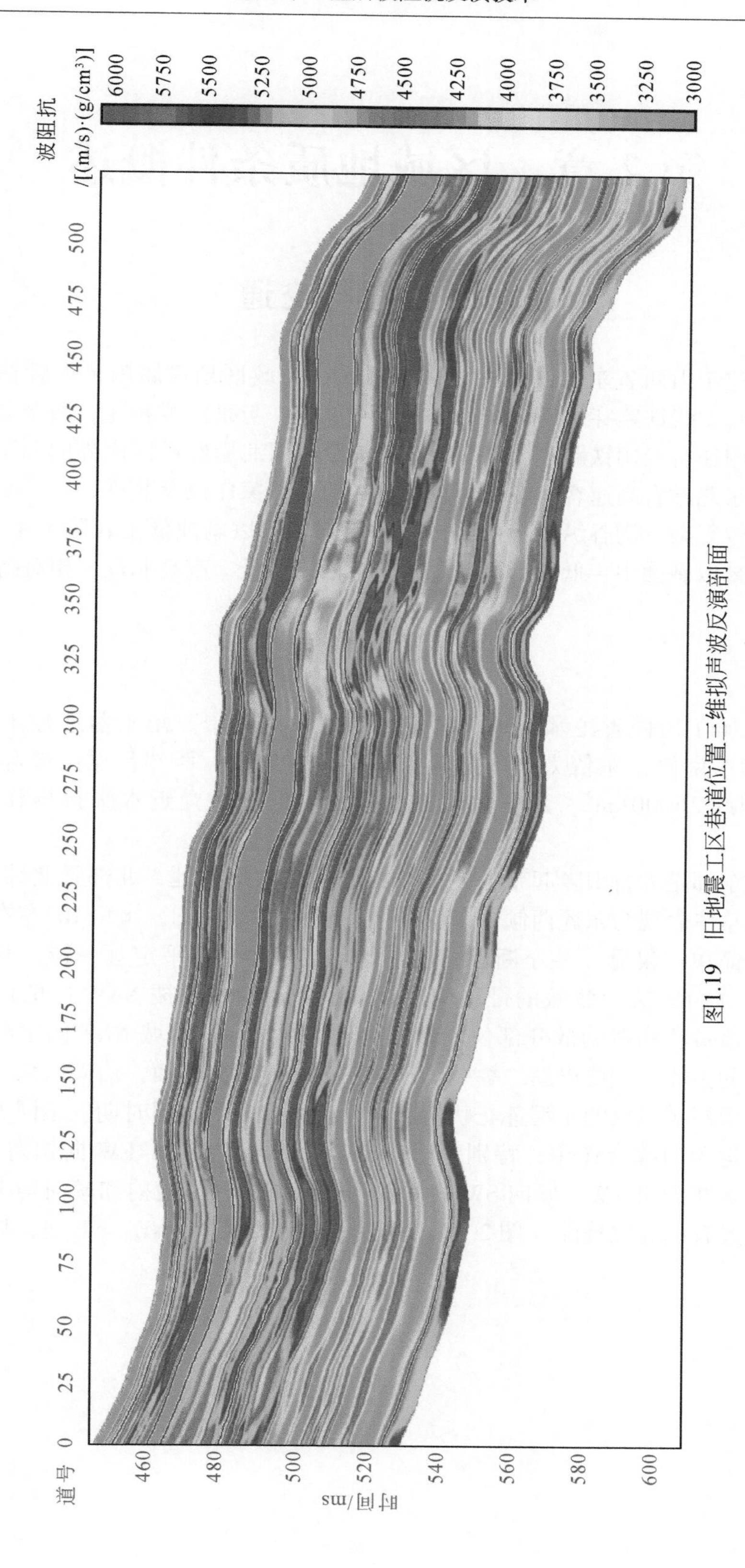

图1.19　旧地震工区巷道位置三维拟声波反演剖面

第2章　区域地质条件概述

2.1　位置与交通

阳泉矿区位于山西省东部，面积2102.47km^2，行政区划隶属阳泉市管辖。阳泉矿区交通方便，有石太线铁路穿过矿区中心，东至石家庄，与京广线相连，西至太原，与同蒲线相连。矿区内还有专用铁路；公路有307国道沿桃河北岸经矿区南界向西至太原，与石太线接轨。阳泉北站有高速客运专线可以通达太原、石家庄以及北京。

矿区地形较复杂，沟谷纵横，西部寿阳和南部和顺以剥蚀低山丘陵为主，中部盂县、阳泉、昔阳一带以剥蚀中—低山为主；总趋势为西高东低、南高北低，相对高差近千米。

2.2　区域构造

阳泉矿区属于山西省沁水盆地北端寿阳—阳泉单斜带。沁水盆地位于华北板块中部山西断块的东南侧，东依太行山隆起，南接豫皖地块，西邻吕梁山隆起，北靠五台山隆起，面积约26000km^2，是华北晚古生代成煤期之后受近水平挤压作用形成的复向斜。

阳泉矿区东部是太行山隆起带，西部及西北部是太原盆地，北部是北纬38°EW向构造亚带。矿区总体表现为东翘西倾的单斜构造，岩层走向NNE，倾角10°左右。整个翘起带的构造较为简单，仅见一些小断层，但在北部的娘子关—平定县一带，发育有一个向SW方向散开、向NE方向收敛的帚状构造，帚状构造的中部被NNW向的巨型地堑所切割，矿区处于该帚状构造的散开部位。南部为沾尚—武乡—阳城NNE向褶皱带，该褶皱带是沁水块拗的主体，主要出露二叠系、三叠系。在昔阳县以西，沾尚以南，以老庙山为核心是一个弧形褶皱组成的小型莲花状构造。由于经过多次不同时期、不同方式、不同方向区域性构造运动的综合作用，特别是太行山隆起带与北纬38°EW向构造亚带的影响，形成了阳泉矿区在走向NW、倾向SW的单斜构造基础上，沿走向和倾向均发育较平缓的褶皱群和局部发育的陡倾挠曲（图2.1），其主体构造线多呈NNE、NE向，局部产生复合变异。

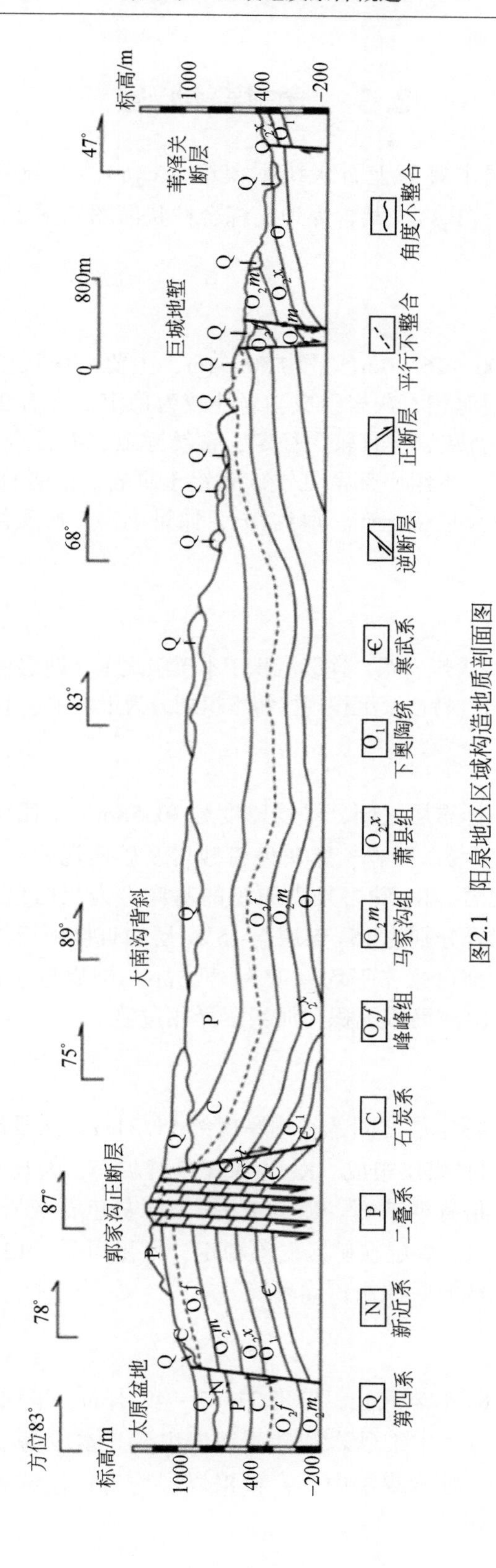

图2.1　阳泉地区区域构造地质剖面图

2.3 含煤地层

阳泉矿区内含煤地层主要为上石炭统本溪组（C_2b）、上石炭统—下二叠统太原组（C_3t）和下二叠统山西组（P_1s）。某含煤地层综合柱状简图如图 2.2 所示。

2.3.1 本溪组

本组地层总厚度 40.00 ~ 66.00m，平均 50.34m，主要由深灰色、灰黑色的砂质泥岩、灰色的铝质泥岩及 2 ~ 3 层海相石灰岩组成，岩性较为稳定，含有 2 ~ 4 层薄煤层，在矿区内属于不可采煤层。下部石灰岩发育较为稳定，含纺锤虫、海百合及腕足类化石，厚度在 4m 左右，俗称“香炉石”。本组底部常见铁矿和铝土页岩。前者称“山西式铁矿”，多呈鸡窝状或团块状；后者为 G 层铝土矿，厚约 9m，储量丰富，矿质优良。

2.3.2 太原组

本组为一套海陆交互相含煤岩系，连续沉积于本溪组之上，地层平均厚度为 120m，为矿区主要含煤地层之一。根据岩性特征及沉积规律将本组划分为上、中、下三段，分述如下。

2.3.2.1 下段

位于 K_1 标志层与 K_2 标志层之间，平均厚度约 30.58m。下段由 4 层岩层夹 1 ~ 2 层煤组成，由底部到顶部依次为 K_1 砂岩、黑灰色粉砂岩及砂质泥岩、$15^{\#}_{下}$煤、$15^{\#}$煤、黑色砂质泥岩、粉砂岩及黑色泥岩。K_1 砂岩是太原组的基底，为灰白色细—中粒砂岩。黑色砂质泥岩、粉砂岩及黑色泥岩分别为 $15^{\#}_{下}$煤层与 $15^{\#}$煤层的直接顶板。$15^{\#}_{下}$煤层在矿区新景矿区南部分叉，较稳定，大部可采，平均厚度为 1.55m；$15^{\#}$煤层全区稳定可采，平均厚度为 2.03m。下段沉积环境由河漫滩沉积向泥炭沼泽相过渡。

2.3.2.2 中段

位于 K_2 标志层与 K_4 标志层之间，平均厚度约 51.31m，该段地层主要由 K_2、K_3、K_4 三层石灰岩和 $13^{\#}$、$12^{\#}$、$11^{\#}$煤层组成。K_2 为深灰色石灰岩，因其常被 2 ~ 3 层黑色泥岩分割为 4 层薄层状石灰岩，俗称四节石。K_3 与 K_4 均为深灰色石灰岩，且含泥质较多，厚度相差不大，平均为 3.5m。$11^{\#}$煤层在矿区内不稳定，零星可采，$12^{\#}$与 $13^{\#}$煤层为不稳定局部可采。该段地层形成于浅海—泥炭沼泽环境。

2.3.2.3 上段

自 K_4 石灰岩顶起至 K_7 砂岩底止，厚度 31.77 ~ 49.16m，平均 38.99m。本段主要由 4 层煤层（$9^{\#}$、$9^{\#}_{上}$、$8^{\#}$、$8^{\#}_{上}$）、中细砂岩和砂质泥岩组成。本段为三角洲相、分流河道相、沼泽相和泥炭沼泽相沉积。所含煤层中，$9^{\#}$和 $8^{\#}$煤层均为较稳定大部可采煤层，$9^{\#}_{上}$和 $8^{\#}_{上}$煤层均为不稳定零星可采煤层。

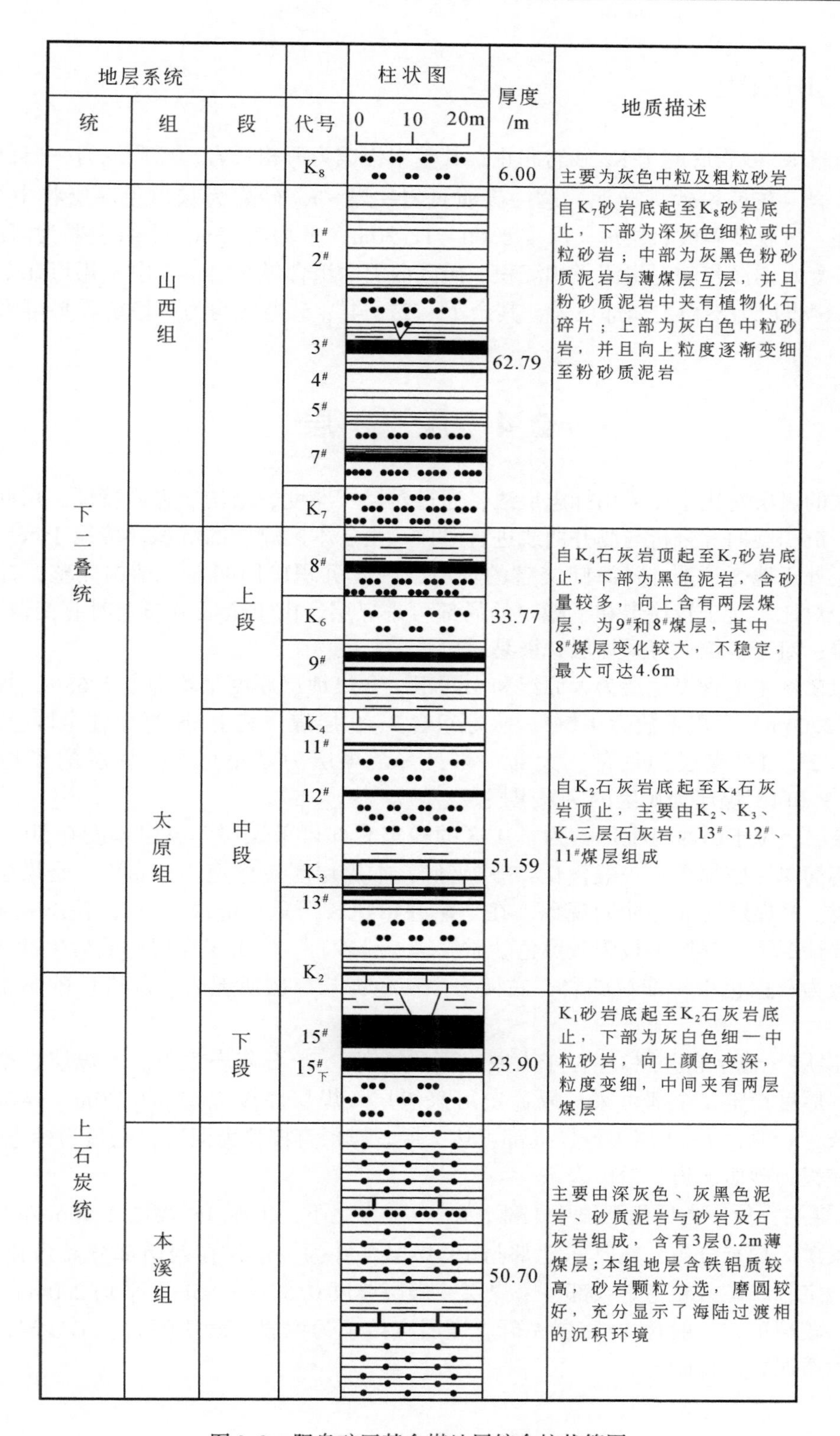

图2.2　阳泉矿区某含煤地层综合柱状简图

2.3.3 山西组

本组自 K_7 砂岩底起至 K_8 砂岩底止，其基本构成为海相页岩、钙质泥岩—白色、灰白色石英砂岩—灰色粉砂页（泥）岩—碳质页岩—煤。K_7 砂岩为灰白色厚层状中细砂岩，胶结坚硬，波状及斜波状层理，厚度4.00～12.30m，平均7.13m。本组主要为河漫滩相、沼泽相、复水沼泽相和泥炭沼泽相沉积。矿区内山西组含煤6层，其中3#煤层在全区内稳定可采，6#煤层为不稳定局部可采，其余1#、2#、4#、5#煤层均为不稳定零星可采或不可采煤层。

2.4 煤 层

本区的煤层对比主要采用标志层法，通过对煤层厚度、结构、煤质特征、层间距、煤岩组合、沉积旋回等分析与测井曲线进行对比。由于本区煤层的沉积环境属于滨岸—三角洲环境，处于地壳频繁升降海陆交替的环境，因此沉积旋回明显，结构完整，标志比较多，易于对比。对于较稳定和不稳定的局部可采煤层，由于全区分布上时有变薄或尖灭，对比困难；对于稳定的可采煤层，极易对比。

阳泉矿区主要含煤地层为太原组和山西组，含煤地层厚度平均为177.68m，煤层总厚度约为12.04m，含煤系数为9.6%。太原组含7～9层煤，其中15#煤层在全区稳定可采，8#、9#、12#、13#煤层为局部、大部可采，其余煤层为零星可采。煤层的平均厚度为3.61m，3#和15#煤层为矿区的主采煤层。

3#煤层：位于山西组中部，为本矿区的稳定大部可采煤层，煤层厚度0.50～4.80m，煤层结构简单—较简单，一般含0～3层夹矸，本煤层层位稳定，分布广，是煤层对比的良好标志。3#煤层局部有冲刷现象，在三矿井田比较严重，造成3#煤上下分层和夹矸缺失。一般情况下，煤层顶板为灰黑色砂质泥岩、粉砂岩，但由于煤层遭受后生冲蚀，部分地区顶板为灰白色中—细粒砂岩，底板为黑灰色泥岩、碳质泥岩、灰褐色砂质泥岩及细砂岩。

15#煤层（包括合并层）：位于太原组下段上部，K_2 石灰岩之下。本煤层在全矿区均有分布，厚度稳定，全部可采，属稳定可采煤层。煤层厚度3.53～9.50m。煤层结构简单—复杂，一般含1～4层夹矸，局部可达7层。煤层直接顶为泥岩，老顶为标志层 K_2 石灰岩，底板为砂质泥岩、粉砂岩。

$15^{\#}_{下}$煤层：位于太原组下段中上部，K_2 石灰岩之下，上距15#煤层2.50m左右。本煤层在新景矿区均有分布，在其东北部与15#煤层合并为一层，在西南部分叉为独立煤层，厚度较稳定，属矿区较稳定大部可采煤层。煤层厚度0.60～3.85m，平均2.04m。煤层结构简单—较简单，一般含0～2层夹矸。煤层直接顶为泥岩、砂质泥岩、细砂岩，底板为泥岩、砂质泥岩、粉砂岩。

第3章 新景矿区

3.1 研究区概况

3.1.1 研究区位置

新景矿位于阳泉市市区西部，距阳泉市中心11km，交通条件十分便利。

铁路：石太线沿桃河南岸横穿矿区往西直达太原，与南北同蒲线接轨，往东至石家庄，与京广线接轨。矿区内还有专用铁路线，向东经过赛鱼编组站，和石太线接轨。阳泉北站位于阳泉市北部的盂县，可以通达北京、石家庄和太原。

公路：307国道沿着桃河北岸横穿矿区，往西到太原，往东到石家庄。工业广场西面1.0km处有进入太旧高速公路的入口，太旧高速公路穿过矿区西南部，四周均有公路通往各村镇，交通非常便利。

3.1.1.1 四邻关系

新景矿东北相邻阳泉煤业（集团）有限责任公司（以下简称阳煤集团，现为华阳新材料科技集团有限公司）三矿，西邻阳泉煤业集团七元煤业有限责任公司两个阳煤集团国有矿井，周边还有旧街、坡头、神堂、马家坡、保安矿五个小煤矿。

3.1.1.2 研究区范围

新景矿三维地震资料处理和解释的研究区由6个勘探区组成，分别是保安区西部三维地震勘探区、保安区东部三维地震勘探区、佛洼西部三维地震勘探区、佛洼东部三维地震勘探区、芦南二区中部三维地震勘探区和芦南二区三维地震勘探区，各三维地震勘探区的基本情况见表3.1，各勘探区的平面相对位置如图3.1所示，勘探区总面积为25.29km^2。

表3.1 各三维地震勘探区基本情况

序号	三维地震勘探区名称	勘探面积/km^2	施工时间	施工队伍
1	保安区西部	6.66	2016年12月	河南省煤田地质局物探测量队
2	保安区东部	6.80	2009年12月	黑龙江省煤田地质物测队
3	佛洼西部	2.00	2011年12月	中国煤炭地质总局物测队
4	佛洼东部	2.88	2009年7月	山西省煤炭地质物探测绘院有限公司
5	芦南二区中部	2.39	2006年7月	黑龙江省煤田地质物测队
6	芦南二区	4.56	2004年9月	黑龙江省煤田地质物测队
合计		25.29		

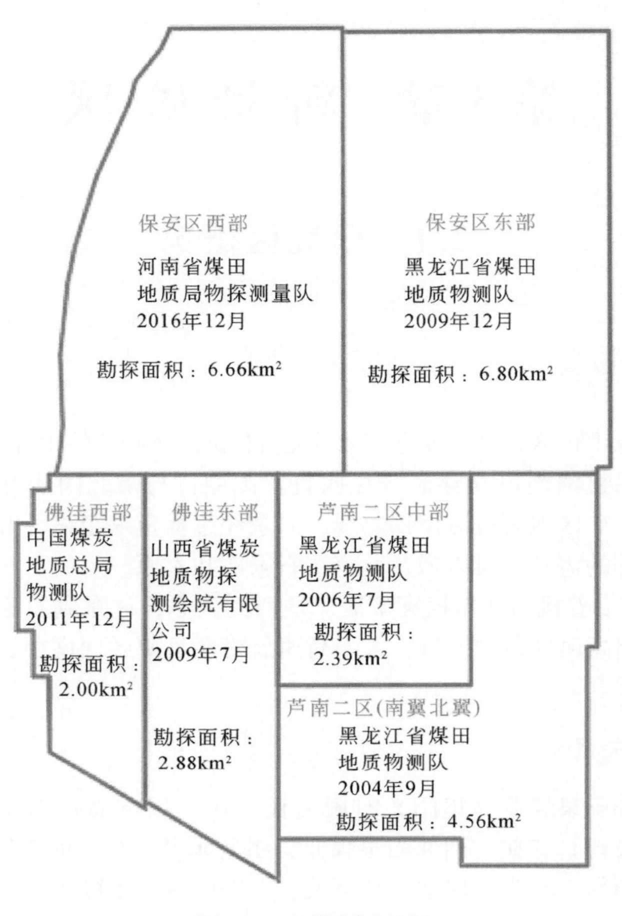

图 3.1　各勘探区范围

3.1.2　构造

新景矿位于阳泉矿区大单斜构造的西部，在这个大单斜面上次一级的褶曲构造比较发育，在平面上它们多呈 NNE—NE 向展布，以波状起伏的褶曲为主，呈向背斜相间、斜列式、平列式组合。在剖面上多为上部比较开阔平缓，下部比较紧闭的平列褶曲，但在局部地区也出现一些不协调的层间褶曲。这些不同形态、不同组合的褶曲群，构成了矿区构造的主体，现分述如下。

3.1.2.1　褶曲

在新景矿区内，除了区域构造中横穿矿区的桃河向斜西段以及南部赛鱼向斜为最大褶皱构造外，还存在一些次级的褶皱构造，其规模较大。

展布规律和褶皱特征：依据开采揭露及勘探，该矿区褶皱构造共有 83 条。其中走向长度最大达11km，最小仅为200m。幅度最大150m，最小仅为10m，在30m以上（含30m）的有64条，占到所有褶皱的77.1%。两翼倾角集中在5°~8°，最大为15°，部分地区的不协调褶皱甚至为30°~80°。褶皱在形态及展布上都有较为明显的特征，现综合分述如下。

（1）平面中多表现为斜列式或者平列式组合，等距展布在NNE—NE向，等距为600~1000m，受桃河向斜影响，该矿区西部较为明显，而东部较差。

（2）依据展布方向，可大致将褶皱分成两种，分别为NNE—NE向和NEE—EW向，分属不同构造体系，因为相互反接、复合、归并、干扰，以舒缓弧形展布，以反“S”形及“S”形为主。

（3）对于直立褶皱，其两翼倾角基本相等，但局部地区也有少量褶皱歪斜。太原组煤层内还常存在层间挠曲及不协调褶皱，大多呈条带状线形展布，条带宽度为200~300m，条带长1000m。

（4）平面上不同体系构造由于相交及切割叠加，形成穹状及鞍状构造。

3.1.2.2　断层

依据生产实践及勘探资料，研究区大断层很少发育，极少出现大中型断层。3-56井位于芦湖村西，探查了落差22m的逆断层，然而没有在地面出现，只通过电测发现，由于在15#煤层出现，故判定为逆断层，依据层位差推测，其水平断距30m，垂直断距20m，断层带的深度达475m，故肯定了断层仅错动太原组下煤组的地层，而没有对上煤组产生影响。依据地表某些节理及小断层在平面中的展布规律，判定断层走向为NW40°，倾向为NE，倾角为40°，其水平的延伸长度达750m。

另外，由于褶皱过程产生了层间滑动，落差在5m以下的小断层成群出现，所以它们主要受褶皱构造影响，具有以下的规律及特征。

（1）断层分布：垂直方向上的上部3#煤层较为发育（占全部揭露断层的76%），下部的15#煤层发育较少（占全部揭露断层的15%），中间的8#、9#煤层最少（占全部揭露断层的9%）。平面上呈现为西部较多，而中东部较少的特点，总体趋势为东部少于西部。除此之外，褶皱翼部较为发育，轴部次之，端部偏多，其余部位较少。断层揭露情况见表3.2。

表3.2　断层揭露情况一览表

煤层编号	落差分类/条					合计/条
	1m以下	1.2m	2.3m	3.5m	5m以上	
3#	124	129	50	10	1	314
8#	14	11	1	10	1	37
15#	6	32	11	13	1	63
合计	144	172	62	33	3	414

（2）组合特征上存在“入”字形组合、小型帚状组合、弧形组合和“S”形组合等。

（3）在断层相对位移方面，正断层的断层面上皆发现水平滑动痕迹，属于张扭及压扭性质。

（4）在断层走向延伸方面，普遍正断层延伸较长，逆断层较短，北东向延伸较短，北西向延伸较长。

从以上特征可得出：研究区断层产生在褶皱过程，以几组扭裂面为基础，从而发育起来，以 NNW 向的一组最发育，NNE 向的一组次之，NE 向与 NW 向两组发育程度基本相等，NEE 向和 NWW 向两组较少，但因为各个煤层围岩性质上的差异，和层间滑动的剧烈程度不同，导致断层垂向上和横向上的分布呈现出明显的不均性。

研究区的节理及裂隙主要分成两组，一组是 N50°～70°W，另一组是 N40°～60°E。两组节理以褶皱过程中两组扭裂面为基础，从而发育起来，近似直交，构成棋盘格式，该现象于地表裸露风化岩的层面上最明显。同时井下两组节理经常形成直交发育带，导致煤层的顶板岩层破碎，加重了采掘工作的难度。

与此同时，该区也出现了 NS 向及 EW 向的两组节理，这种节理多出现于地表，较为发育，多属于张性节理，故而具有一定程度的开敞，尤其在风化后更加明显，为地下水及地表水渗漏及流动的通道，在该区大多数沟谷及地表河流，其方向性都和这两组节理相关，这些节理影响着该区沟谷及河流展布。

该区裂隙大都出现在构造部位，且其展布方向受到构造控制，一般发育在断层两侧，由于褶皱过程中层间滑动，会产生裂隙，裂隙较节理延展性小，且方向性差，部分还会形成弧形，裂隙面常存在方解石充填，成为共有滑动面，其稳定性差，会影响到采掘工程的支护。

3.1.2.3　陷落柱

依据开采过程中揭露的数据，研究区内陷落柱较为发育，截至 2014 年 12 月在新景矿区范围内各生产煤层均有揭露，在已开采区的陷落柱密集区高达每平方千米 14 个，到 2015 年 7 月，共揭露陷落柱 265 个，每平方千米 4.1 个。这些陷落柱平面形态上呈现为圆形、长椭圆形、浑圆形及椭圆形，椭圆形占到 97.3%，而圆形占到 2.7%；剖面上呈现为下大上小的不规则柱体，由于受到褶皱运动影响，煤层内柱体大多发生了位移量不大的水平位移。

3.1.3　含煤地层与煤层

3.1.3.1　含煤地层

矿区内含煤地层主要为太原组和山西组，分述如下。

1）太原组

太原组为主要含煤地层之一，地层厚度 95.54～150.86m，平均 120.88m，为一套海陆交互相沉积，沉积结构清楚，层理发育，动植物化石繁多，根据沉积规律将本组划分为上、中、下三段。

下段：自 K_1 砂岩底起至 K_2 石灰岩底止，厚度 20.36～36.52m，平均 30.58m，由 4 层

岩层和1～2层煤层组成，由下向上是K_1砂岩（灰白色细—中粒砂岩，属于太原组的基底砂岩），厚度0.60～16.80m，平均7.14m。黑灰色粉砂岩及砂质泥岩，厚度7～23m，平均13m。$15^{\#}_{下}$、$15^{\#}$煤层：$15^{\#}_{下}$煤层在矿区西南部为分叉独立煤层，属较稳定大部可采煤层，其余除个别点尖灭外，均与$15^{\#}$煤层合并为一层，厚度0.60～3.85m，平均1.55m；$15^{\#}$煤层（包括合并层）为全矿区稳定可采煤层，厚度3.80～8.85m，平均6.29m。$15^{\#}_{下}$煤层直接顶为黑色砂质泥岩、粉砂岩；$15^{\#}$煤层直接顶为黑色泥岩，厚度0～10.33m，平均2.03m。本段先期为河床及河漫滩沉积，后又过渡为沼泽和泥炭沼泽沉积。

中段：自K_2石灰岩底起至K_4石灰岩顶止，厚度43.41～65.18m，平均51.31m，主要由K_2、K_3、K_4三层石灰岩，$13^{\#}$、$12^{\#}$、$11^{\#}$煤层和砂质泥岩、细砂岩等组成。K_2为深灰色石灰岩，常被2～3层黑色泥岩所分割，形成4层薄层状的石灰岩，俗称四节石，厚度6.50～16.22m，平均9.26m。K_3为深灰色石灰岩，上、下含泥质较多，中部质纯，含大量的海百合茎化石，俗名“钱石灰岩”，厚度2.02～10.22m，平均3.50m。K_4为深灰色石灰岩，致密块状，含泥质较多（因泥质易风化，在地表形成一些似猴状的形状，俗称“猴石灰岩”），厚度1.80～4.12m，平均3.15m。本段属于浅海相—泥炭沼泽相旋回沉积。所含煤层中，$13^{\#}$、$12^{\#}$煤层均为不稳定局部可采煤层，$11^{\#}$煤层为不稳定零星可采煤层。

上段：自K_4石灰岩顶起至K_7砂岩底止，厚度31.77～49.16m，平均38.99m。本段主要由4层煤层（$9^{\#}$、$9^{\#}_{上}$、$8^{\#}$、$8^{\#}_{上}$）、中细砂岩和砂质泥岩组成。本段为三角洲相、分流河道相、沼泽相和泥炭沼泽相。所含煤层中，$9^{\#}$、$8^{\#}$煤层均为较稳定大部可采煤层，$9^{\#}_{上}$、$8^{\#}_{上}$煤层均为不稳定零星可采煤层。

2）山西组

山西组自K_7砂岩底起至K_8砂岩底止，厚度45.10～72.00m，平均56.80m，主要由6层煤层（$1^{\#}$～$6^{\#}$煤层）、砂岩及砂质泥岩、泥岩组成。K_7砂岩为灰白色厚层状中细砂岩，胶结坚硬，波状及斜波状层理，厚度4.00～12.30m，平均7.13m。本组主要为河漫滩相、沼泽相、复水沼泽相和泥炭沼泽相。所含煤层中，$6^{\#}$煤层为不稳定局部可采煤层，$3^{\#}$煤层为全区稳定可采煤层，其余$1^{\#}$、$2^{\#}$、$4^{\#}$、$5^{\#}$煤层均为不稳定零星可采或不可采煤层。

3.1.3.2　煤层

矿区煤系地层总厚度平均为177.68m，煤层总厚度为20.85m，含煤系数为11.73%。太原组煤系地层平均厚度120.88m，含煤9层，其中$15^{\#}$煤层（包括合并层）为稳定可采煤层，$8^{\#}$、$9^{\#}$、$15^{\#}_{下}$煤层均为较稳定大部可采煤层，$12^{\#}$、$13^{\#}$煤层均为不稳定局部可采煤层，$8^{\#}_{上}$、$9^{\#}_{上}$、$11^{\#}$煤层均为不稳定零星可采煤层。煤层平均总厚15.57m，含煤系数为12.88%。山西组煤系地层平均厚度56.80m，含煤6层，其中$3^{\#}$煤层为稳定可采煤层，$6^{\#}$煤层为不稳定局部可采煤层，其余$1^{\#}$、$2^{\#}$、$4^{\#}$、$5^{\#}$煤层均为不稳定零星可采或不可采煤层。煤层平均总厚5.28m，含煤系数为9.30%。

矿区批采煤层为$3^{\#}$、$6^{\#}$、$8^{\#}_{上}$、$8^{\#}$、$9^{\#}$、$12^{\#}$、$13^{\#}$、$15^{\#}$、$15^{\#}_{下}$煤层，除$8^{\#}_{上}$煤层为不稳定

零星可采煤层外，其余均为可采煤层，详见可采煤层特征表（表 3.3）。

表 3.3　可采煤层特征表

煤层编号	煤层厚度/m 最小值~最大值 平均值	煤层间距/m 最小值~最大值 平均值	夹矸层数	稳定性 可采性	煤层结构	顶底板岩性	
						顶板	底板
$3^{\#}$	0.75~4.80 2.26	15.23~35.12 22.50	0~2	稳定 大部可采	简单—较简单	砂质泥岩 细砂岩 中砂岩	泥岩 砂质泥岩 细砂岩
$6^{\#}$	0~3.11 1.30	10.00~19.00 15.00	0	不稳定 局部可采	简单	砂质泥岩 中细砂岩	砂质泥岩 粉砂岩
$8^{\#}$	0~3.90 1.65	2.32~25.10 13.27	0~3	较稳定 大部可采	简单—复杂	泥岩 中细砂岩	中细砂岩 泥岩
$9^{\#}$	0~4.10 1.99	17.23~40.41 30.47	0~3	较稳定 大部可采	简单—复杂	中细砂岩 泥岩	中粗砂岩 粉砂岩
$12^{\#}$	0~2.60 1.09	4.17~14.07 10.00	0~2	不稳定 局部可采	简单—较简单	泥岩 细砂岩	泥岩 中细砂岩
$13^{\#}$	0~1.80 0.80	14.92~41.19 29.50	0	不稳定 局部可采	简单	石灰岩 泥岩 粉砂岩	中细砂岩 砂质泥岩
$15^{\#}$	3.80~9.50 6.30	0~5.50 2.50	1~4	稳定 井田可采	简单—复杂	泥岩、 石灰岩	泥岩 砂质泥岩 细砂岩
$15^{\#}_{下}$	0.60~3.85 2.04		0~2	较稳定 大部可采	简单—较简单	泥岩 砂质泥岩 细砂岩	泥岩 砂质泥岩 粉砂岩

3.2　新景矿区主要煤层厚度预测

针对新景矿区主采煤层层间距近，煤层分叉合并严重，常规地震数据无法分辨的技术难题，提出了近距离煤层分叉合并的空间定位方法，通过测井约束波阻抗反演得到波阻抗数据体，对各煤层顶底界面进行精细刻画，实现对煤层厚度的准确预测。

3.2.1 资料处理及反演实施

3.2.1.1 测井曲线标准化

本次收集到研究区内钻孔 115 个，其中 78 口井资料含有密度、速度和自然伽马曲线，能够用来反演，如图3.2、图3.3 所示，其余钻孔测井曲线不齐全。3-178 井位于研究区中部位置且其测井资料全面准确，所以进行测井标准化处理时选取 3-178 井为标准井。取 $3^{\#}$ 煤层顶板向上 10ms 到 $15^{\#}$煤层顶板向下 20ms 的岩性作为标准层进行标准化统计。图 3.4、图 3.5 分别是密度曲线标准化前后的对照，图 3.6、图 3.7 分别是自然伽马曲线标准化前后的对照。经过标准化后，全区的测井基本消除了外部因素的影响，只反映岩性的变化，因而能够用来进行反演。

3.2.1.2 子波提取

通过地震数据频谱分析可知，研究区地震数据主频为 50Hz，因此雷克子波的主频也取 50Hz。

分别提取雷克子波、统计子波进行分析，经过对比分析，发现统计子波相关系数要低于雷克子波，所以本次反演选取雷克子波作为最终的子波。

3.2.1.3 井震标定

图 3.8 是 3-140 井的井震标定图，其余各井合成地震道和实际地震道在各个煤层上相关系数较高，井震标定达到反演要求。

3.2.1.4 初始模型建立

图 3.9 是研究区波阻抗反演所建模型的一个剖面图，可以看出测井曲线和模型道吻合程度高，横向连续性强。

3.2.2 反演结果分析与评价

3.2.2.1 反演分析

图 3.10 是 3-124 井叠后反演分析剖面，合成地震记录与实际地震记录的匹配误差很小，其余井匹配也很好，适合进行叠后反演。

3.2.2.2 反演结果评价

从波阻抗反演剖面图（图 3.11）上可以看出，反演结果在一定程度上拓宽了地震频带，曲线拟合较好，地层构造格架较为合理，提高了纵向上的分辨率，反演剖面很好地区分了强反射、低波阻抗的煤层。对 $3^{\#}$煤到 $15^{\#}$煤，波阻抗分布规律呈现出煤层<砂岩<泥岩的规律。

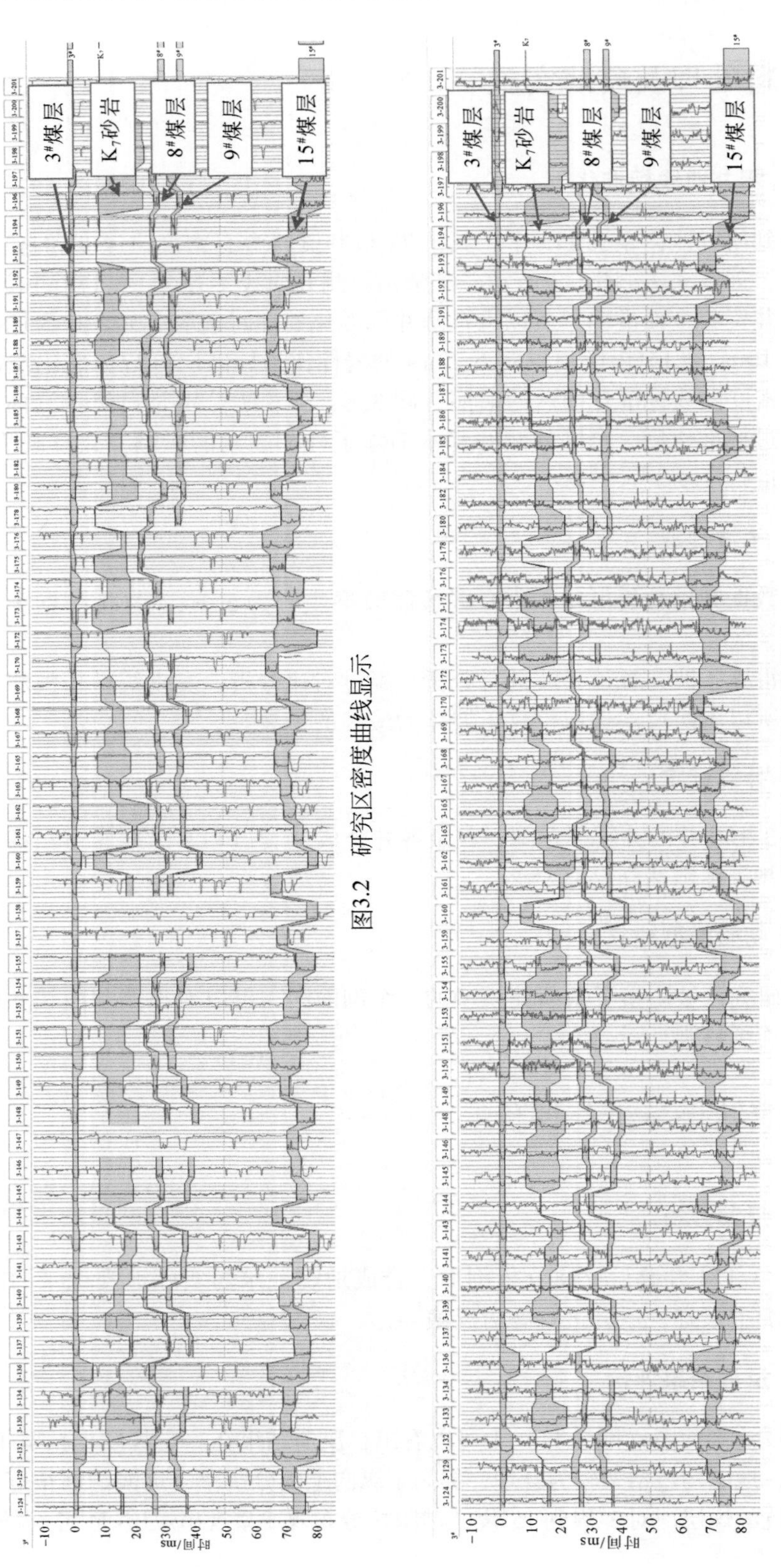

图3.2　研究区密度曲线显示

图3.3　研究区自然伽马曲线显示

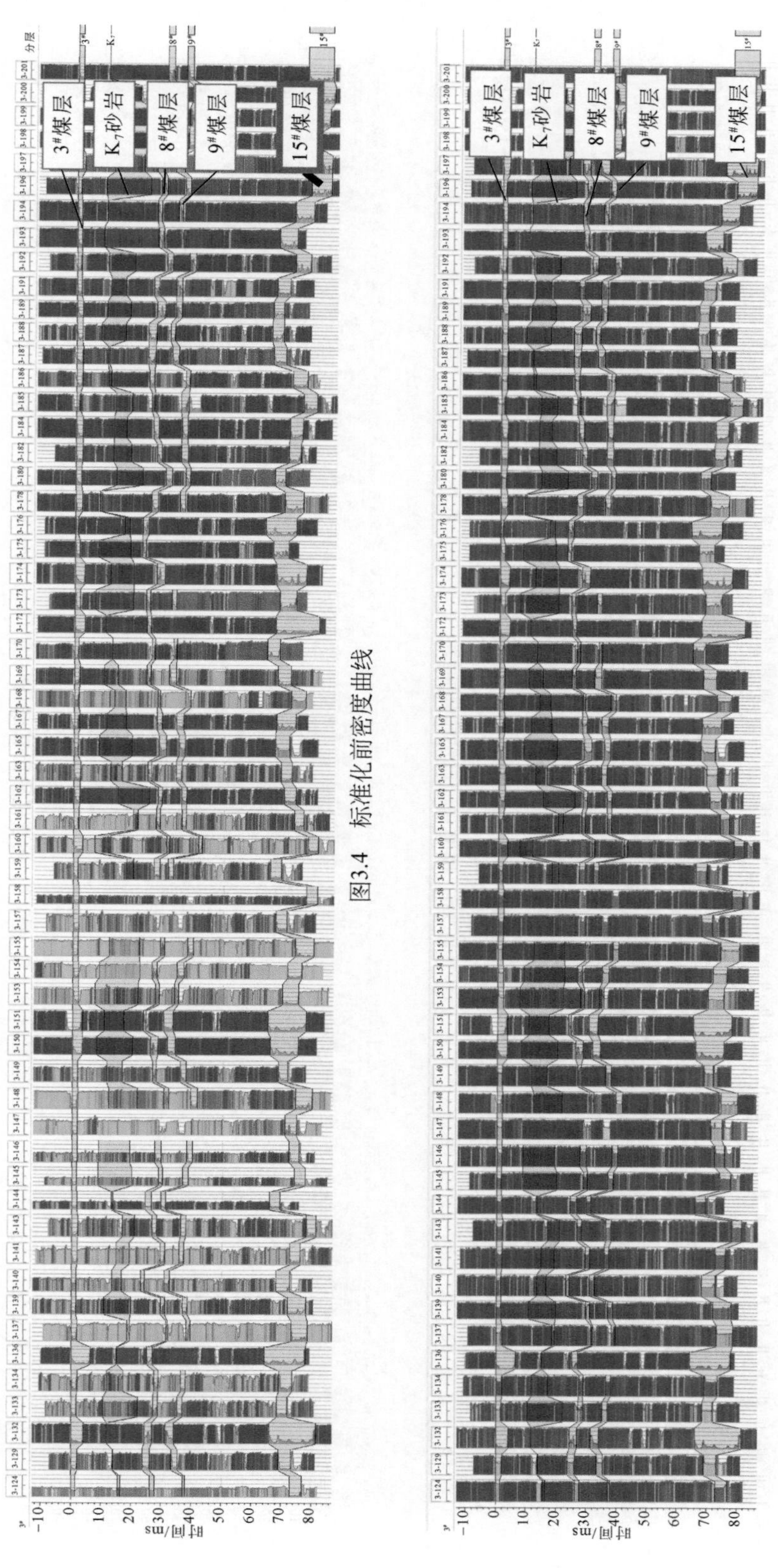

图3.4　标准化前密度曲线

图3.5　标准化后密度曲线

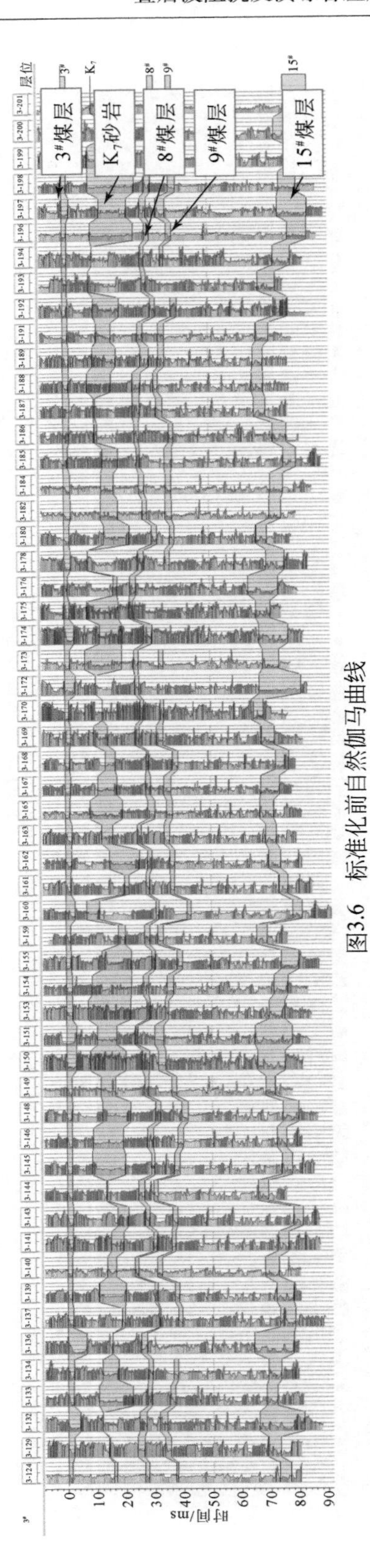

图3.6　标准化前自然伽马曲线

图3.7　标准化后自然伽马曲线

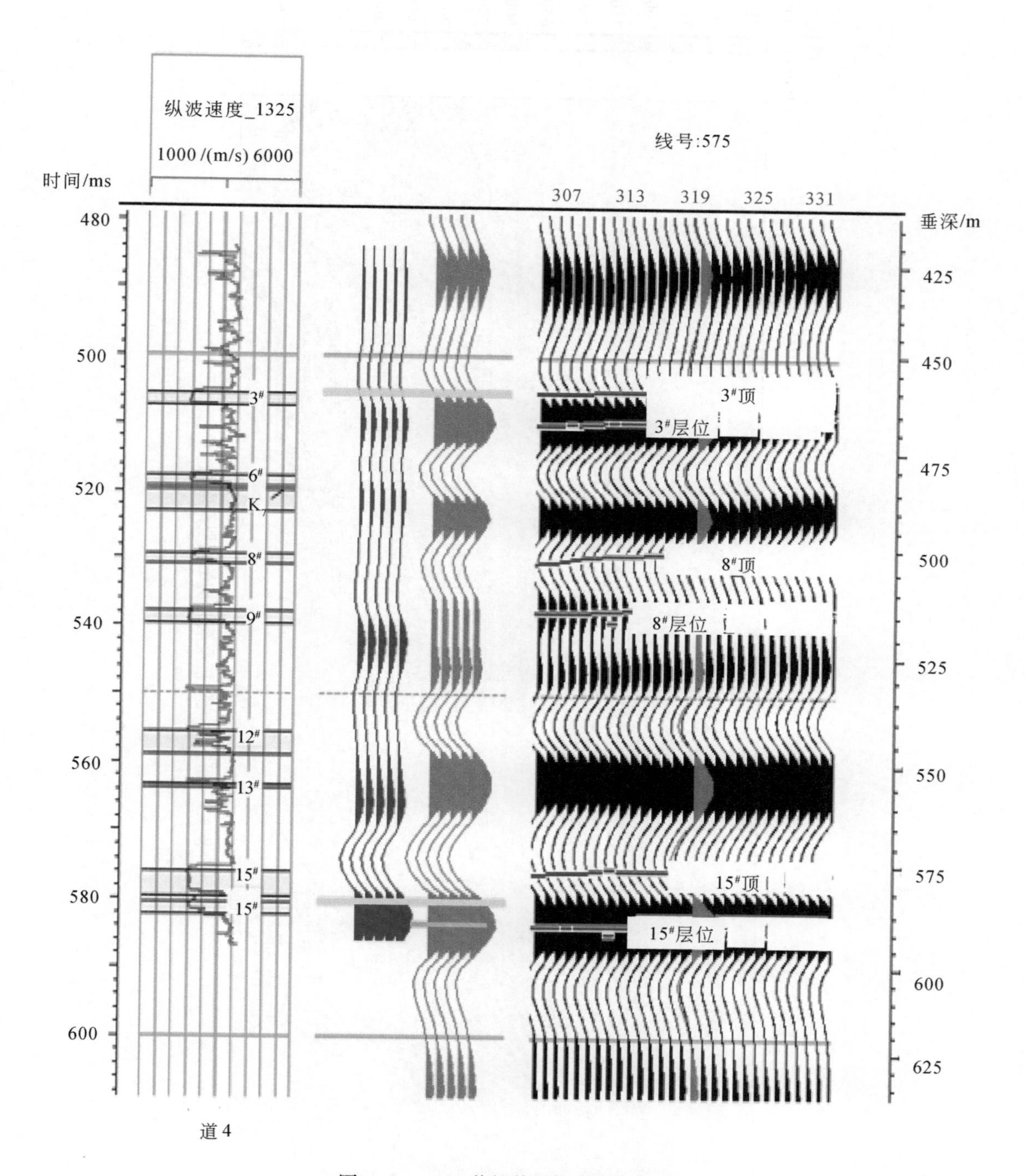

图3.8 3-140井的井震标定示意图

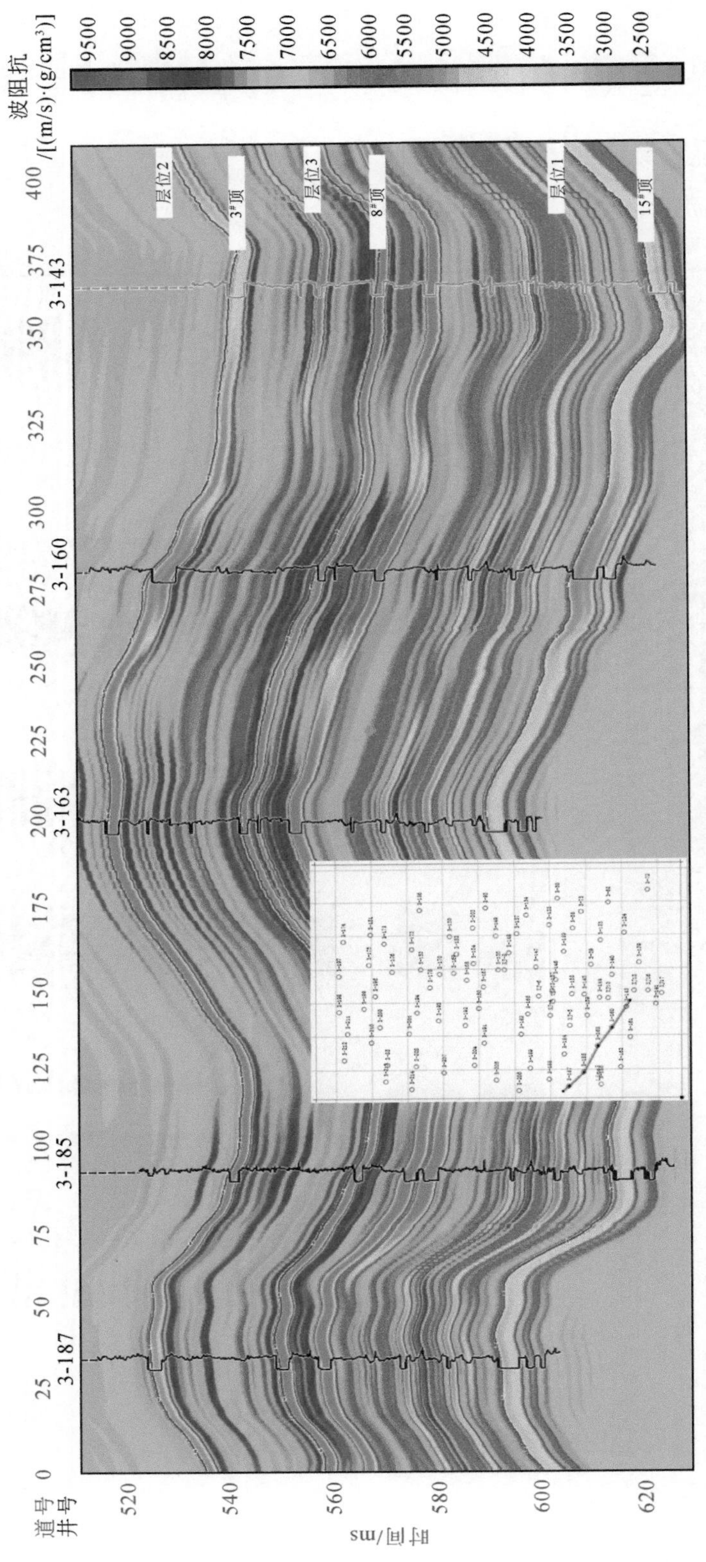

图3.9 研究区波阻抗反演的初始模型剖面图

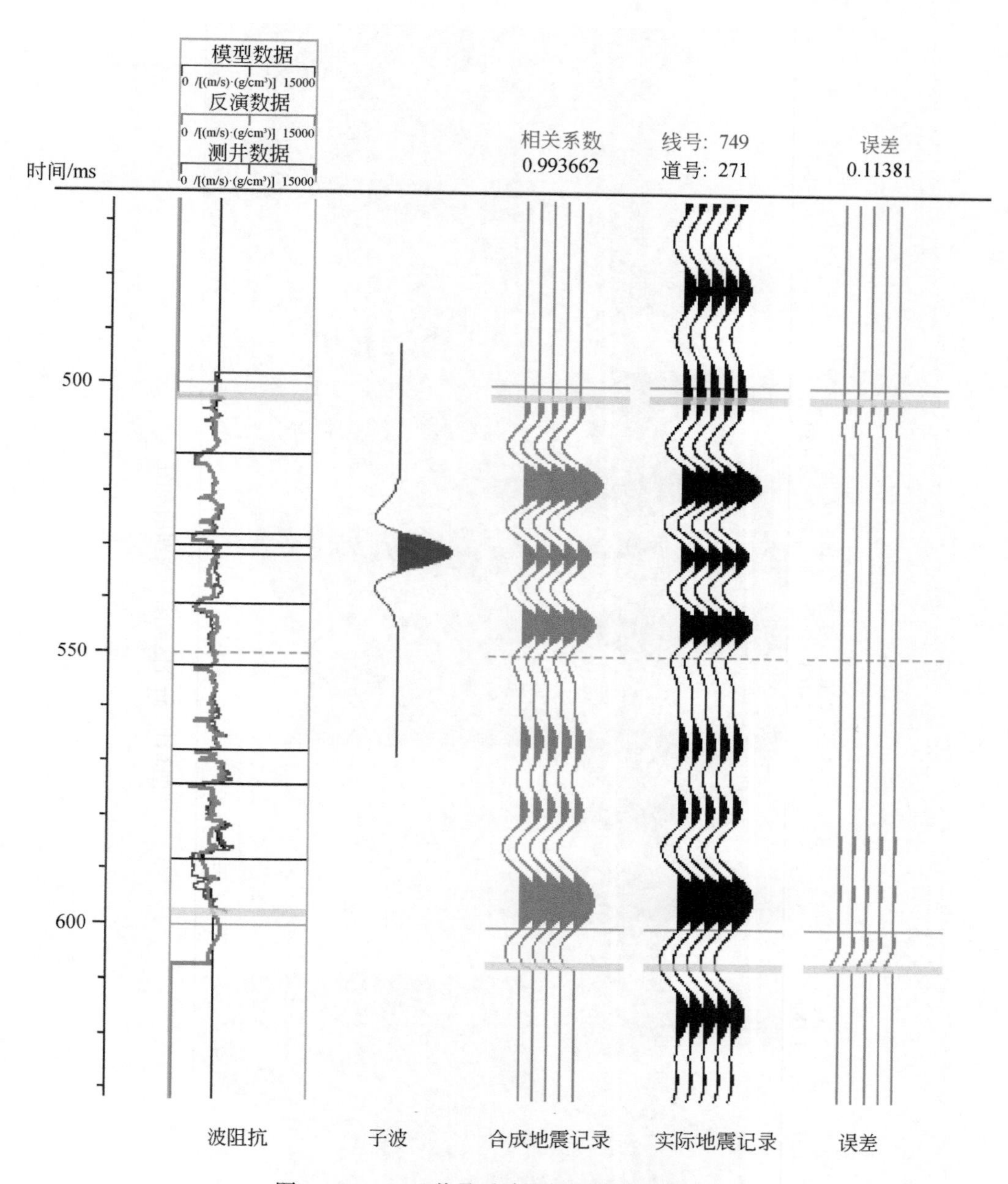

图 3.10 3-124 井叠后波阻抗反演分析剖面

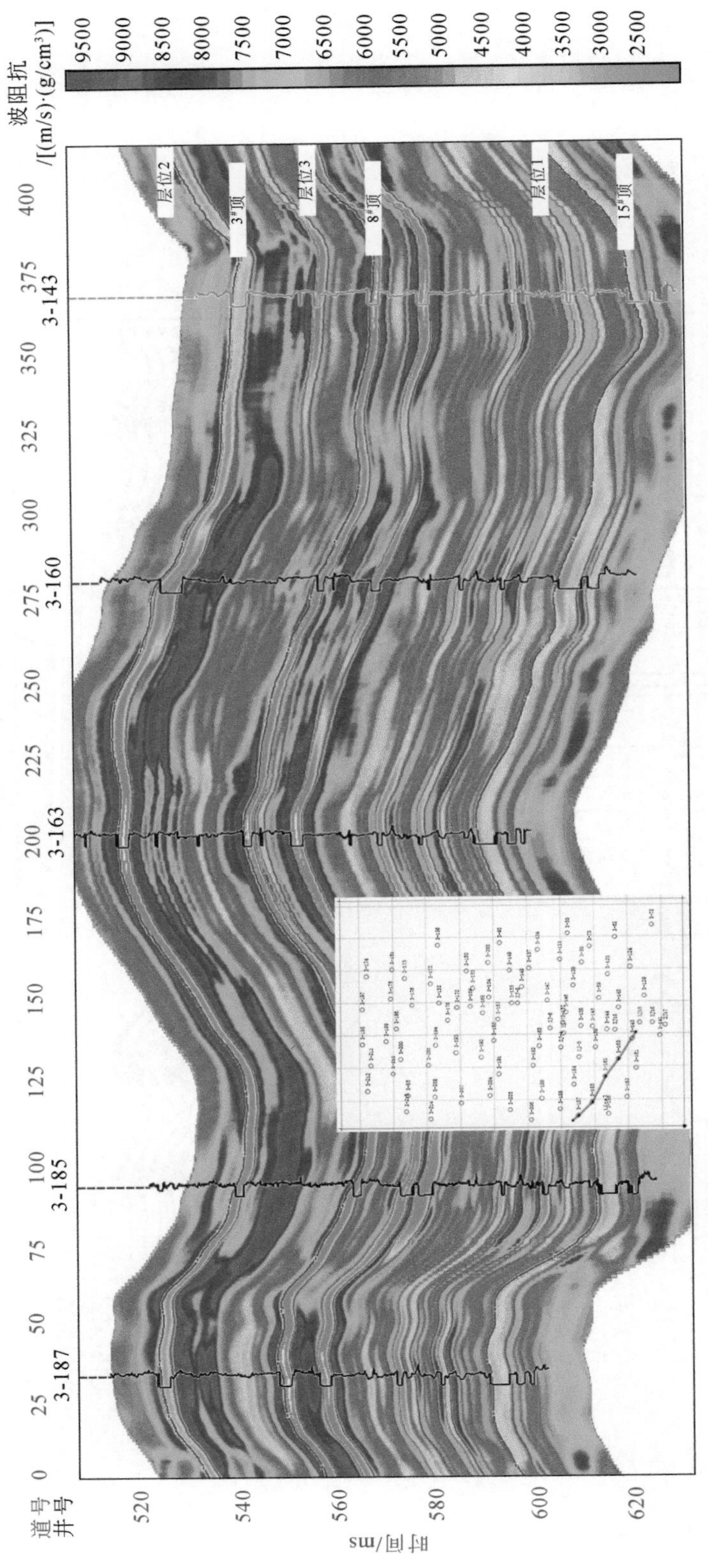

图3.11　研究区波阻抗反演剖面图

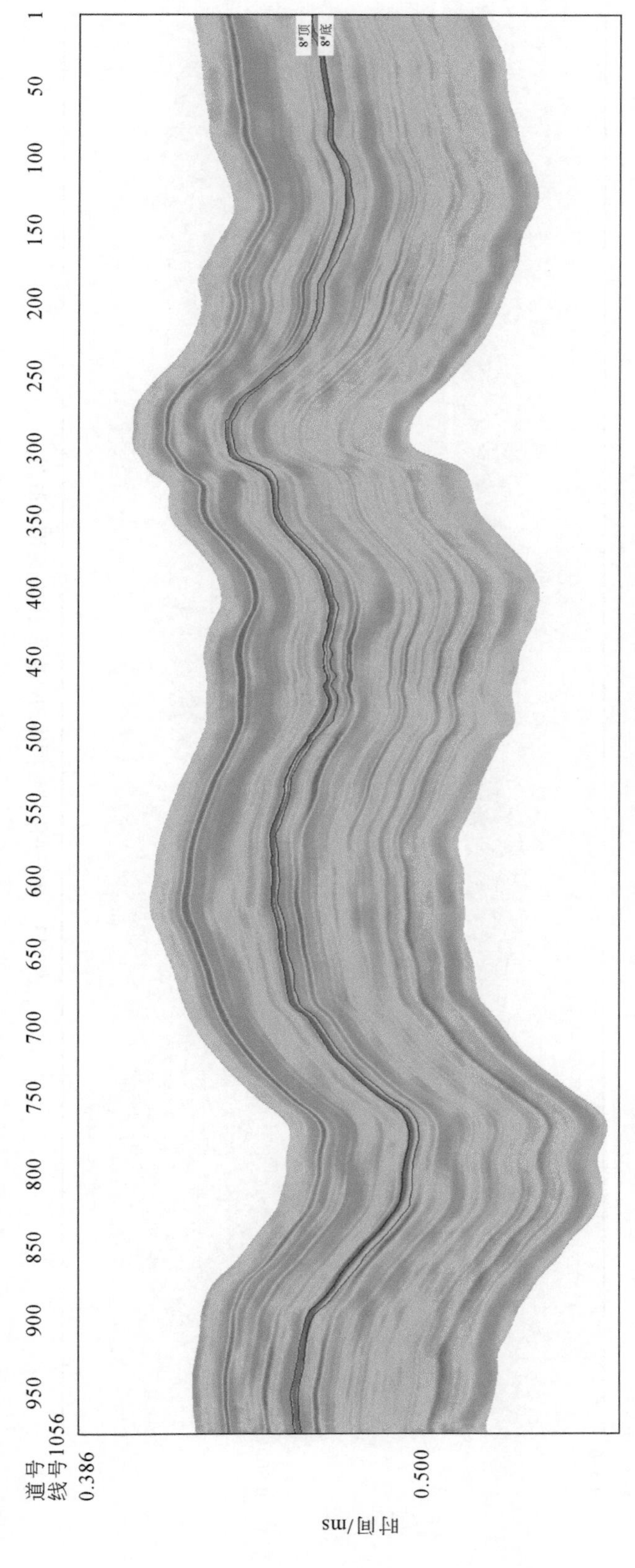

图3.12 基于波阻抗数据体的8#煤层层位追踪部分截图

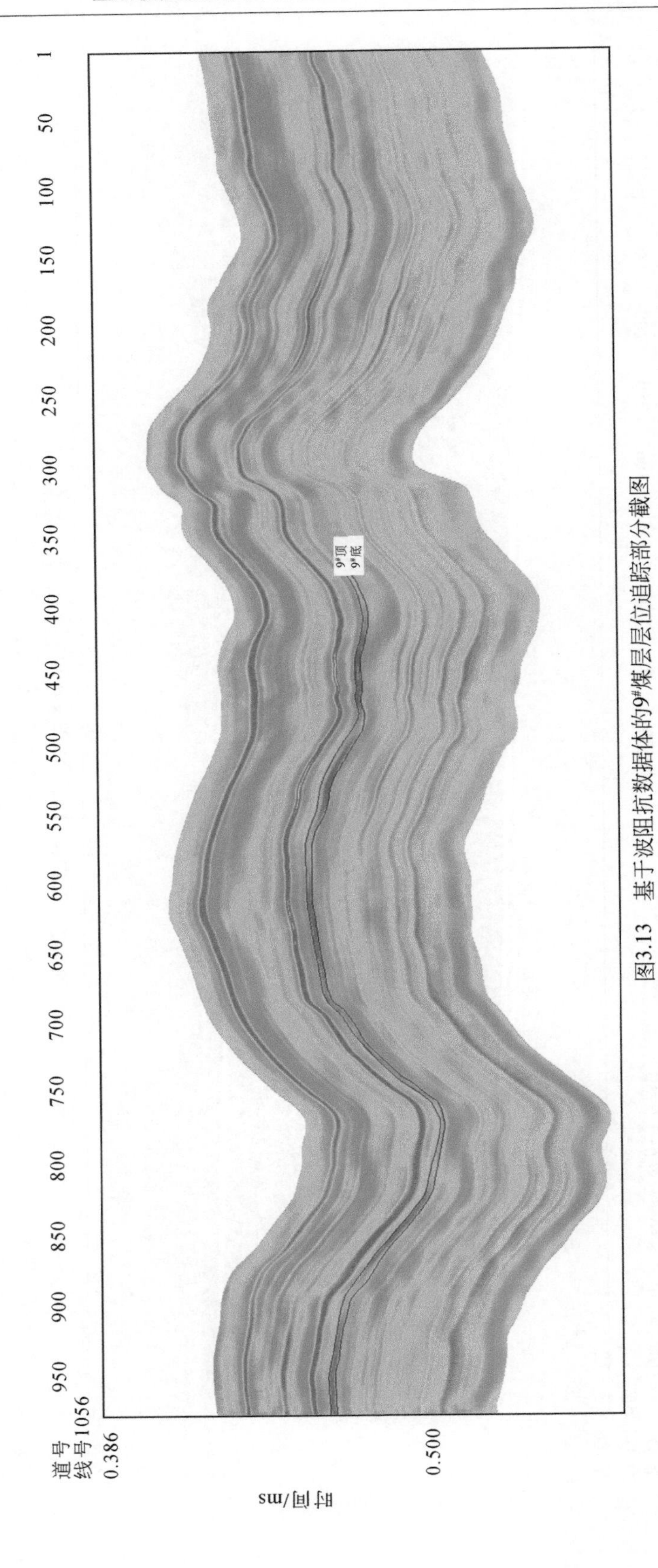

图3.13　基于波阻抗数据体的9#煤层层位追踪部分截图

3.2.3 煤厚预测

基于波阻抗反演得到的波阻抗数据体，对8#煤层和9#煤层的顶底板进行层位追踪，以获得煤层的厚度分布。

图3.12和图3.13是基于波阻抗数据体的8#煤层和9#煤层层位追踪的部分截图，8#煤层、9#煤层的整体走势是相差不大的。在整个研究区的反演剖面图上，9#煤层出现缺失的情况比8#煤层多。

追踪8#煤层顶底板时，以波阻抗数据体为主，以地震叠后数据体为辅，进行煤层顶底板追踪。从X-line 56开始，以80m的间距进行滚动追踪，获得8#煤层顶底板分布，如图3.14所示，8#煤层局部难以追踪，以红色封闭线圈出。

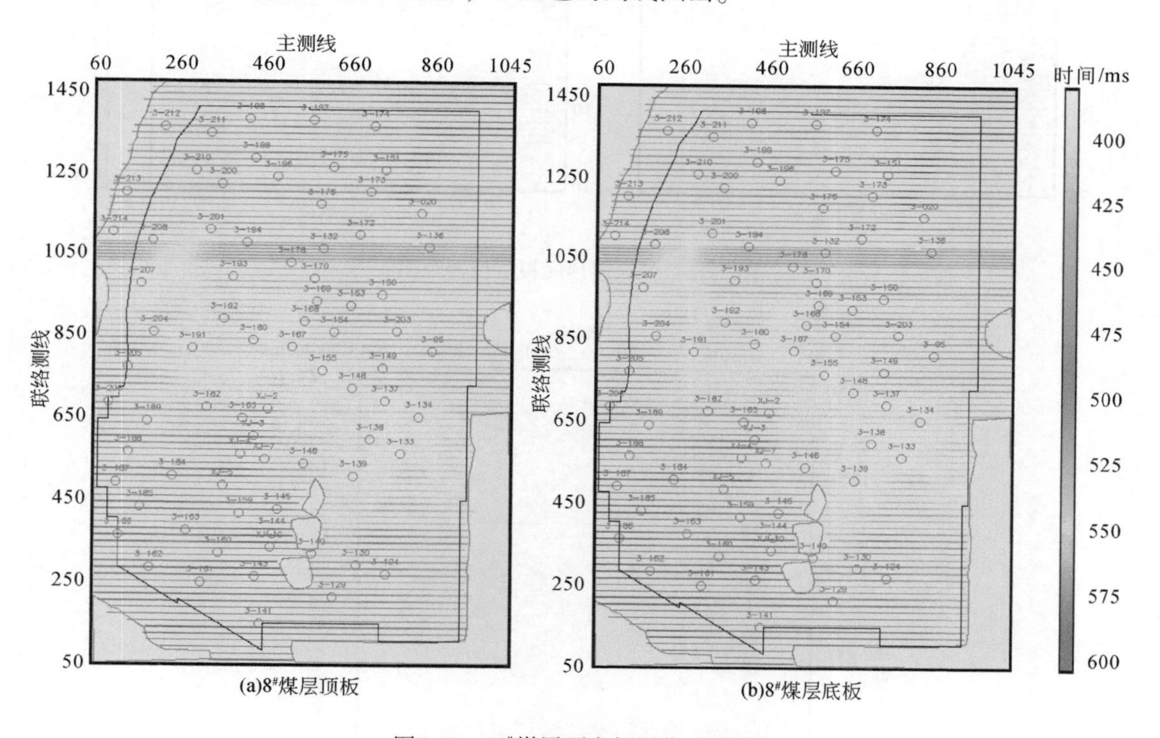

图3.14 8#煤层顶底板层位追踪图

9#煤层追踪方式和8#煤层追踪方式一样，因为9#煤层的测井资料相对于8#煤层要少，所以在煤层追踪中9#煤缺失的范围要稍大，如图3.15所示。

图3.16为基于地震反演获得的8#煤层厚度分布图，可以看出，8#煤层的厚度总体是西部厚，东部薄，东北角最薄，厚度为0.5m，最厚处位于3-182井以北，可达5.6m。厚度大的区域，煤层一般含有夹矸。8#煤层含夹矸井较多，夹矸厚度一般不大于1m，岩石成分多为泥岩、砂质泥岩或碳质泥岩。

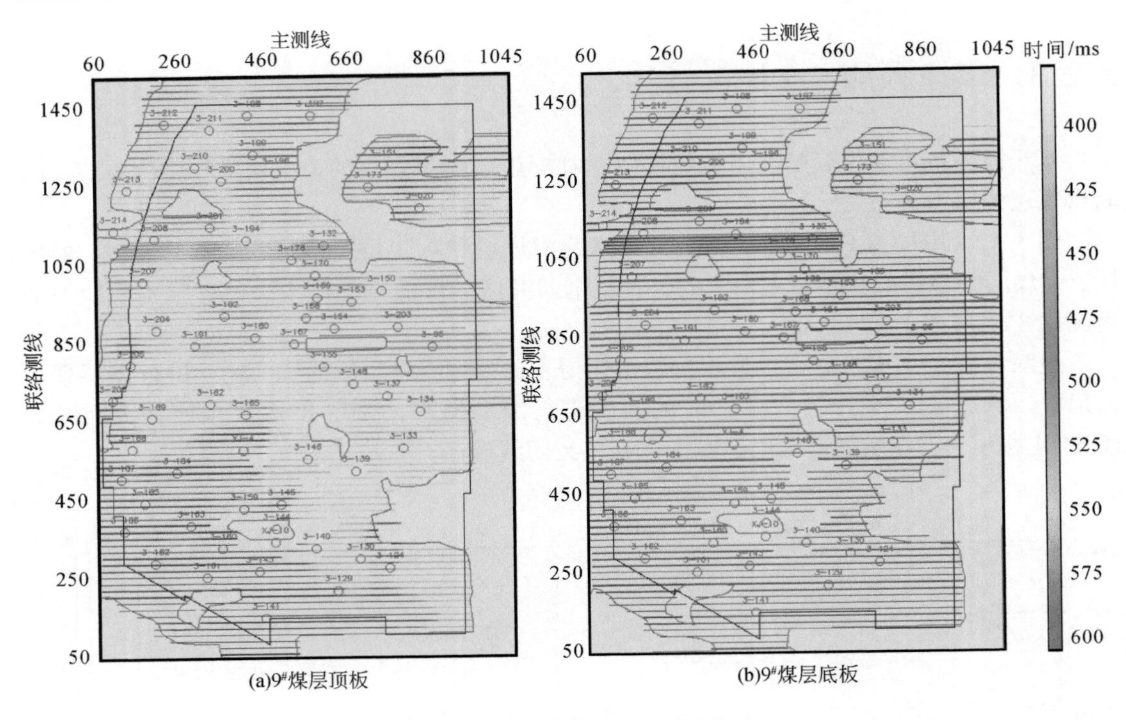

图 3.15　9#煤层顶底板层位追踪图

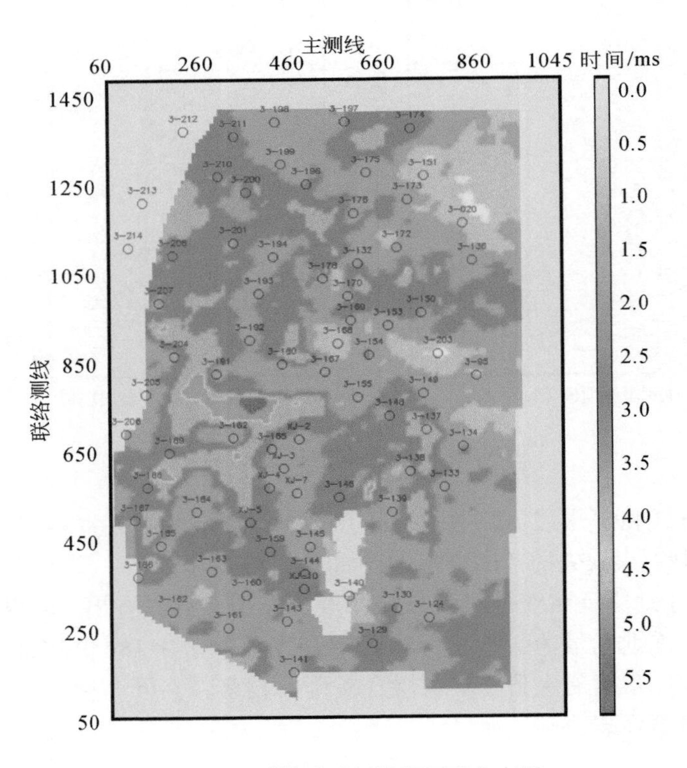

图 3.16　8#煤层时间域的厚度分布图

图3.17为基于波阻抗反演获得的$9^{\#}$煤层厚度分布图，通过测井上的统计，钻井处$9^{\#}$煤层的平均厚度比$8^{\#}$煤层大，但是$9^{\#}$煤层出现尖灭的情况，局部没有分布。图3.17中西南区域有一增厚区域，这是因为3-185井处$9^{\#}$煤层分$9^{\#}_{上}$和$9^{\#}_{下}$，中间有一段较厚的夹矸。$9^{\#}$煤层在矿区南部发育较好，而在矿区东北部和偏东南部发育差，且大部分尖灭。$9^{\#}$煤层在西部发育最好，厚度多在2m以上。$9^{\#}$煤层结构简单，含夹矸明显比$8^{\#}$煤层少。

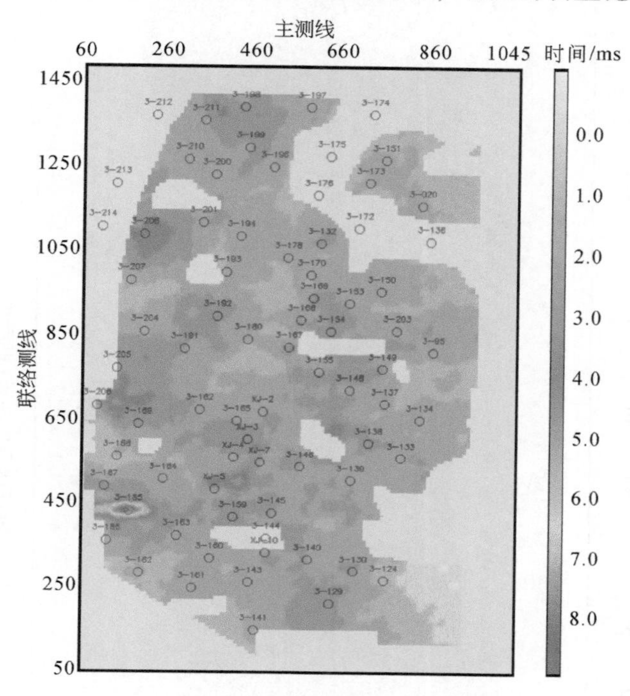

图3.17 $9^{\#}$煤层时间域的厚度分布图

$15^{\#}$煤层在全区分布比较均匀，能够有效地减少反演的多解性，提高反演的精确度。以波阻抗数据体为主，地震数据为辅，进行$15^{\#}$煤层顶底板层位追踪，如图3.18所示。

根据$15^{\#}$煤层顶底板层位追踪结果，分别对$15^{\#}$煤层顶底板层位数据进行插值，得到$15^{\#}$煤层顶底板层位追踪图（图3.19）。

由$15^{\#}$煤层顶底板层位追踪图可以看出，西南时间值高，东北时间值低，且能明显看出向斜和背斜的轴向均为NNE向。

根据$15^{\#}$煤层顶板层位和底板层位，可以进一步得到$15^{\#}$煤层厚度图，如图3.20所示，在矿区西南部，煤层厚度比较薄，而在矿区东北部，煤层较厚，其中3-139井附近出现厚度最大值。

$15^{\#}$煤层在矿区西南部具有分叉现象；$15^{\#}_{下}$煤层为分叉独立煤层，除个别点尖灭外，均与$15^{\#}$煤层合并为一层。

根据波阻抗数据体，对$15^{\#}_{下}$煤层进行层位追踪和插值后，得到如图3.21所示的$15^{\#}_{下}$煤层顶底板层位追踪图。

由$15^{\#}_{下}$煤层顶底板层位追踪图可以看出，西南时间值高，含$15^{\#}_{下}$煤层的区域地层起伏趋势整体与$15^{\#}$煤层的趋势一致。

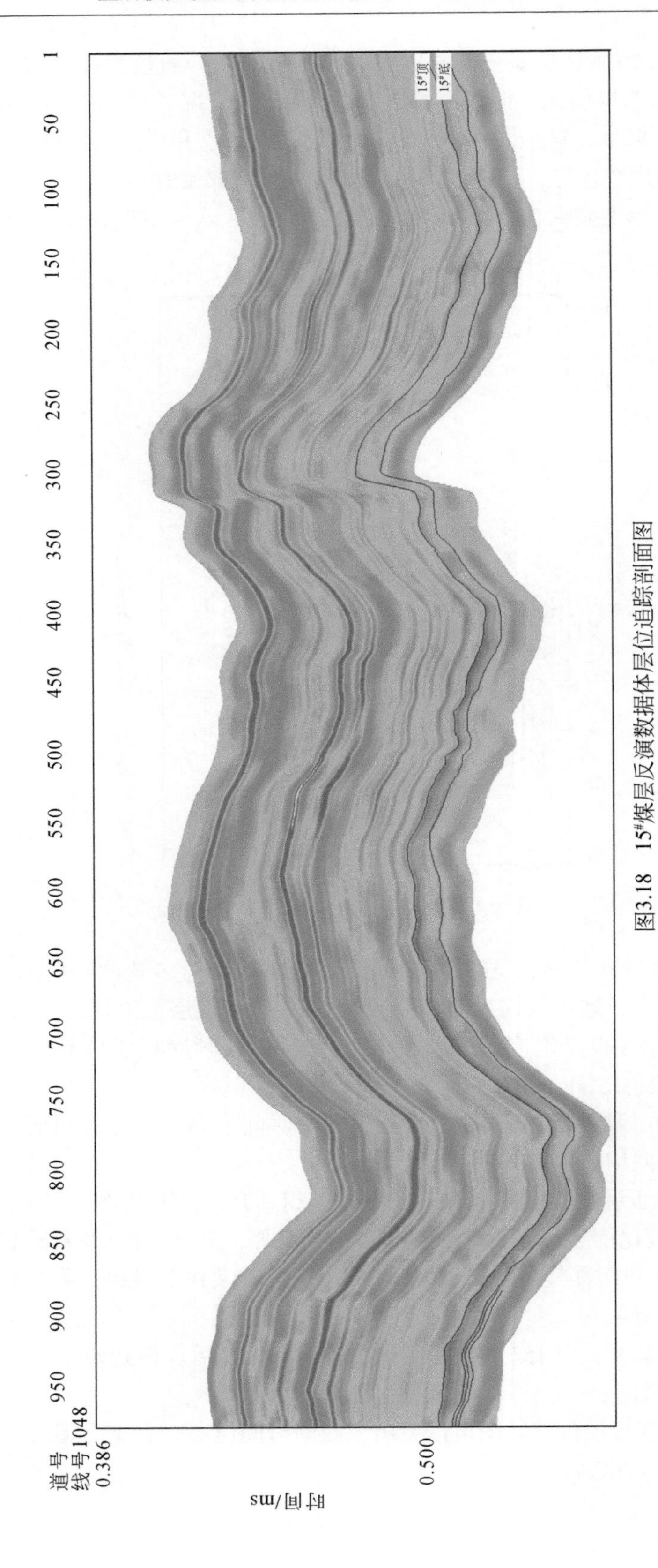

图3.18　15#煤层反演数据体层位追踪剖面图

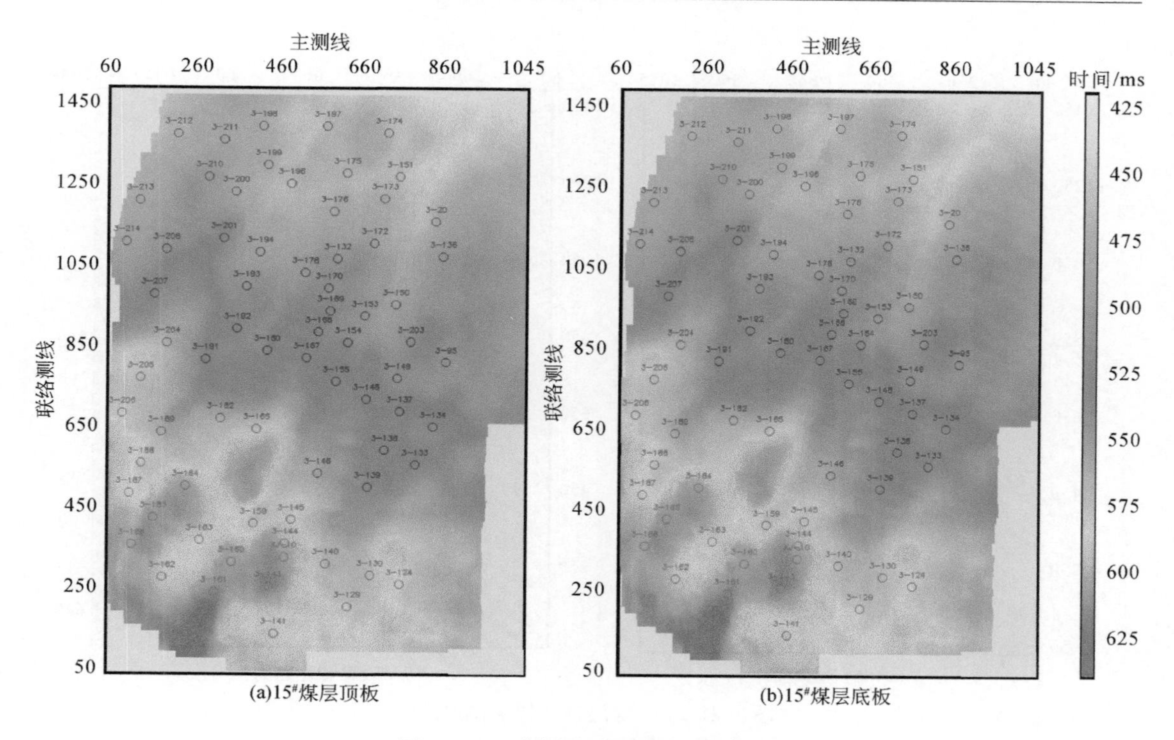

图 3.19 15#煤层顶底板层位追踪图

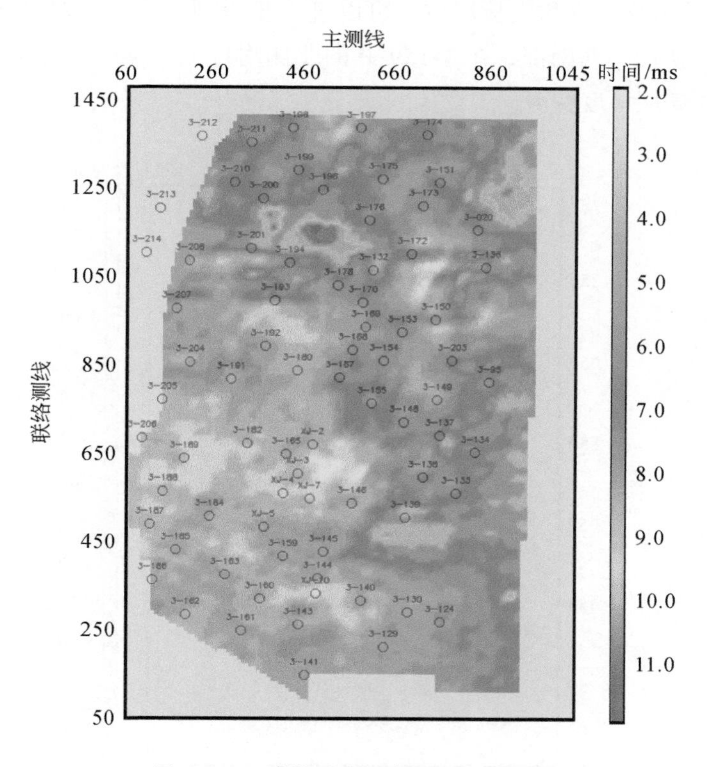

图 3.20 15#煤层时间域的厚度分布图

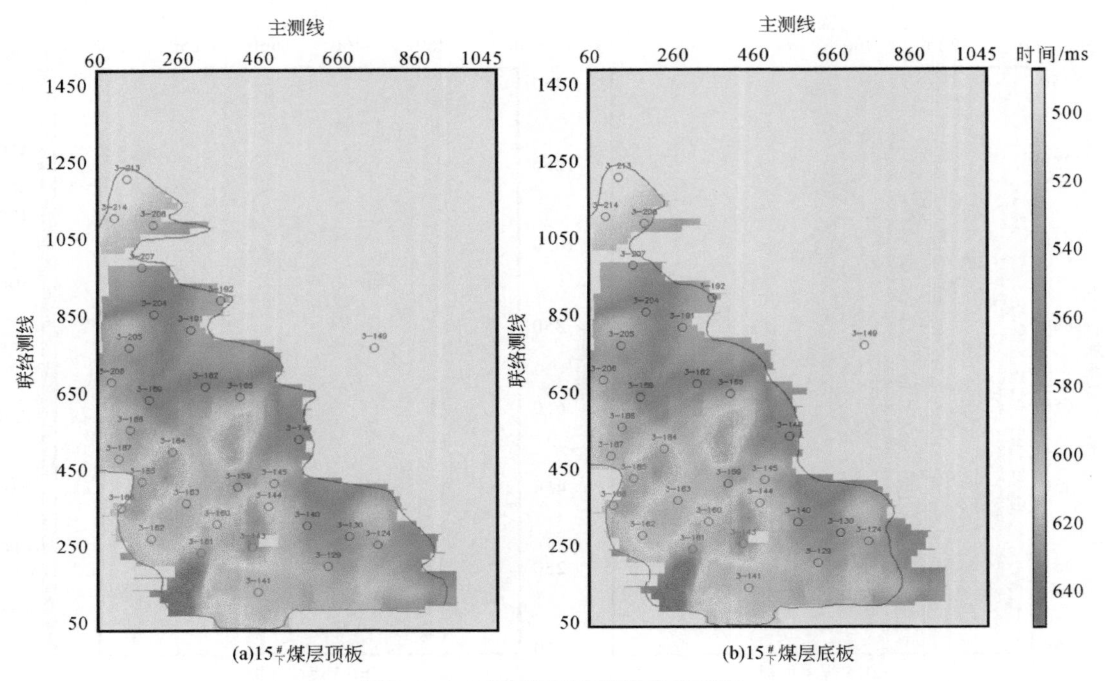

(a)$15^{\#}_{\text{下}}$煤层顶板　　(b)$15^{\#}_{\text{下}}$煤层底板

图 3. 21　$15^{\#}_{\text{下}}$煤层顶底板层位追踪图

根据$15^{\#}_{\text{下}}$煤层顶板层位和底板层位，可以进一步得到$15^{\#}_{\text{下}}$煤层厚度图，如图 3. 22 所示。$15^{\#}_{\text{下}}$煤层位于矿区的西南部，在 3-159 井的北侧附近$15^{\#}_{\text{下}}$煤层厚度出现极大值，而在 3-191 井附近$15^{\#}_{\text{下}}$煤层厚度变薄。

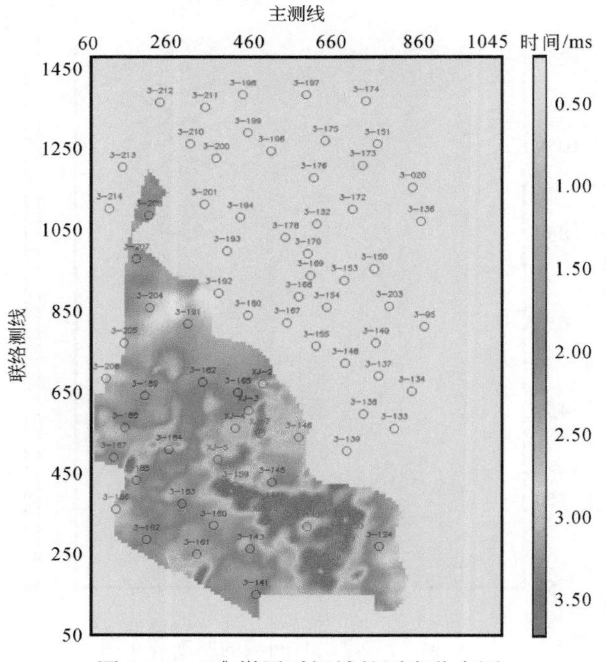

图 3. 22　$15^{\#}_{\text{下}}$煤层时间域的厚度分布图

$15^{\#}$与$15^{\#}_{\text{下}}$煤层的平均层间距为2.29m，且大多为泥岩、砂质泥岩。对于这样近距离的煤层，在地震剖面上是无法分辨的。针对$15^{\#}$与$15^{\#}_{\text{下}}$煤层层间距近，煤层分叉严重，采用测井约束波阻抗反演得到的波阻抗数据体，对煤层顶底界面进行精细刻画，实现对煤层分叉合并的准确预测。

煤层越发育，煤层厚度越大，单位面积的生气量和吸附量也就越大，煤层气资源的勘探开发潜力也越大。据国内外实践认识，单层煤厚一般大于3m，高产的可能性大。为此，煤层厚度变化对于煤层气富集区的预测有很大影响。煤层顶底板主要为砂泥岩，其波阻抗值明显高于煤层，利用测井约束波阻抗反演可以很好地对煤层厚度进行预测。

以下为新景矿区主要煤层的厚度预测图。

图3.23为3#煤层厚度分布图，3#煤层厚度总体东南厚，西北薄。测区西南角3-160井附近煤层最厚，厚度为4.80m左右。测区中部3-176井附近最薄，厚度为0.6m左右。

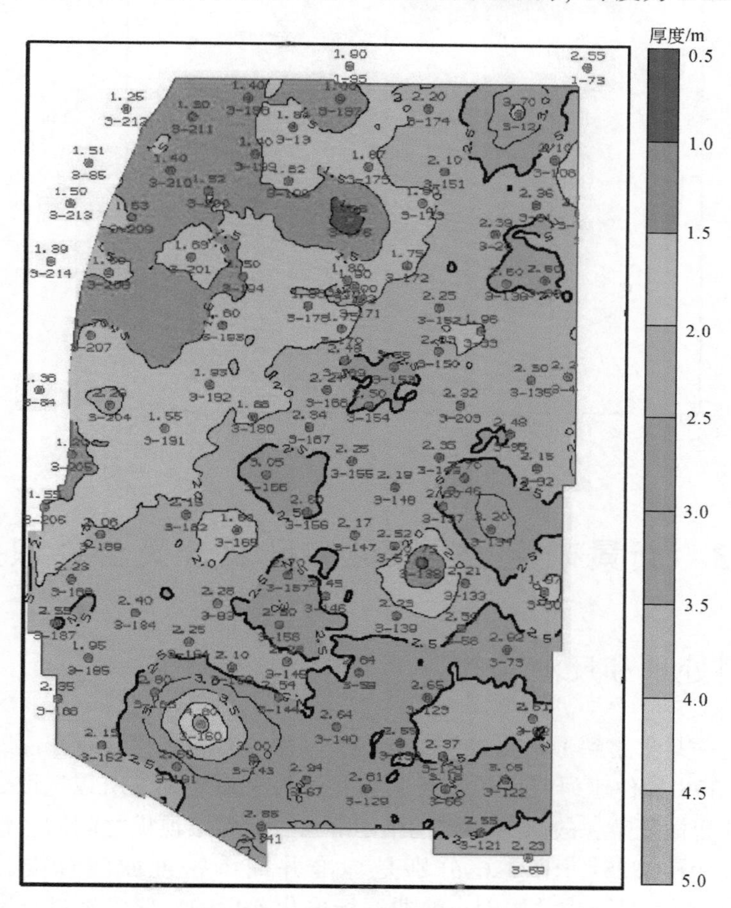

图3.23 3#煤层厚度分布图

图3.24为6#煤层厚度分布图，6#煤层在测区多呈片状分布，南部和东北部比较发育，大多数尖灭。测区东北角3-12井附近煤层最厚，厚度为3.11m左右。测区中部3-180井和3-46井附近最薄，厚度为0.30m左右。

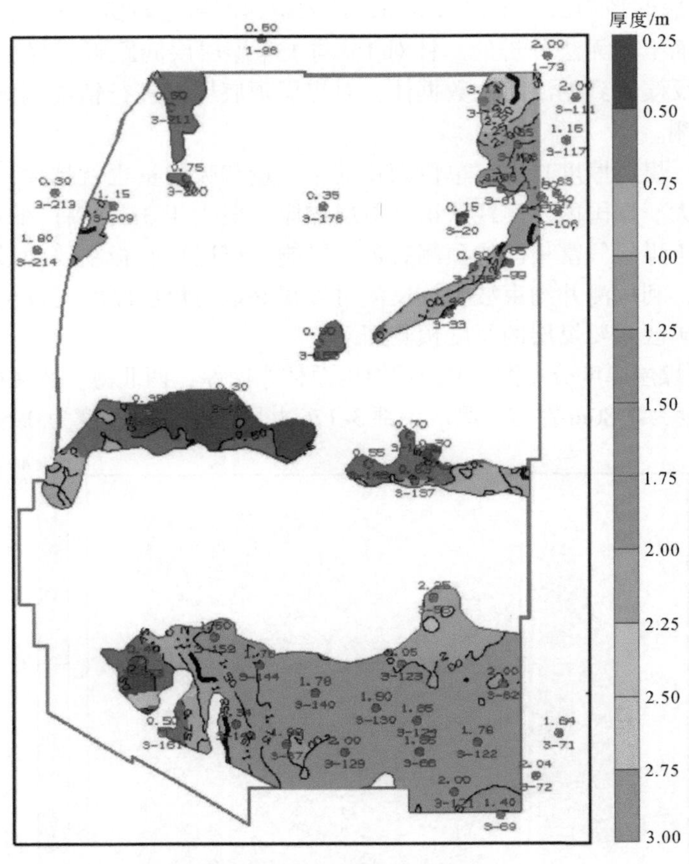

图 3.24　6#煤层厚度分布图

3.3　新景矿区 15# 煤层夹矸及分叉合并识别

3.3.1　资料处理和反演实施

在研究区内一共收集到了钻孔 83 个，这 83 口井的测井资料含有密度、声波曲线。根据测井资料，3-178 井位于研究区中部且其测井资料全面准确，所以选取 3-178 井为标准井。由于研究区岩性复杂，故取 3#煤层向上 10m 至 15#煤层顶板之间的岩性作为标准层进行标准化统计。图 3.25、图 3.26 分别是标准井周围密度曲线标准化前后的对照，图 3.27、图 3.28 分别是标准井周围声波曲线标准化前后的对照。经过标准化之后，全区的测井基本消除了外部因素的影响，只反映岩性的变化，因而能够用来进行反演。

通过地震数据的频谱分析可知，研究区地震数据主频为 45Hz，因此雷克子波的主频也取 45Hz。分别提取雷克子波、统计子波进行分析，经过对比分析发现统计子波相关系数要高于雷克子波，所以本次反演选取统计子波作为最终的子波。

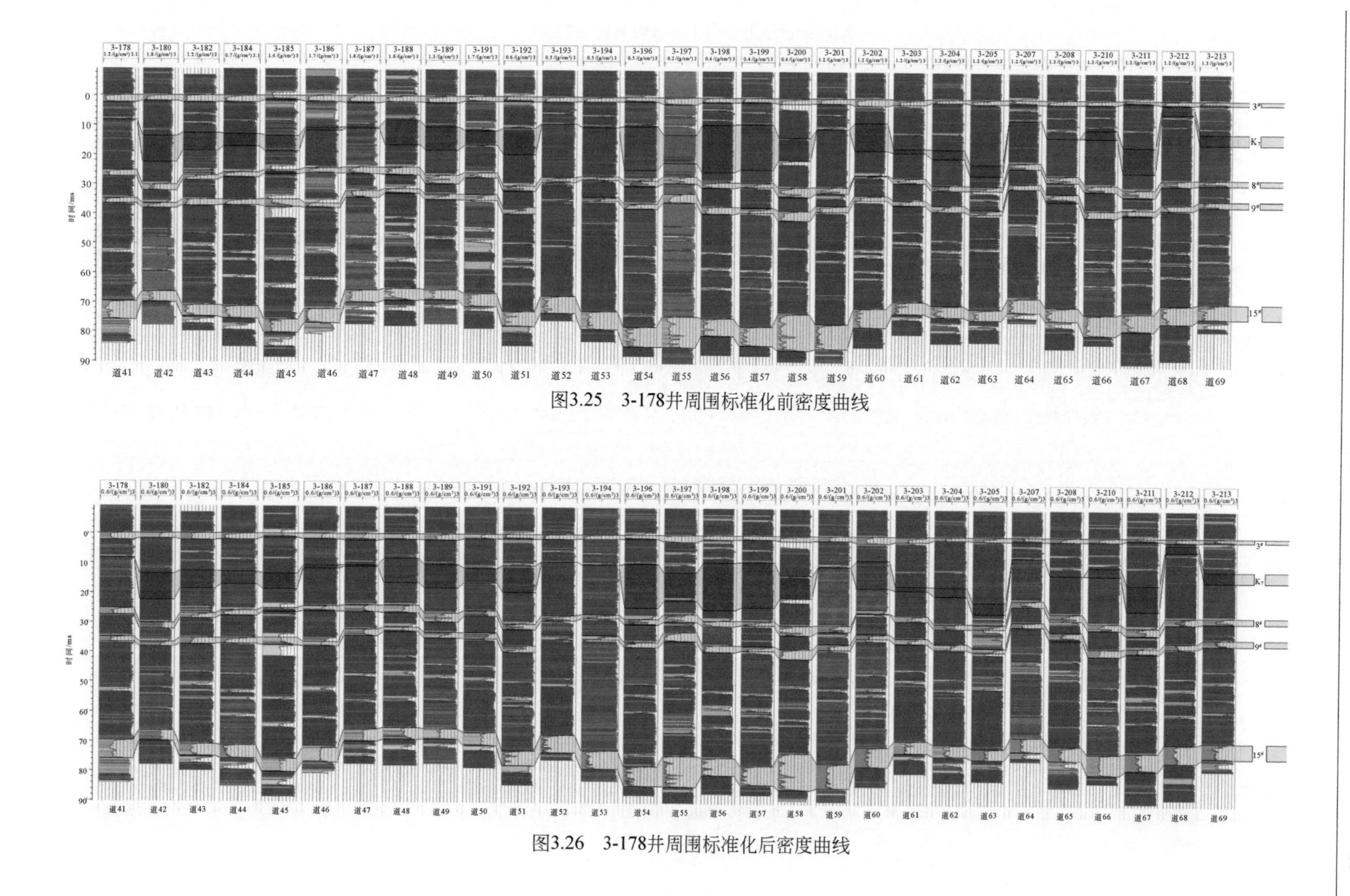

图3.25 3-178井周围标准化前密度曲线

图3.26 3-178井周围标准化后密度曲线

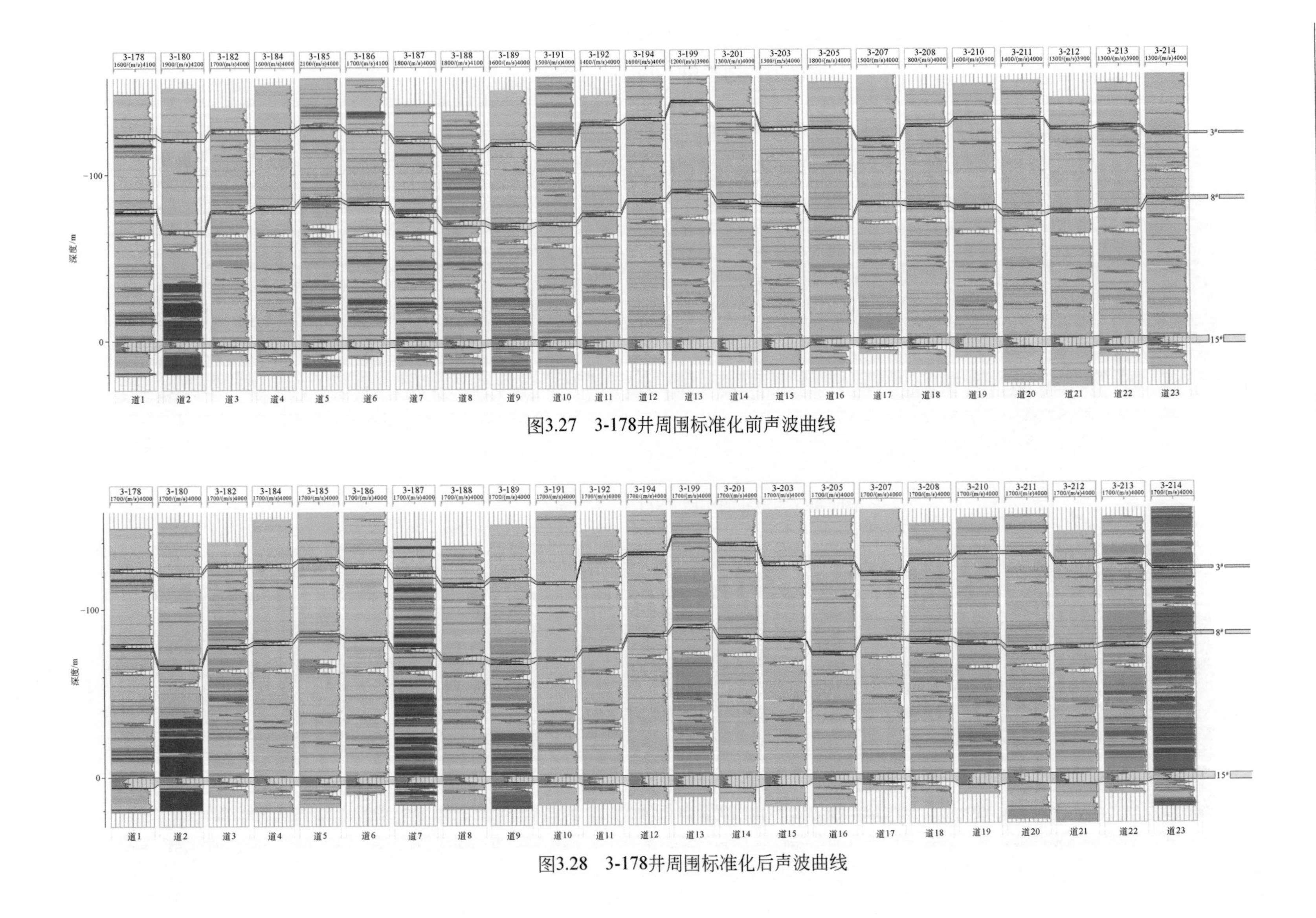

图3.27　3-178井周围标准化前声波曲线

图3.28　3-178井周围标准化后声波曲线

图3.29是3-178井的井震标定示意图，研究区其余各井合成地震道和实际地震道在各个煤层上的相关系数均较高，井震标定达到反演要求。

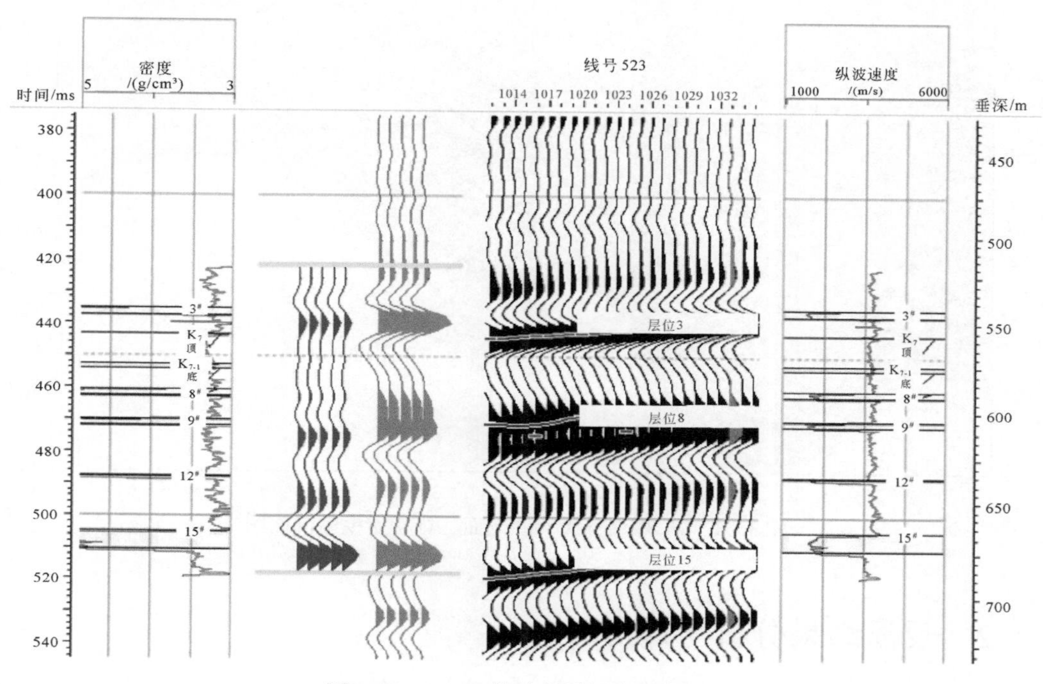

图3.29　3-178井的井震标定示意图

图3.30、图3.31是研究区波阻抗反演所建模型的剖面图，可以看出测井曲线和模型道吻合程度高，横向连续性强。

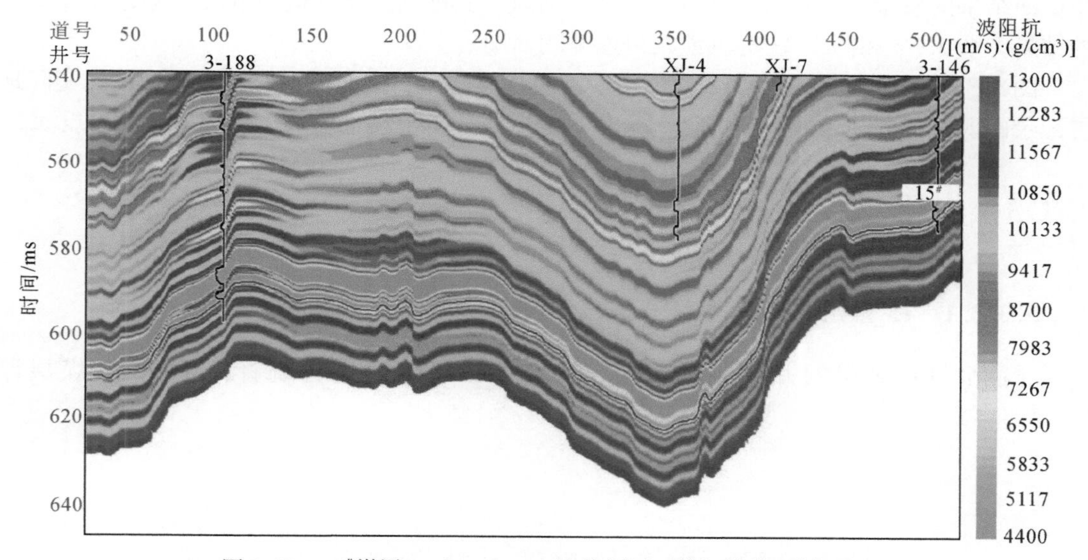

图3.30　15#煤层3-188～3-146连井剖面三维初始模型剖面图

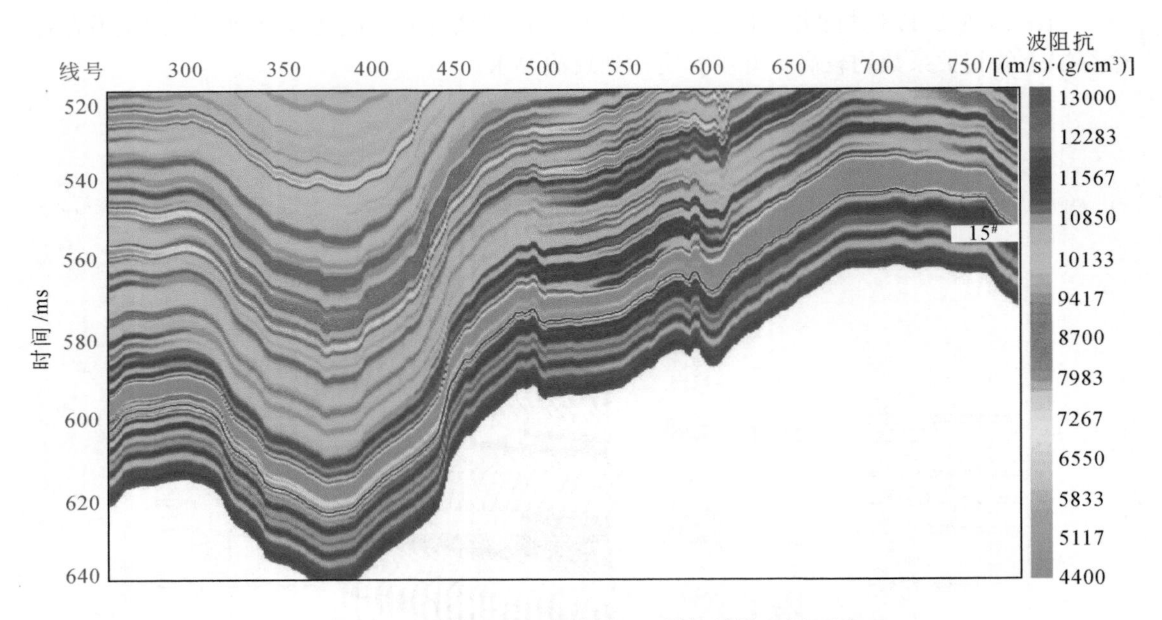

图 3.31　15#煤层分叉合并剖面三维初始模型剖面图

3.3.2　反演结果分析与评价

针对矿区的特点，综合分析两种约束方法，决定采用硬约束的方法进行反演。为了减少计算时间，不取整个数据做计算，本次反演时窗取 15#煤层顶板向上 10ms、$15^{\#}_{下}$煤层底板向下 10ms。由于研究区内钻井的间距大，同时为了使反演的结果更加偏向地震道，减小反演结果的模型化，对研究区进行叠后反演时，其硬约束条件选择 10%，以求获得更好的结果。图 3.32 和图 3.33 为反演结果连井剖面图。

图 3.34 是三维勘探区 3-178 井的叠后波阻抗反演分析剖面图，合成地震记录与实际地震记录的匹配误差非常小，研究区其余各井的反演分析也满足要求，适合进行叠后反演。

3.3.3　煤层分叉合并预测

3.3.3.1　15#煤层分布预测

全区含 15#煤层的井有 107 口。对区内 107 口钻井进行统计，获得 15#煤层厚度(表 3.4)。

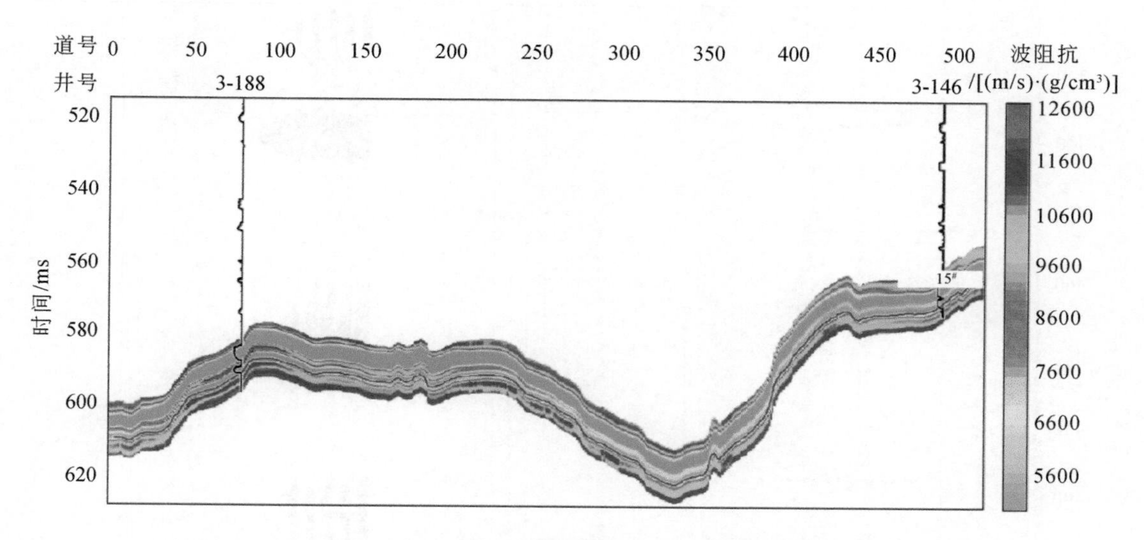

图 3.32 15#煤层 3-188～3-146 连井硬约束 10%波阻抗反演结果剖面图

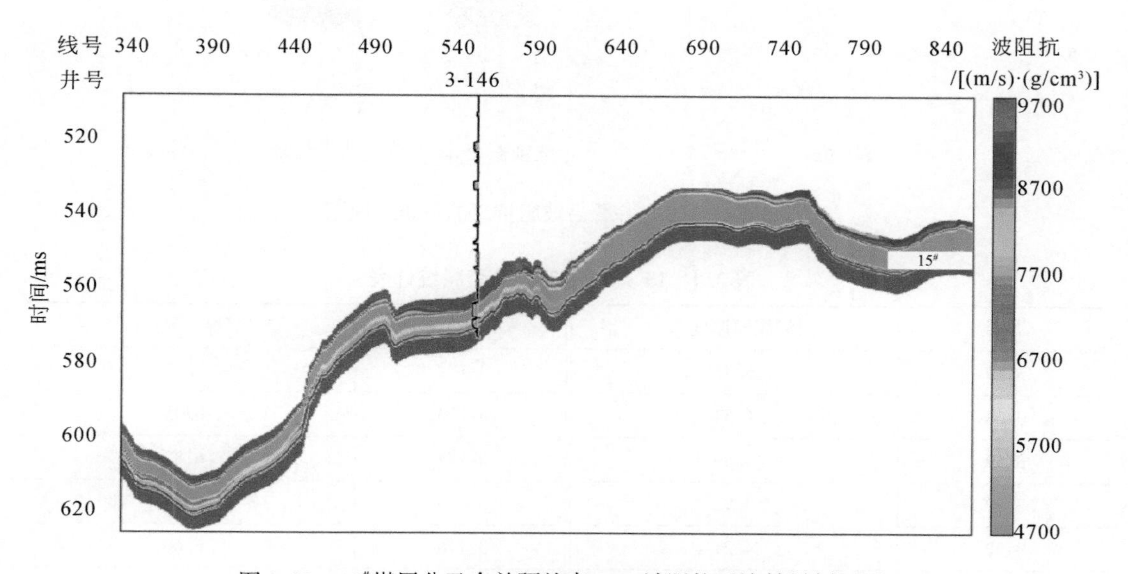

图 3.33 15#煤层分叉合并硬约束 10%波阻抗反演结果剖面图

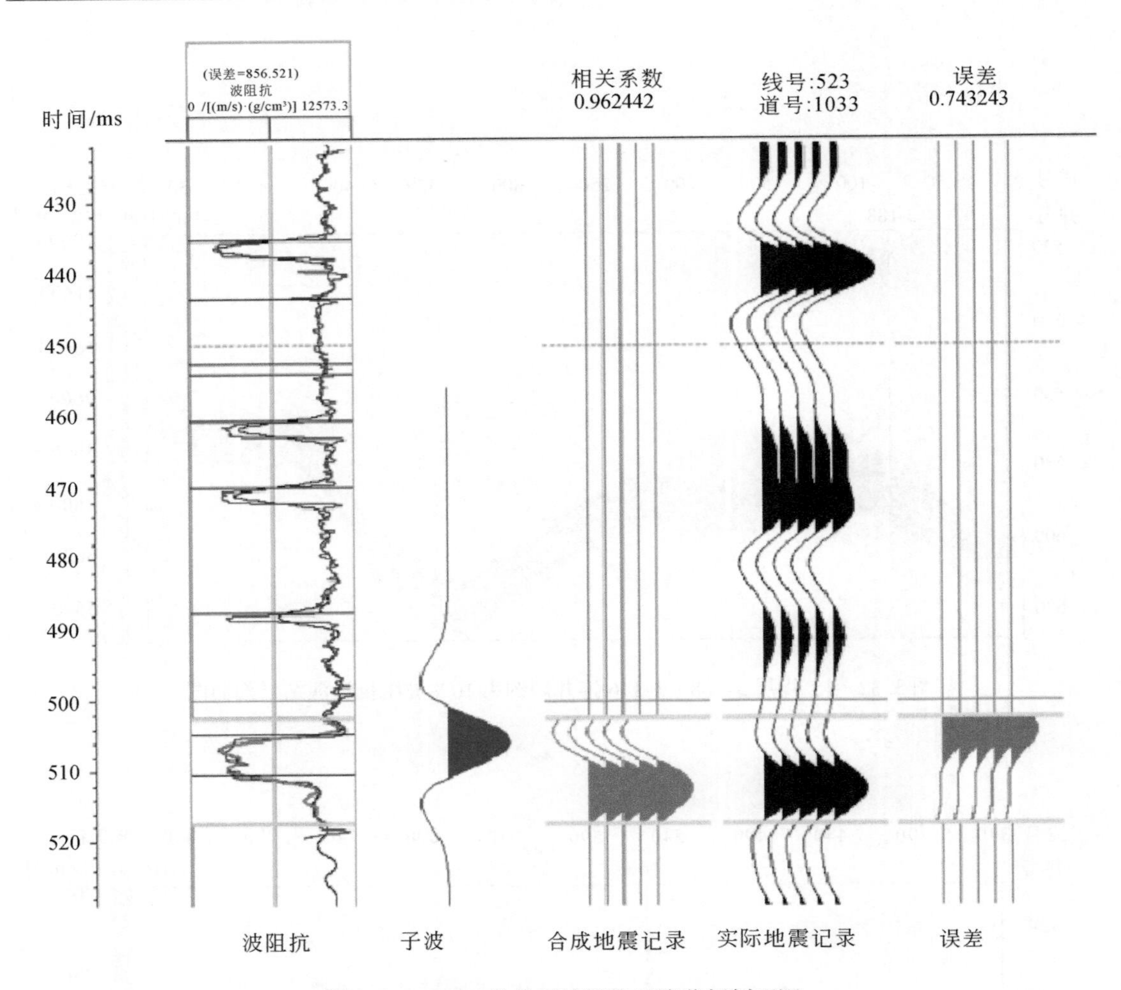

图 3.34　3-178 井叠后波阻抗反演分析剖面图

表 3.4　15#煤层厚度钻井资料统计表

井名	15#煤层厚度/m	井名	15#煤层厚度/m
3-50	6.87	3-172	7.12
3-58	4.54	3-173	6.05
3-59	4.59	3-174	6.82
3-62	3.92	3-175	6.26
3-72	4.21	3-176	6.60
3-73	7.20	3-178	6.18
3-85	5.17	3-180	4.18
3-95	6.19	3-182	3.90
3-123	5.00	3-184	4.71

续表

井名	15#煤层厚度/m	井名	15#煤层厚度/m
3-124	5.77	3-185	5.19
3-129	5.32	3-186	4.99
3-132	8.15	3-187	4.00
3-133	6.30	3-188	4.03
3-134	6.58	3-189	4.17
3-136	6.45	3-191	4.43
3-137	7.05	3-192	5.12
3-138	6.74	3-193	6.16
3-139	8.50	3-194	6.74
3-140	4.90	3-196	7.23
3-141	5.00	3-197	6.30
3-143	4.61	3-198	6.15
3-144	5.20	3-199	6.68
3-145	5.10	3-200	7.05
3-146	4.70	3-201	7.72
3-147	5.08	3-203	6.51
3-148	6.10	3-204	4.30
3-149	6.10	3-205	4.35
3-150	5.93	3-206	4.00
3-151	6.35	3-207	4.60
3-153	6.13	3-208	4.68
3-154	5.97	3-210	6.89
3-155	7.90	3-211	6.25
3-157	5.20	3-212	6.20
3-158	5.25	3-213	5.60
3-159	5.10	3-214	5.15
3-160	4.74	XJ-10	4.40
3-161	4.80	XJ-15	5.30
3-162	4.27	XJ-16	4.40
3-163	4.46	XJ-17	4.45
3-165	4.90	3-12	5.94
3-167	6.40	3-108	6.48
3-168	6.25	3-13	6.48
3-169	5.61	3-20	6.66
3-170	6.05	3-81	6.40
3-33	5.92	3-99	6.24
3-40	6.46	3-135	6.31
3-121	5.94	3-122	4.19

续表

井名	15#煤层厚度/m	井名	15#煤层厚度/m
3-66	4.61	3-130	5.14
3-138	6.74	3-51	7.87
3-46	6.67	3-152	6.04
3-171	6.32	3-166	6.45
3-83	5.04	3-164	4.60
3-69	4.73	3-84	4.74
3-67	4.78		

图3.35为15#煤层井点分布图，可以看出15#煤层在全区均有分布。根据钻井数据（表3.4），15#煤层厚度在3.90～8.50m，其中在3-139井处15#煤层厚度最大，为8.50m；在3-182井处厚度最小，为3.90m。综合全部数据得到15#煤层平均厚度为5.67m。

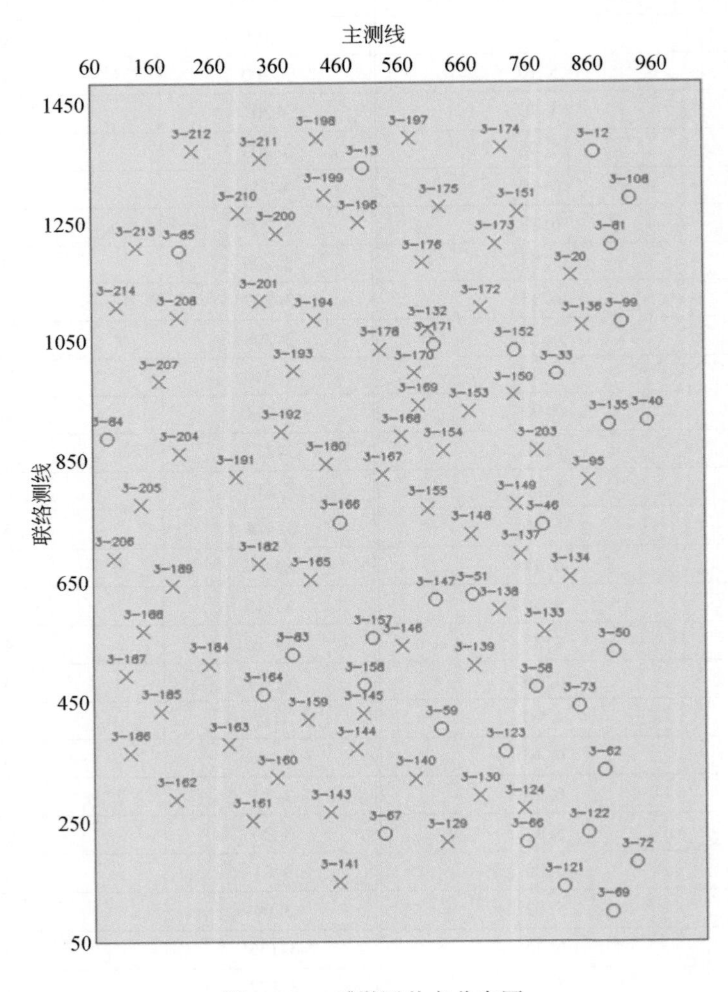

图3.35　15#煤层井点分布图

15#煤层在全区分布比较均匀，能够有效地减少反演的多解性，反演质量较高。以波阻抗数据体为主，地震数据为辅，进行15#煤层顶底板层位追踪。

根据波阻抗反演的波阻抗数据体，按照40m的网格进行层位追踪，最后对15#煤层顶底板层位数据进行插值，得到如图3.36所示的15#煤层顶底板层位平面图。

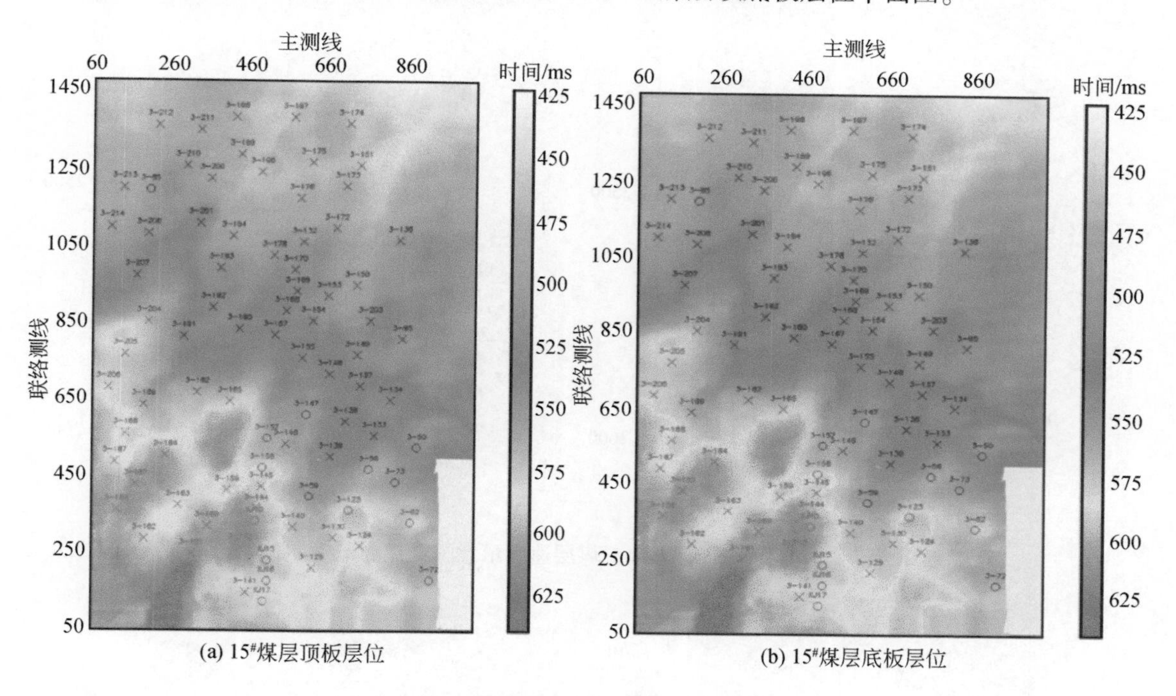

(a) 15#煤层顶板层位　　(b) 15#煤层底板层位

图3.36　15#煤层顶底板层位平面图

由15#煤层顶底板层位平面图可以看出，西南一侧粉红色为时间高值，东北一侧蓝色为时间低值，且能明显地看出向斜和背斜的轴向均为NNE向。

利用波阻抗反演研究煤层的厚度，根据提取的15#煤层顶底板层位信息，在加入测井约束后，通过提取井点的时间，计算得出煤层顶底板的速度，做出速度图，如图3.37所示。

根据15#煤层顶底板的层位及速度信息，利用公式 $h=vt/2$（h 为煤层标高；v 为煤层速度；t 为到煤点时间）可获得煤层顶底板的标高，如图3.38所示。根据15#煤层顶底板标高可以进一步得到15#煤层厚度分布图，如图3.39所示。在研究区西南部，煤层厚度比较薄，而研究区东北部，煤层较厚，其中3-139井附近出现厚度最大值。

从图3.39可以看出，在煤层较厚的区域，煤层的速度相对较高，表现为红色；在煤层较薄的区域，煤层的速度相对较低，表现为蓝色。在西南部分，煤层较厚，东北一侧为低值，与层位平面图也相一致。

从15#煤层厚度分布图（图3.39）可以看出，15#煤层在北部和东北部发育较好，在偏东南部也存在较厚的煤层，厚度多在6m以上，而在西部和西南部，煤层相对较薄，厚度多在5m以下，全区整体分布较均匀。

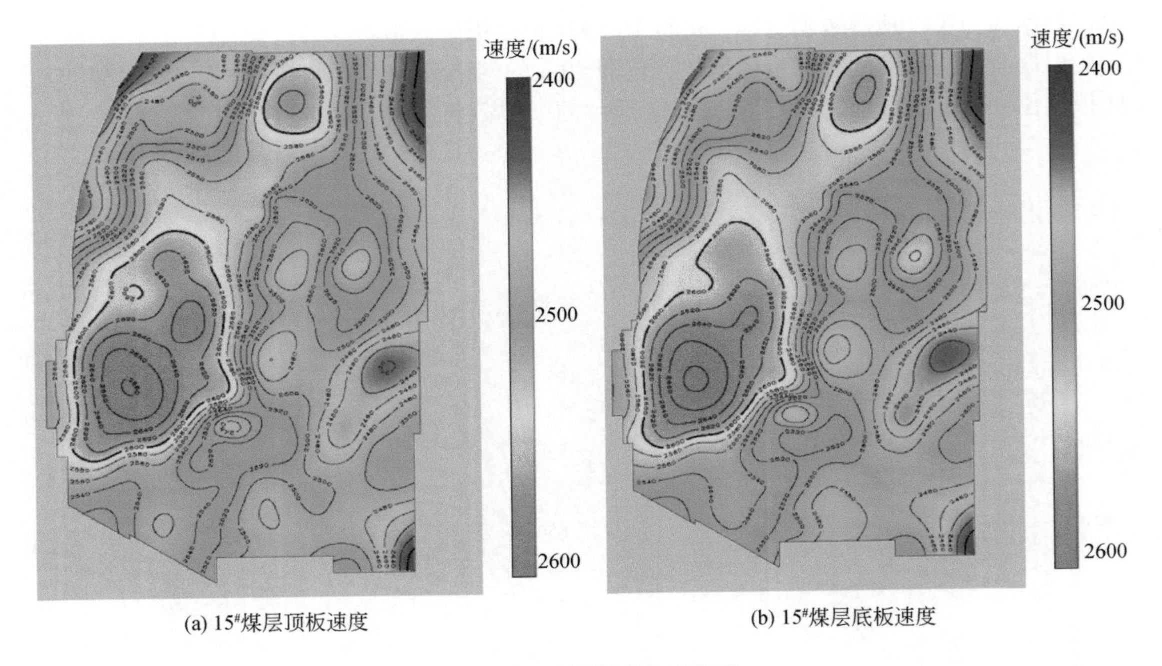

(a) 15#煤层顶板速度　　(b) 15#煤层底板速度

图 3.37　15#煤层速度示意图

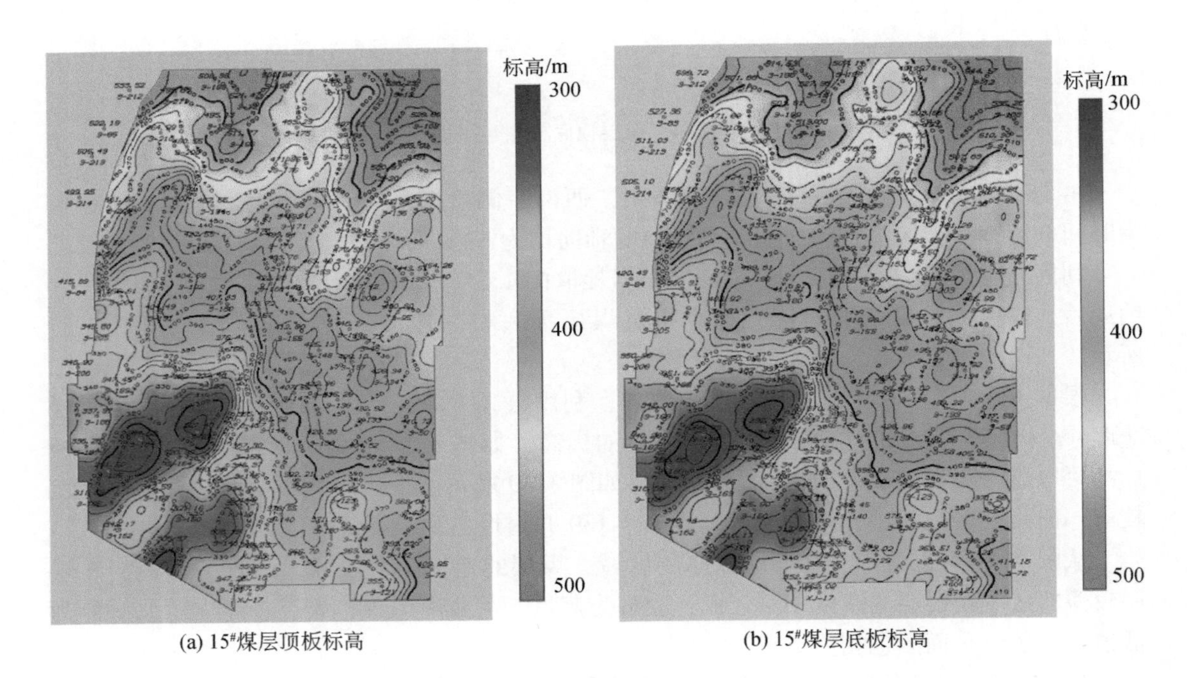

(a) 15#煤层顶板标高　　(b) 15#煤层底板标高

图 3.38　15#煤层标高示意图

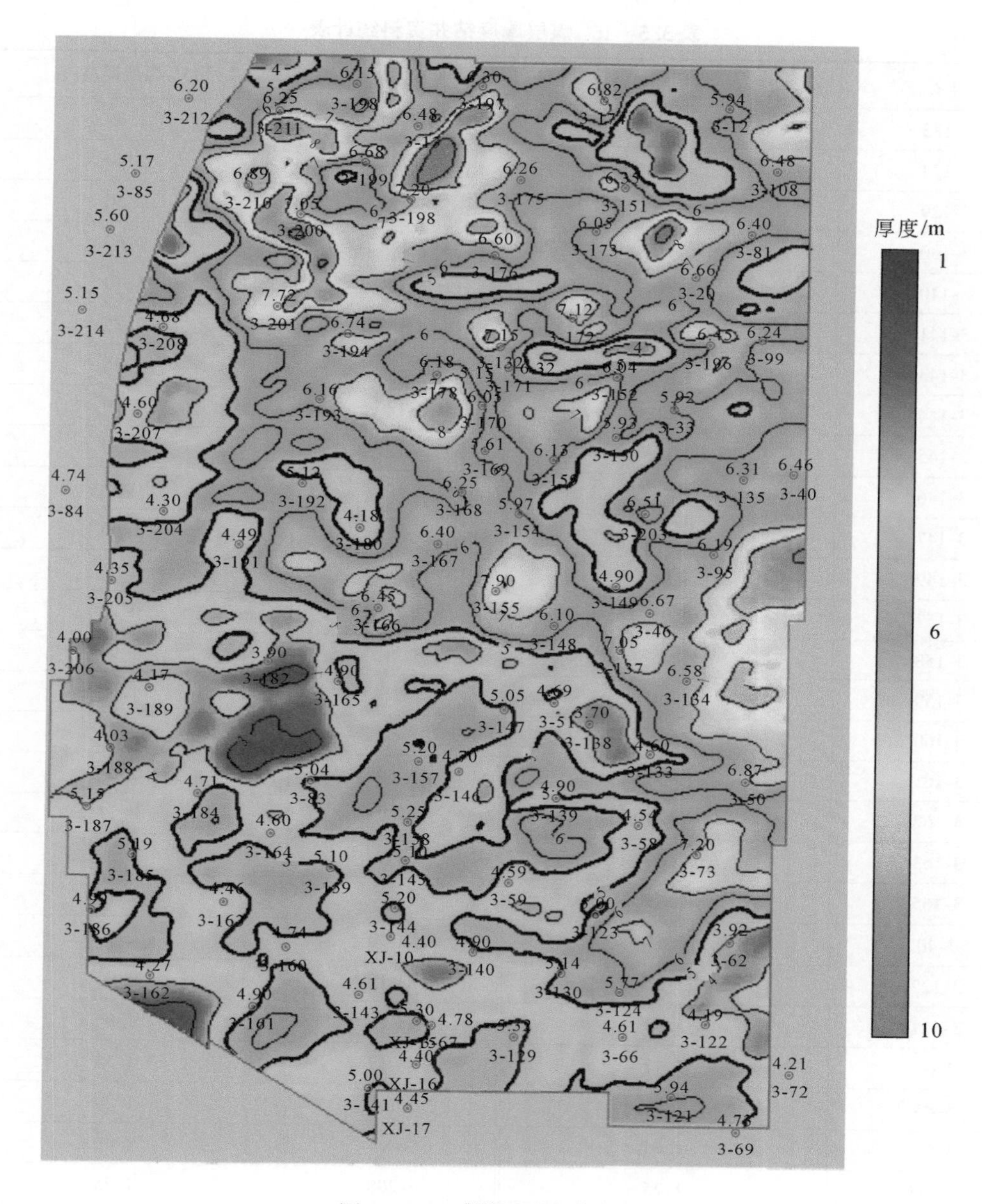

图3.39 15#煤层厚度分布图

3.3.3.2 $15^{\#}_{\text{下}}$煤层分布预测

$15^{\#}_{\text{下}}$煤层位于15#煤层的下部，全区107口井，其中含$15^{\#}_{\text{下}}$煤层的有62口井，见表3.5。根据$15^{\#}_{\text{下}}$煤层钻井数据，$15^{\#}_{\text{下}}$煤层厚度在0.40～3.85m，其中在3-129井处$15^{\#}_{\text{下}}$煤层厚度最大，为3.85m。综合全部数据得到$15^{\#}_{\text{下}}$煤层平均厚度为2.17m。

表 3.5　$15^{\#}_{下}$煤层厚度钻井资料统计表

井名	$15^{\#}_{下}$煤层厚度/m	井名	$15^{\#}_{下}$煤层厚度/m
3-123	2.18	3-182	1.80
3-124	1.20	3-184	2.40
3-129	3.85	3-185	2.50
3-130	3.70	3-186	0.60
3-140	3.60	3-187	1.70
3-141	1.90	3-188	2.25
3-143	2.30	3-69	4.26
3-144	2.80	3-189	1.70
3-145	2.25	3-191	1.30
3-146	2.75	3-192	0.40
3-147	2.85	3-204	1.05
3-149	1.00	3-205	0.95
3-157	2.35	3-206	0.70
3-158	1.85	3-213	1.95
3-159	3.50	3-214	1.80
3-160	2.55	3-58	2.21
3-161	2.50	3-59	2.61
3-162	1.70	3-62	3.17
3-163	2.00	3-72	2.89
3-165	1.85	3-85	2.77
3-40	0.15	XJ-10	2.50
3-122	3.21	XJ-15	1.85
3-121	3.42	XJ-16	1.60
3-66	3.42	XJ-17	1.55
3-83	2.40	3-164	1.30
3-67	1.64	3-84	1.66
3-207	1.75	3-208	1.75
3-133	1.50	3-138	2.40
3-139	3.50	3-51	2.74

$15^{\#}_{下}$煤层主要分布在研究区的西南部，如图 3.40 所示。深度变化与 $15^{\#}$煤层的深度变化保持一致，煤层深度由研究区的西南部向东北部逐渐变深，厚度变化比较稳定，在 3-129 井附近煤层厚度大。

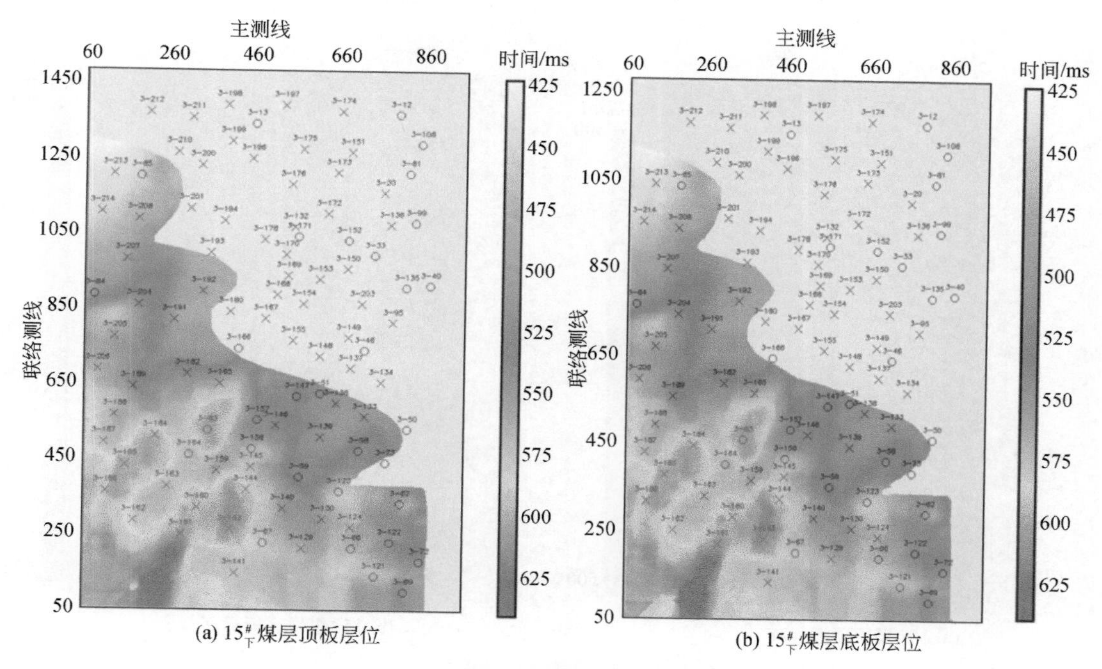

(a) $15_{下}^{\#}$煤层顶板层位　　(b) $15_{下}^{\#}$煤层底板层位

图 3.40　$15_{下}^{\#}$煤层顶底板层位追踪平面图

由$15_{下}^{\#}$煤层层位平面图可以看出，西南一侧粉红色为时间高值，含$15_{下}^{\#}$煤层的区域整体趋势与$15^{\#}$煤层的趋势相同。根据$15_{下}^{\#}$煤层顶板层位和底板层位，加上提取井位数据得到的煤层顶底板速度，做出速度示意图，如图 3.41 所示。将煤层的时间层位与速度结合可得到煤层顶底板的标高，如图 3.42 所示。再通过顶底板标高的差值可以进一步得到$15_{下}^{\#}$煤层厚度图（图 3.43）。

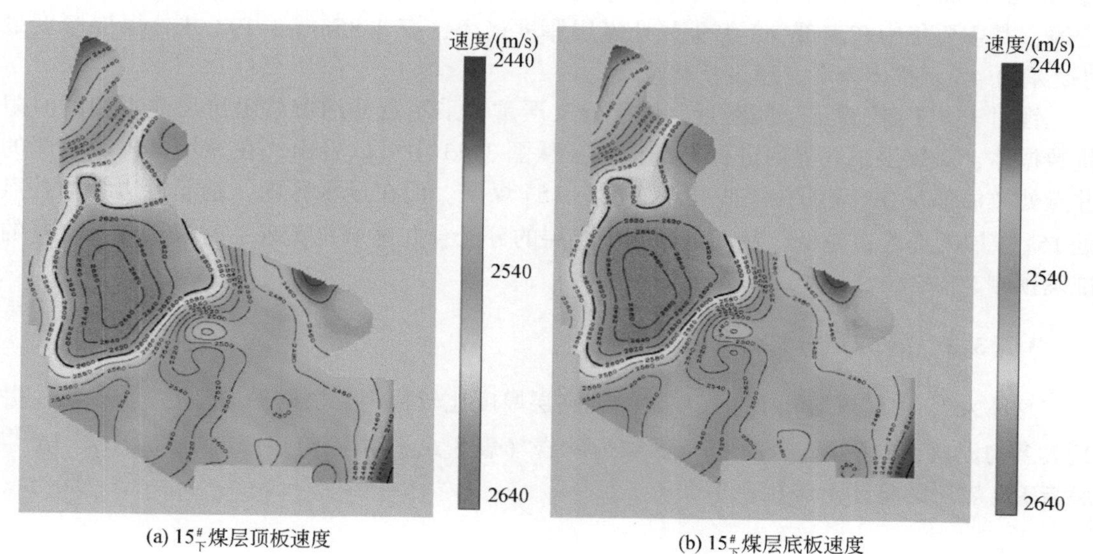

(a) $15_{下}^{\#}$煤层顶板速度　　(b) $15_{下}^{\#}$煤层底板速度

图 3.41　$15_{下}^{\#}$煤层顶底板速度示意图

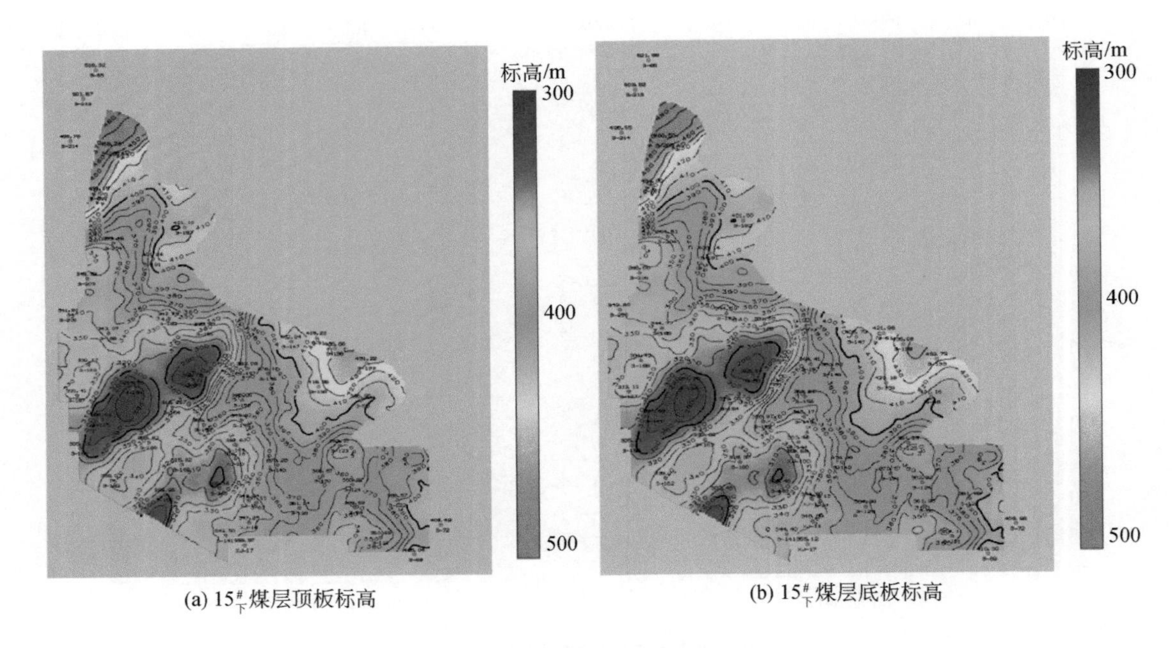

(a) $15^{\#}_{\text{下}}$煤层顶板标高　　(b) $15^{\#}_{\text{下}}$煤层底板标高

图 3.42　$15^{\#}_{\text{下}}$煤层顶底板标高示意图

从 $15^{\#}_{\text{下}}$煤层的顶底板速度示意图可以看出，在西南部仍为速度高值，在分叉边界处煤层的速度低，与时间层位信息及反演剖面的情况相符合。利用公式 $h=vt/2$ 即可计算得到 $15^{\#}$煤层顶底板的标高。

从图 3.43 可以看出，$15^{\#}_{\text{下}}$煤层主要分布在西南方向，深度变化与 $15^{\#}$煤层的深度变化保持一致，将全区西南部作为一个整体来看，$15^{\#}_{\text{下}}$煤层厚度整体上从西北到东南方向逐渐变厚，其主要集中在南部，3-129 井处煤层厚度最大，有 3.85m，3-192 井处煤层厚度最小，有 0.4m。整体来看，厚度变化稳定。

针对 $15^{\#}$与 $15^{\#}_{\text{下}}$煤层层间距近，煤层分叉严重，采用测井约束波阻抗反演得到的波阻抗数据体，对煤层顶底界面进行精细刻画，从图 3.43 中可以看出，在显示区外灰色区的井点处数值都是 0，表明在该些井点处没有 $15^{\#}_{\text{下}}$煤层。而在显示区内，越靠近边缘的井点处 $15^{\#}_{\text{下}}$煤层的厚度也越低，从而可预测出煤层的分叉合并区域，实现了对煤层分叉合并的准确预测。

3.3.3.3　$15^{\#}$煤层分叉合并区预测

总体来看，$15^{\#}$煤层和 $15^{\#}_{\text{下}}$煤层之间的夹层厚度比较稳定，根据平均厚度为 1.94m，并且大多为泥岩、砂质泥岩，小部分区域为砂岩（表 3.6）。由层位追踪图可以看出，$15^{\#}$煤层与 $15^{\#}_{\text{下}}$煤层的整体走势相差不大。

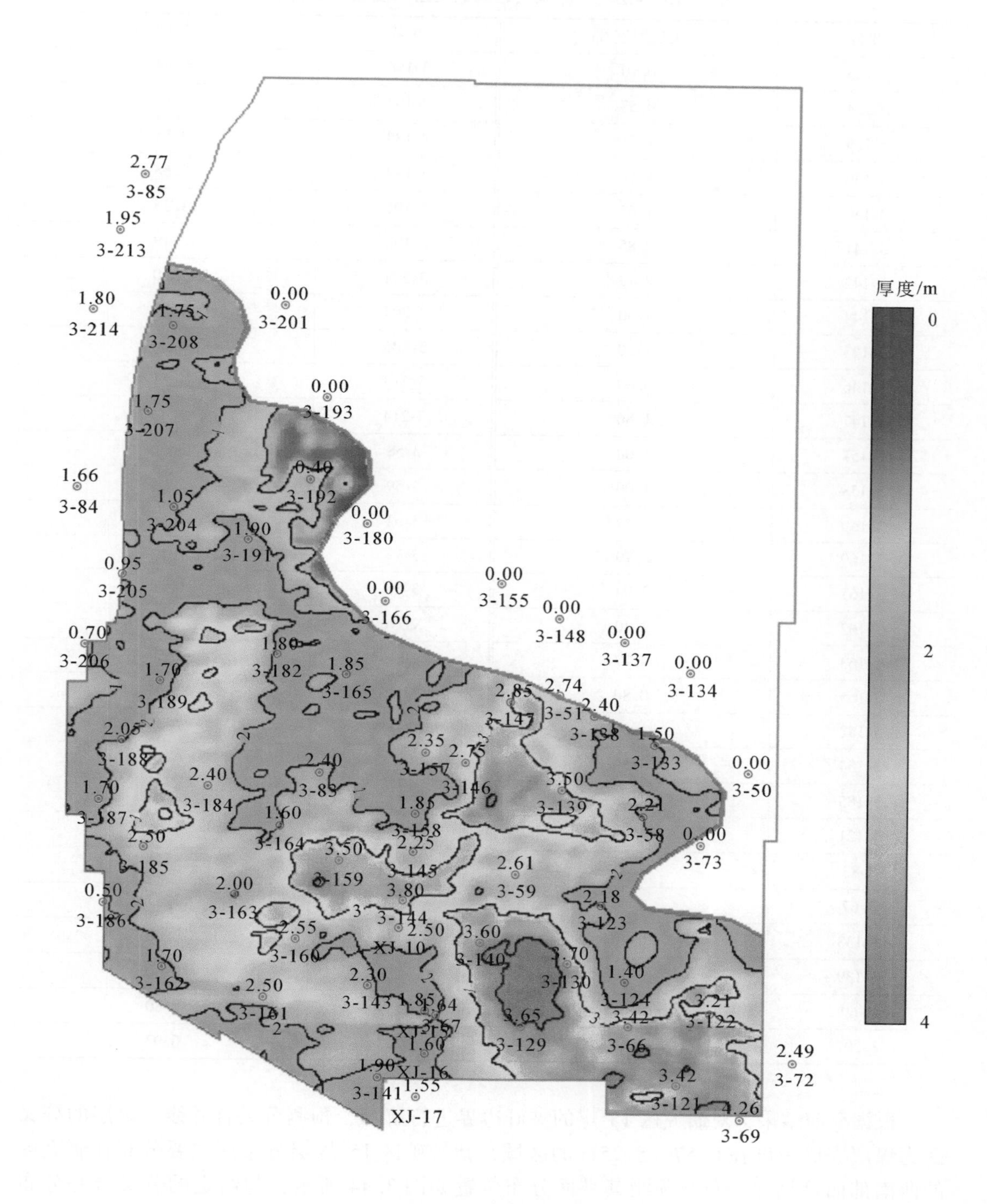

图3.43 $15^{\#}_{下}$煤层厚度图

表 3.6　15#煤层与 $15^{\#}_{下}$ 煤层之间的夹层厚度钻井资料统计表

井名	夹层厚度/m	井名	夹层厚度/m
3-123	0.70	3-186	5.88
3-124	0.57	3-187	3.15
3-129	1.71	3-188	3.55
3-130	1.10	3-189	2.68
3-140	1.67	3-191	1.35
3-141	2.85	3-192	3.19
3-143	2.73	3-204	2.10
3-144	1.50	3-205	2.92
3-145	1.20	3-206	4.30
3-146	0.80	3-213	1.81
3-147	1.86	3-214	1.40
3-157	1.08	3-58	3.36
3-158	1.00	3-59	2.05
3-159	1.27	3-62	2.64
3-160	2.79	3-72	0.57
3-161	2.94	3-85	0.60
3-162	2.40	XJ-10	2.05
3-163	4.77	XJ-15	1.50
3-165	0.80	XJ-16	2.00
3-182	1.60	XJ-17	2.45
3-184	3.36	3-40	0.30
3-185	4.08	3-122	2.05
3-121	1.00	3-66	0.95
3-83	2.23	3-164	2.10
3-67	2.00	3-84	1.87
3-133	0.20	3-138	0.20
3-139	0.20	3-51	0.40
3-69	0.61	3-149	0.80
3-207	1.60	3-208	0.97

根据反演结果，对研究区15#煤的夹矸边界进行解释，预测分叉合并线。煤层的分叉区为煤层夹矸厚度在0.57～5.25m的区域，新景矿区15#煤层分叉区主要分布在研究区的西南部而且呈片分布，预测其平面分布位置如图3.44所示，与给定的分叉合并分布位置（图3.45）进行对比。

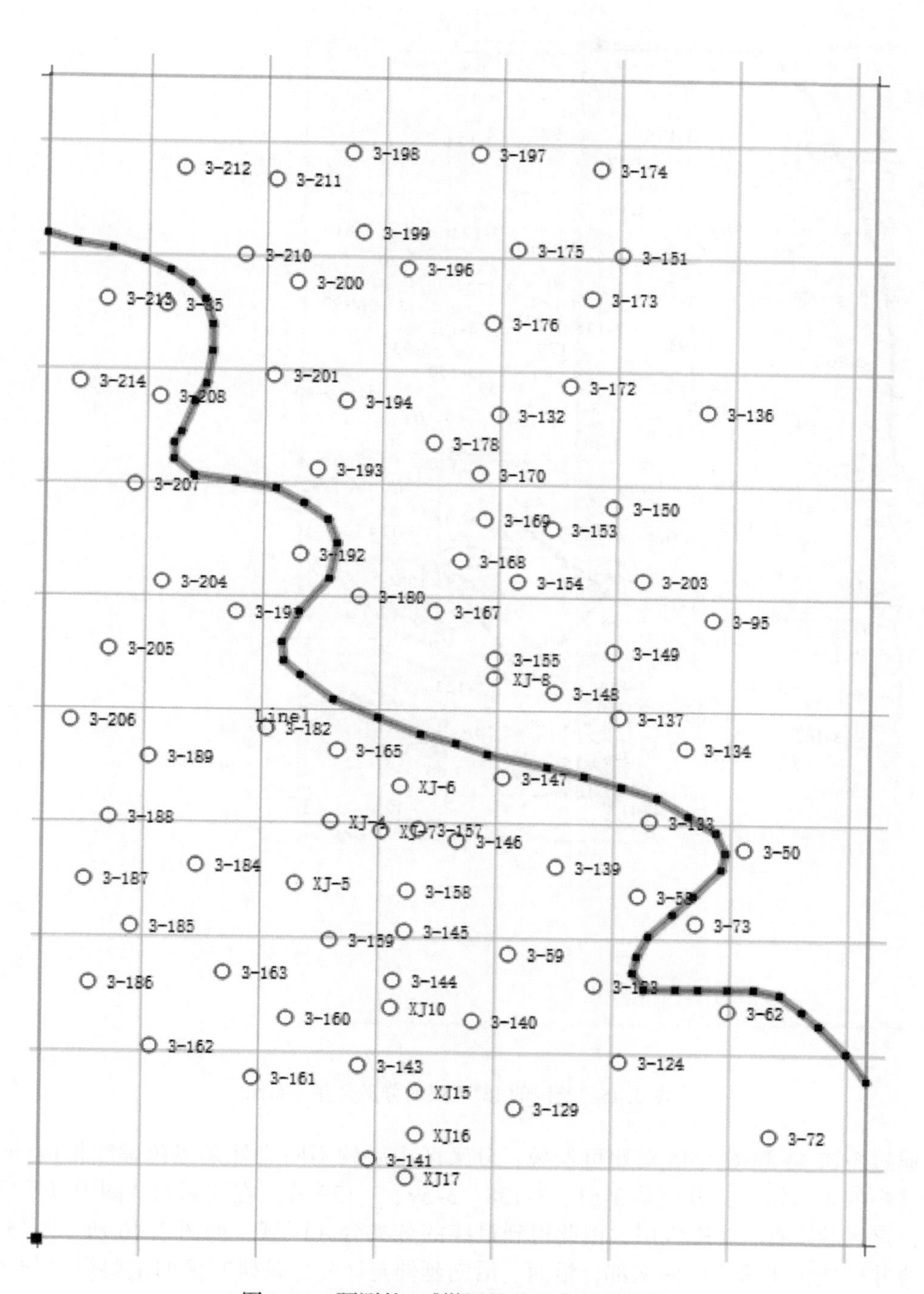

图 3.44　预测的 15#煤层的分叉合并分布图

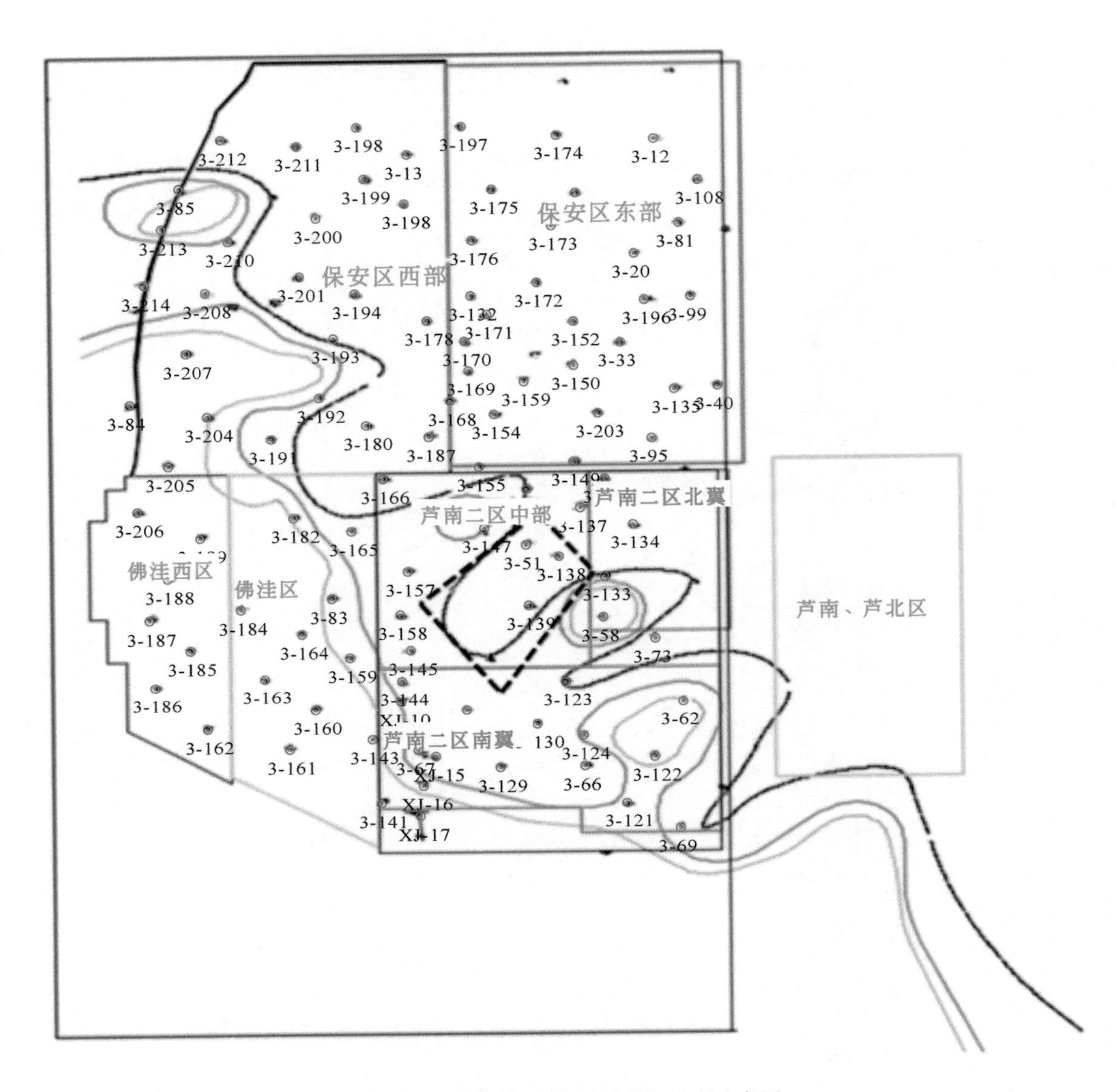

图 3.45　给定的15#煤层的分叉合并分布图

通过图 3.44 和图 3.45 对比可发现，分叉区主要的不同之处是黑色虚线框内的部分，分析其中的 4 口钻井，分别是 3-51、3-138、3-59、3-139 井，在实际测井图中以及反演剖面中，该区域均存在 $15^{\#}_{下}$煤层，由此得到最终的分叉合并区域，如图 3.46 所示。15#煤层分叉合并区域位于研究区西南部，沿西、沿南延伸至区外，是研究区的主要煤层分叉合并区域。

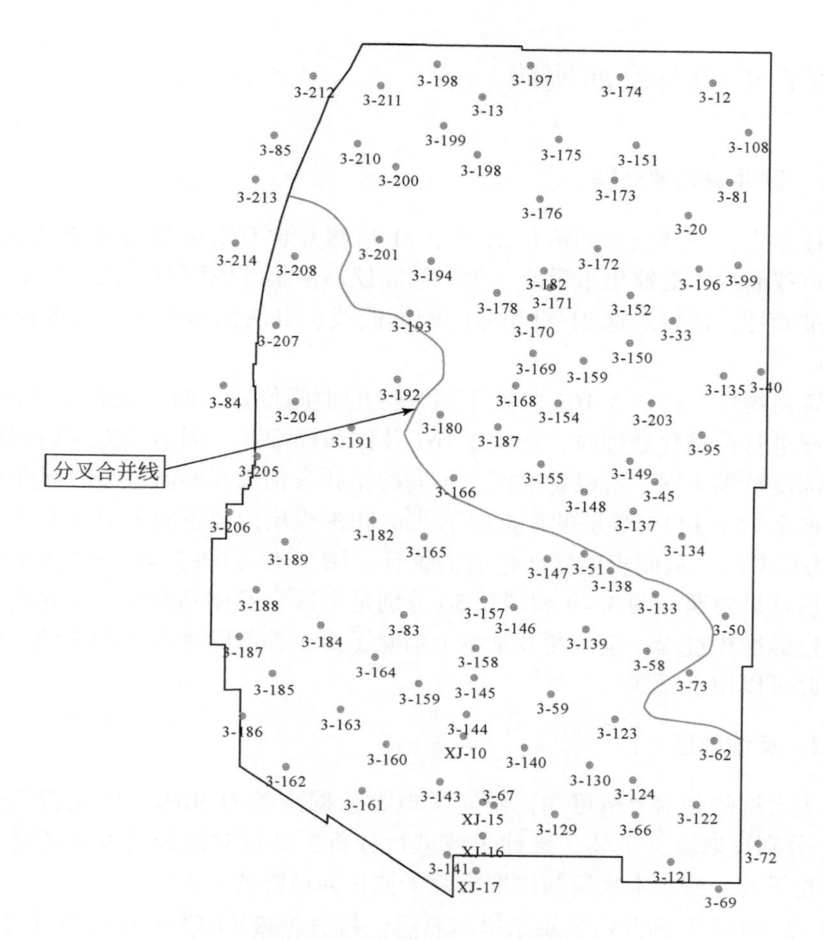

图 3.46 15#煤层分叉合并区域

3.4 新景矿区 K_7 砂岩趋势确定及泥岩夹层确定

煤炭作为我国经济建设的主要能源之一，社会消耗量不断增加，矿井开采也陆续转入深部，巷道的施工设计成为煤矿安全高效开采的关键问题之一。阳煤集团为了提高施工速度，减小施工影响，摒弃了传统的钻爆法、冻结法施工，采用盾构机进行巷道掘进。地质条件是决定盾构机巷道设计施工的重要因素。经过在引水隧洞、山岭隧道和城市地铁等工程中的应用发现，盾构机施工围岩以石灰岩、砂岩等中硬岩最为有利。由于砂岩等中硬岩变形较小，在砂岩等中硬岩巷道中开展支护工作能保持围岩的长期稳定。因此巷道所处地层岩性对于煤矿前期巷道掘进及后期巷道维护都具有重要意义。

结合区域地质情况，选取新景矿区 3#和 8#煤之间的 K_7 砂岩作为本次巷道的围岩。因此，查明 K_7 砂岩的起伏形态和空间分布成为问题的关键。为了能够突出波阻抗数据体中的砂岩，在声波曲线的基础上构建拟声波曲线可以有效地进行砂岩雕刻。

3.4.1 资料处理及反演实施

3.4.1.1 测井资料预处理

在本次任务中，一共收集到钻井 21 个，21 口测井含有密度和自然伽马曲线，其中 6 口测井含有声波曲线，能够用来反演。为了消除仪器采集等原因对曲线产生的误差，并提高反演结果准确性，需要对这 21 口测井的密度曲线、自然伽马曲线及纵波速度曲线进行标准化。

据测井资料统计，由于 3-167 井处于研究区的中间位置，测井资料非常准确且全面，故对测井曲线进行标准化处理时，选取 3-167 井作为标准井。因为研究区内岩性复杂且两类测井测量深度范围不同，所以针对两类不同的钻孔分别选择不同范围的标准层段，取 3# 煤层的顶板向上 15m 到 15# 煤层的顶板向下 12m 和 3# 煤层的顶板向上 15m 到 8# 煤层的顶板向下 6m 作为标准层，从而实现标准化前的统计。图 3. 47 和图 3. 48 分别为全区密度曲线在标准化前后结果对照，图 3. 49 和图 3. 50 分别是全区自然伽马曲线标准化前后对照。可以看出，经过标准化过程，全区测井基本上消除了由于外部因素产生的影响，仅反映出岩性变化，因此可以用于反演。

3.4.1.2 反演处理

通过地震数据的频谱分析可知，研究区地震数据主频为 50Hz，因此雷克子波的主频也取 50Hz。分别提取雷克子波、统计子波进行分析，经过对比分析发现统计子波相关系数要低于雷克子波，所以本次反演选取雷克子波作为最终的子波。

图 3. 51 是 3-167 井的井震标定结果示意图，其余各测井的实际地震道及合成地震道在目的层位上有很高的相关系数，井震标定结果均满足反演要求。

从地震资料出发，以测井资料和钻井数据为基础，建立能反映本区沉积体地质特征的低频初始模型。图 3. 52 和图 3. 53 是研究区新旧地震波阻抗反演过程中构建的巷道位置三维初始模型剖面图，能够看到模型道及测井曲线间有较高的吻合度，并具有较强的横向连续性。

图 3. 54 是 3-147 井叠后波阻抗反演分析剖面，合成地震记录与实际地震记录的匹配误差非常小，其余井的合成地震记录与实际地震记录的相关度也非常高，适合进行叠后反演。

针对研究区的特点，在对两种约束方法充分分析的基础上，本次反演过程将应用硬约束方法。由于研究区钻井的间距大，同时为了使反演的结果更加偏向地震道，减小反演结果的模型化，对研究区进行叠后反演时，其硬约束条件选择 40%，以求获得更好的结果。

为了减少计算时间，不取整个数据做计算，本次反演取 3# 煤层顶板向上 5ms 及 15# 煤层底板向下 5ms。

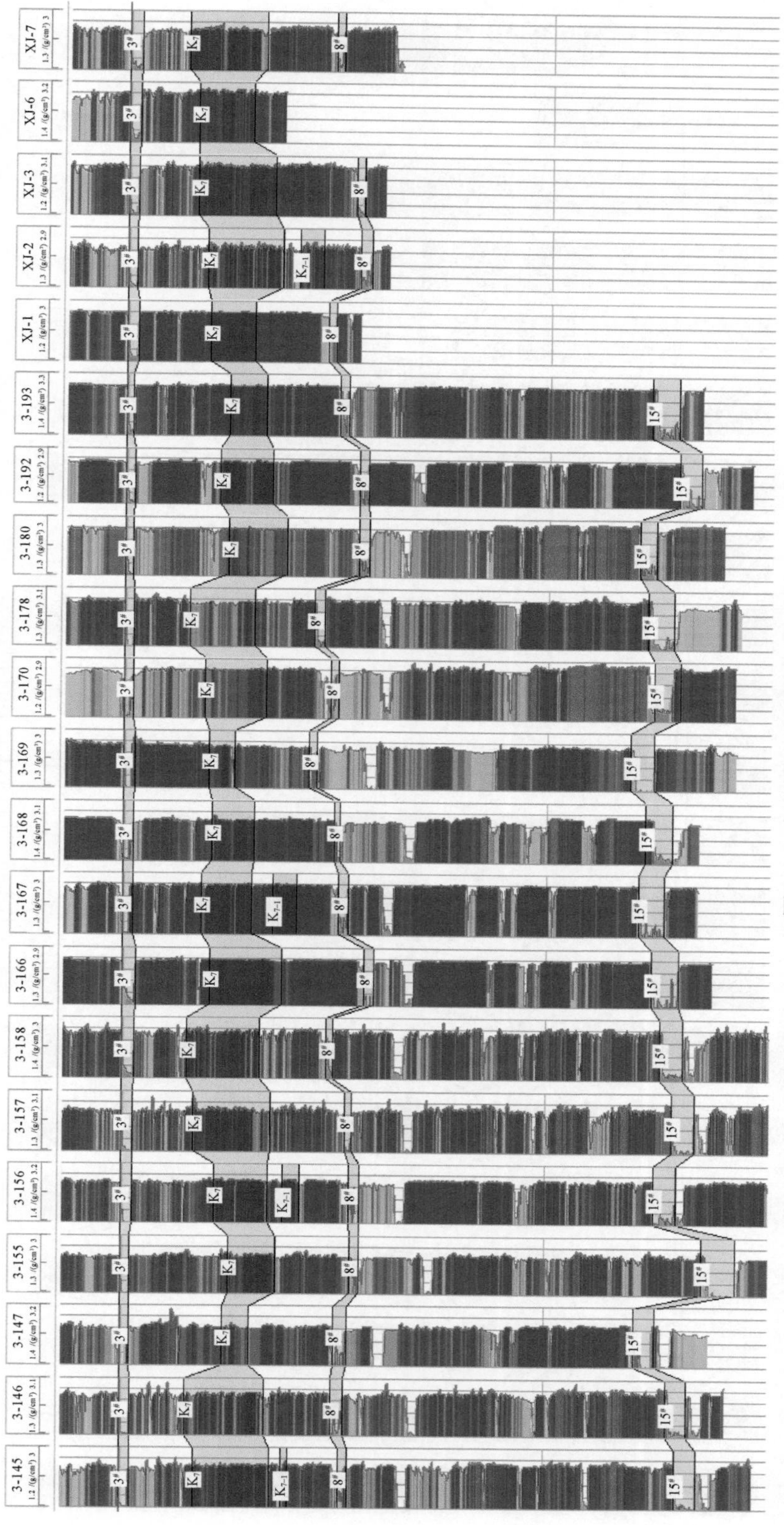

图3.47 全区标准化前的密度曲线

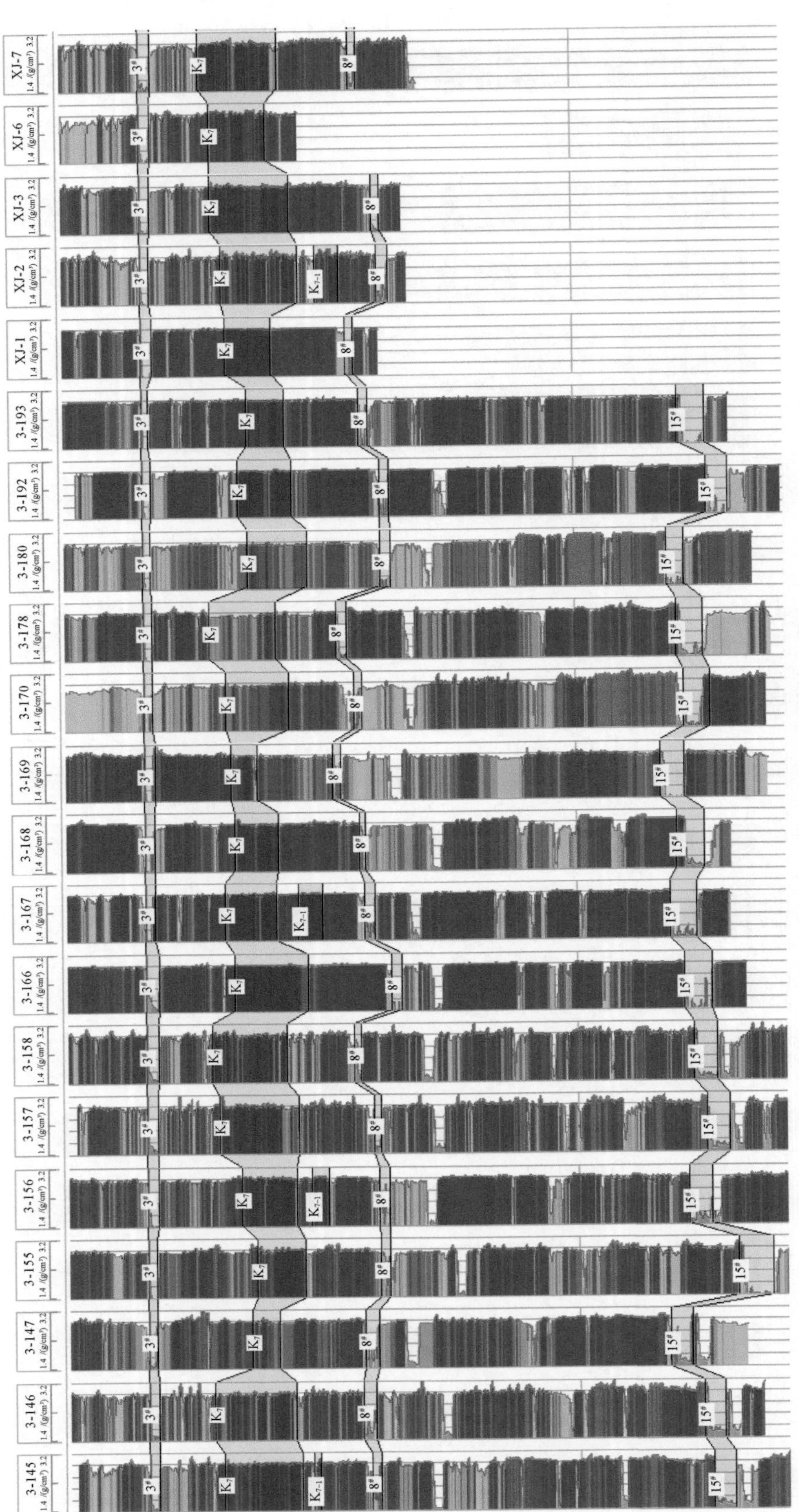

图3.48　全区标准化后的密度曲线

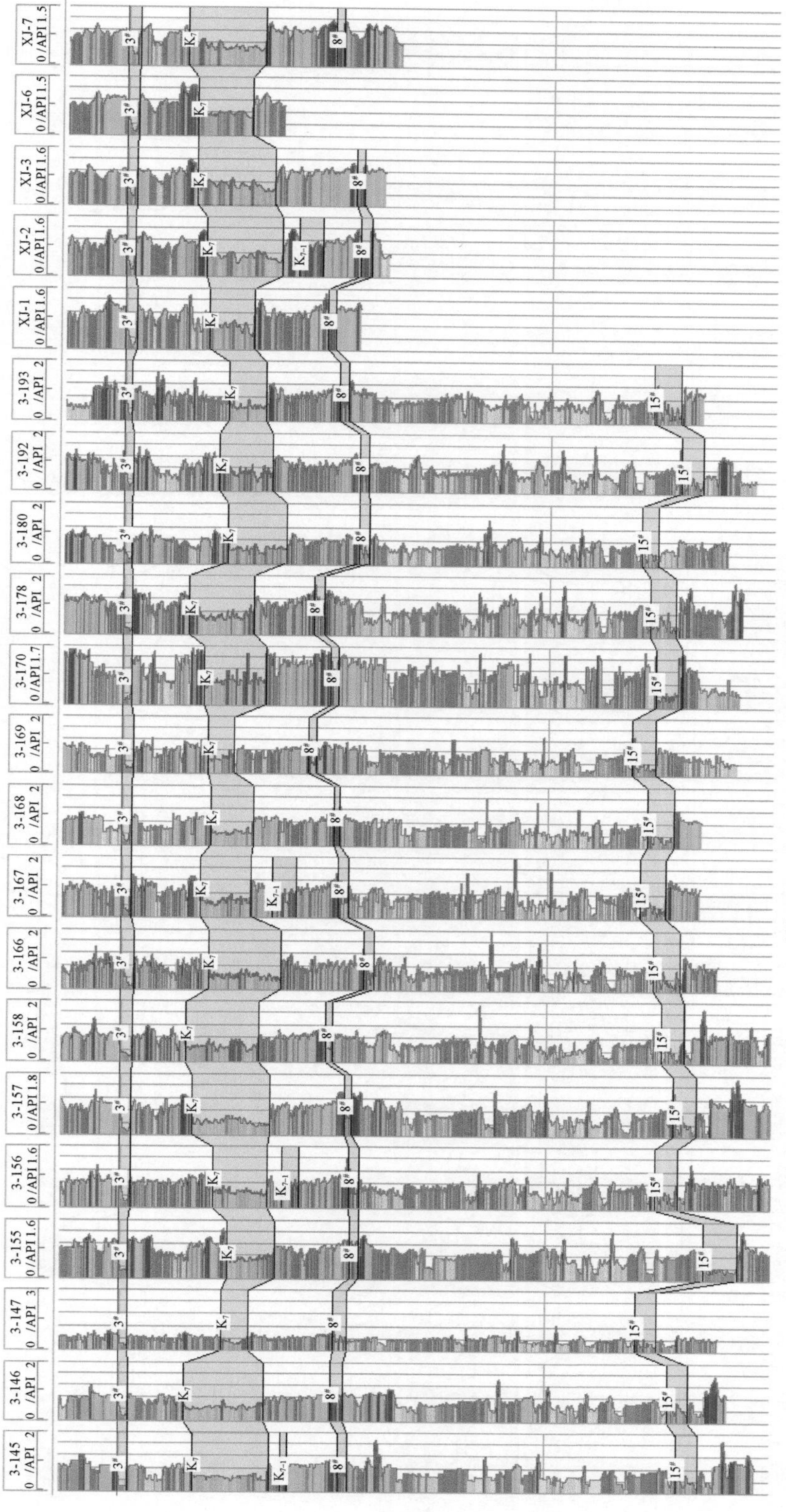

图3.49 全区标准化前的自然伽马曲线

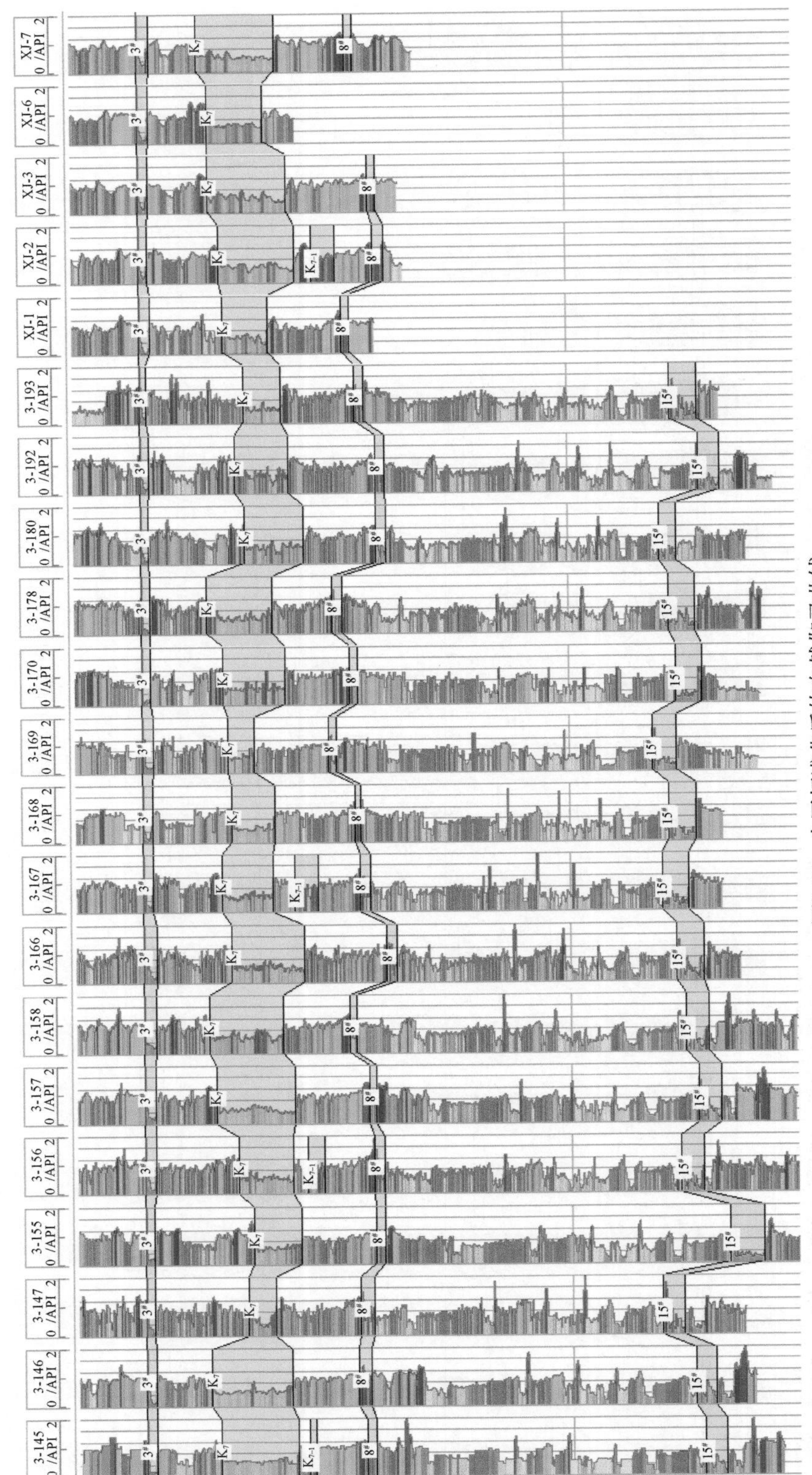

图3.50　全区标准化后的自然伽马曲线

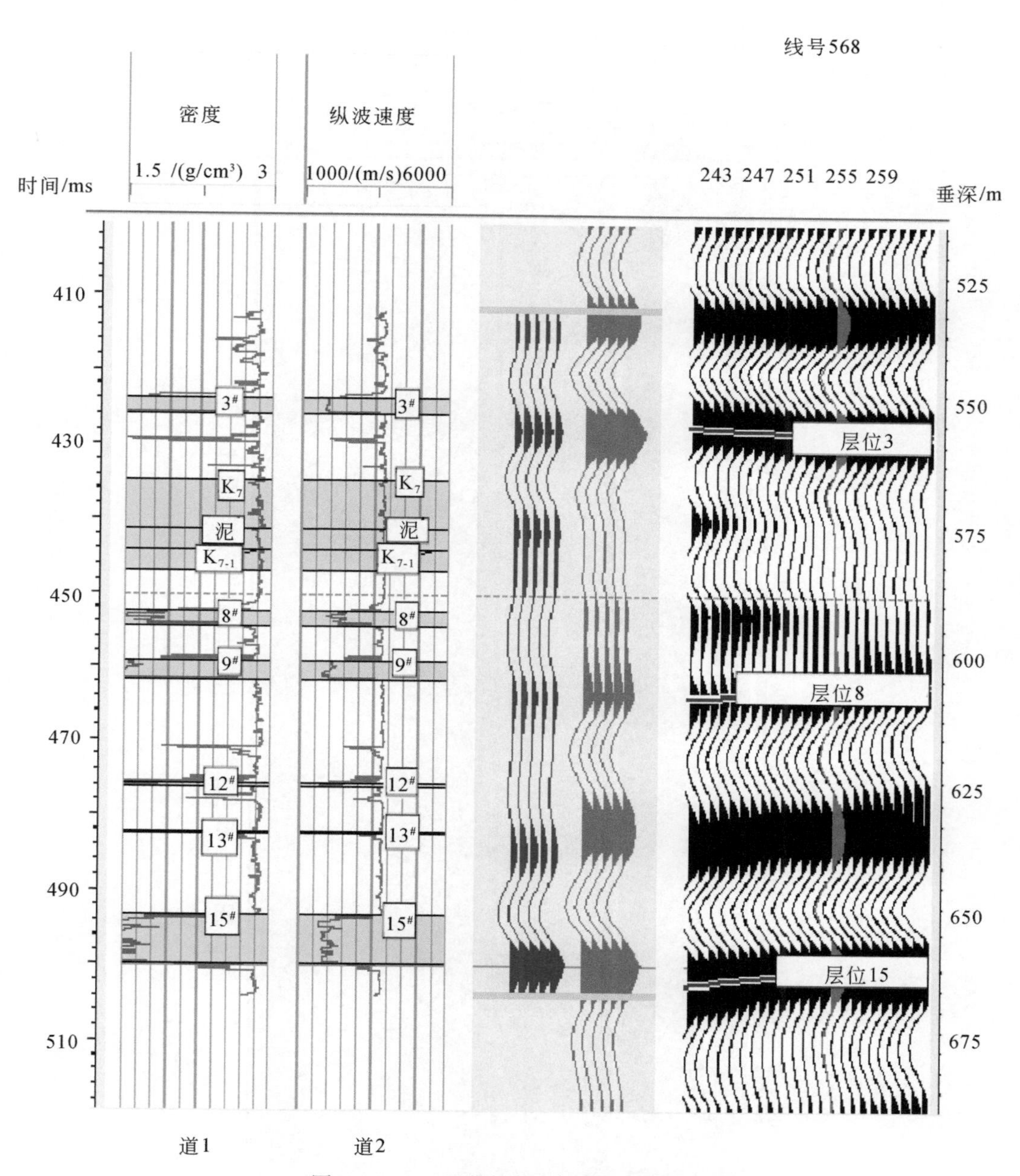

图3.51 3-167井的井震标定结果示意图

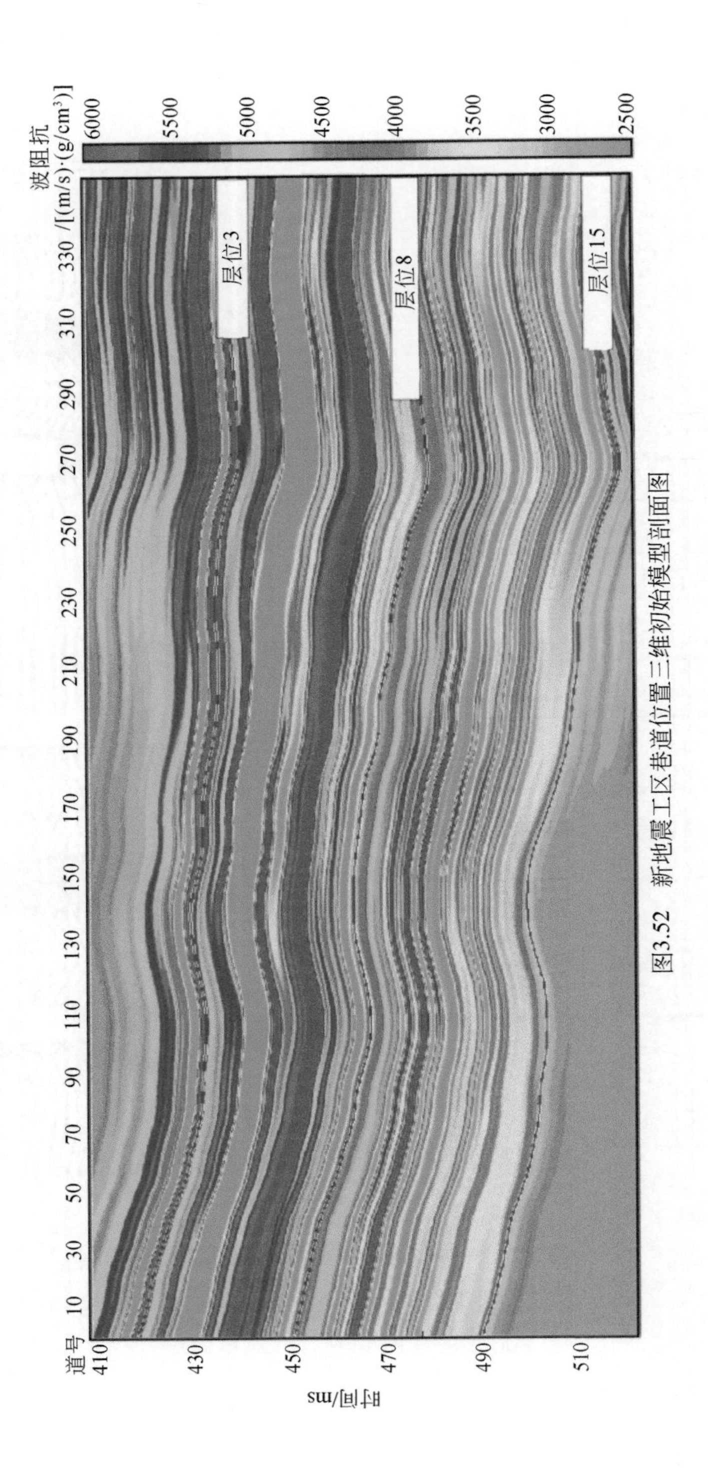

图3.52　新地震工区巷道位置三维初始模型剖面图

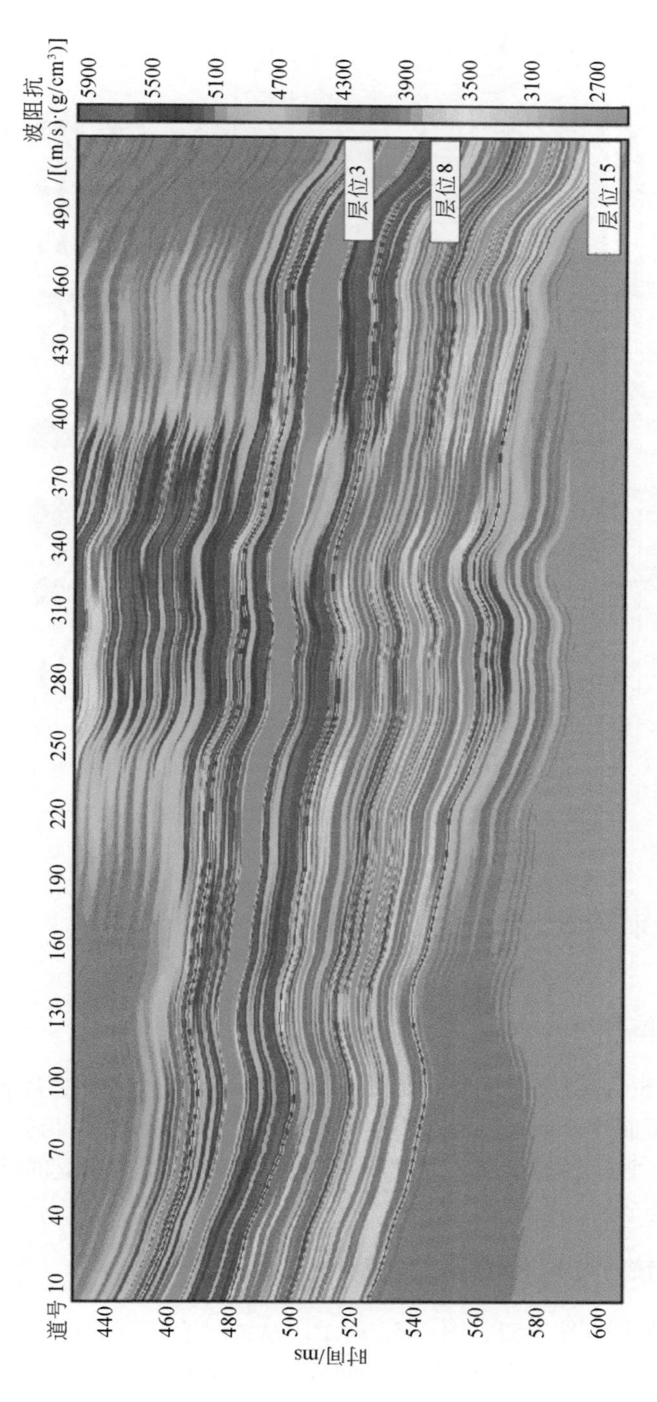

图3.53 旧地震工区巷道位置三维初始模型剖面图

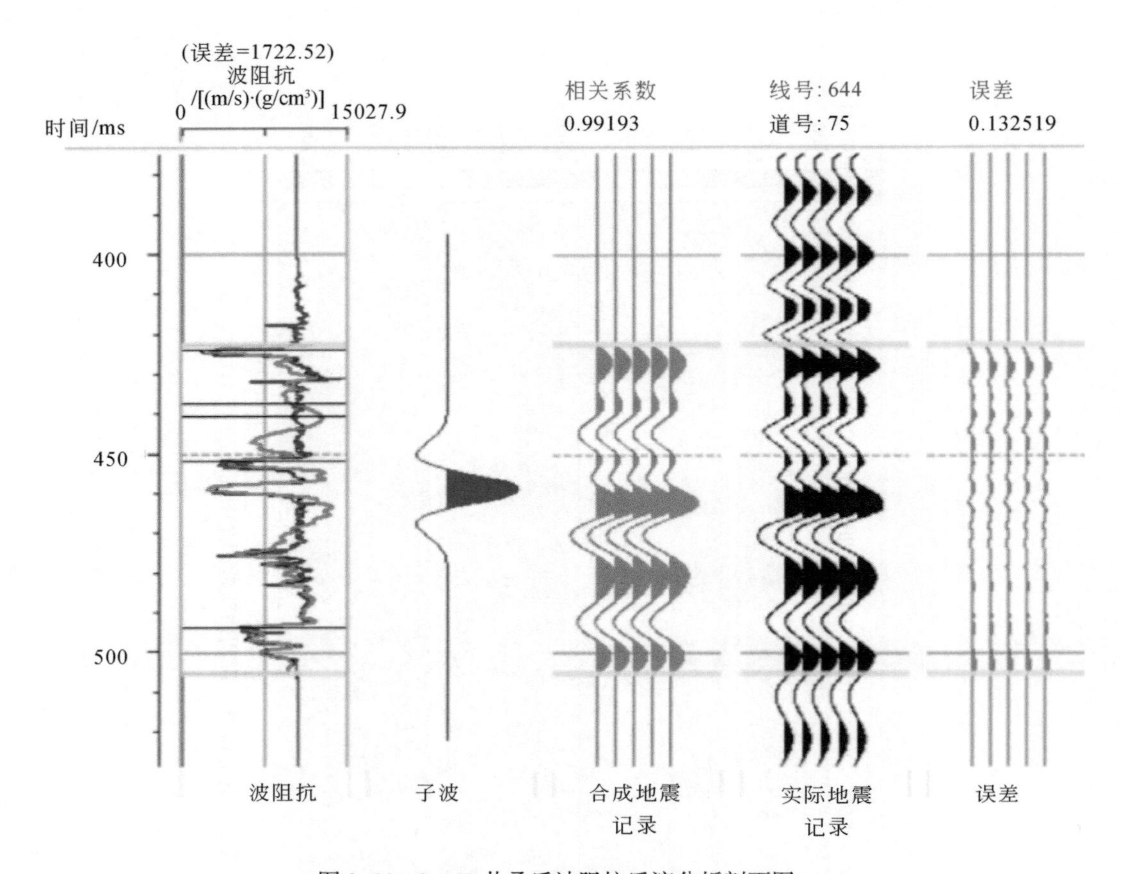

图 3.54　3-147 井叠后波阻抗反演分析剖面图

3.4.2　反演结果分析与评价

3.4.2.1　反演结果

图 3.55 和图 3.56 为拟声波反演剖面图，本次反演结果一定程度上将地震频带进行了拓宽，较好地拟合了曲线，地层的构造格架比较合理，纵向分辨率得到了提高，反演剖面能够区分低波阻抗、强反射的煤层。可以发现，砂岩表现为特征明显的低值，说明拟声波反演能够区分泥岩与砂岩。

3.4.2.2　基于钻井的 K_7 砂岩分布特征分析

本次砂岩反演范围如图 3.57、图 3.58 所示。从测井在工区上的分布可知，测井在工区内分布比较均匀，能够基本控制反演工区的 K_7 砂岩分布趋势。

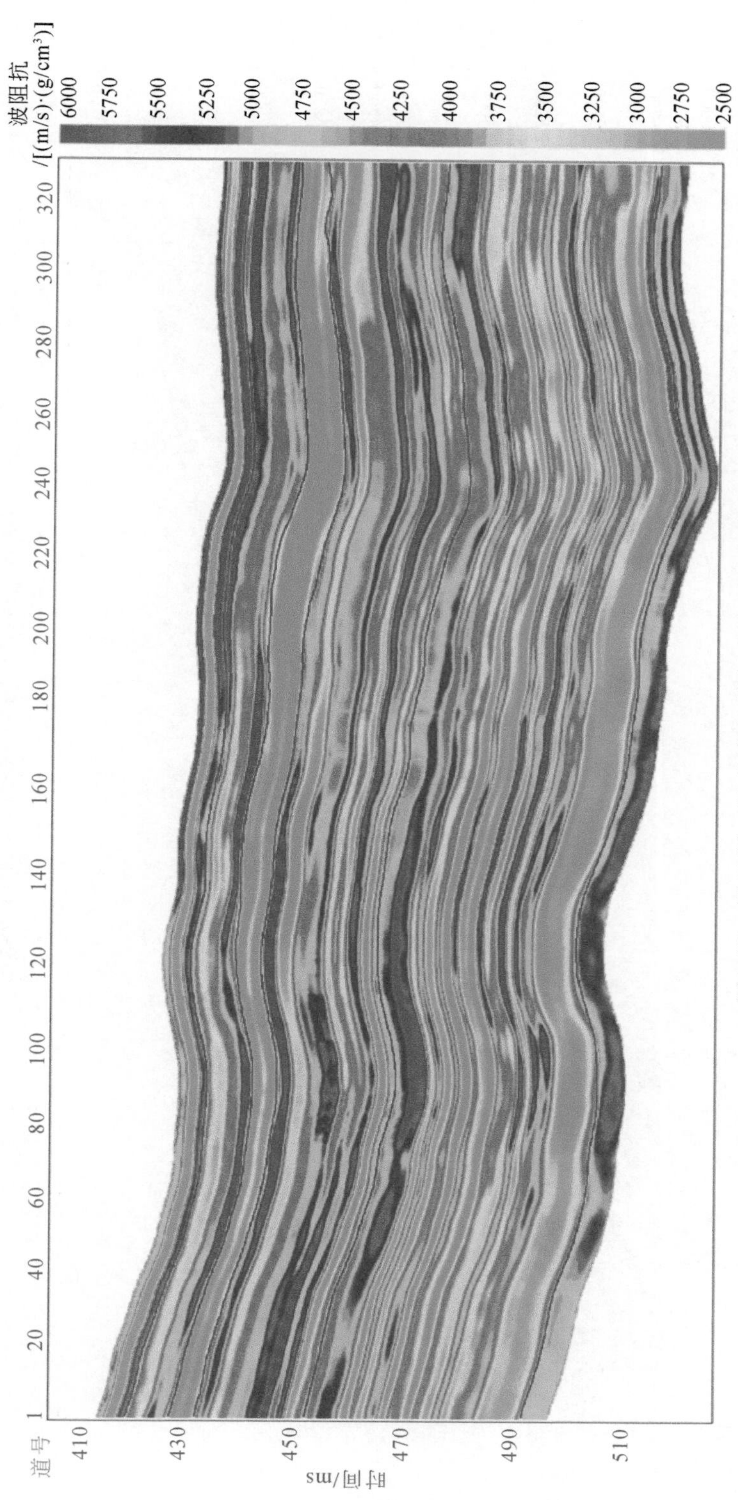

图3.55 新地震工区巷道位置拟声波反演剖面图

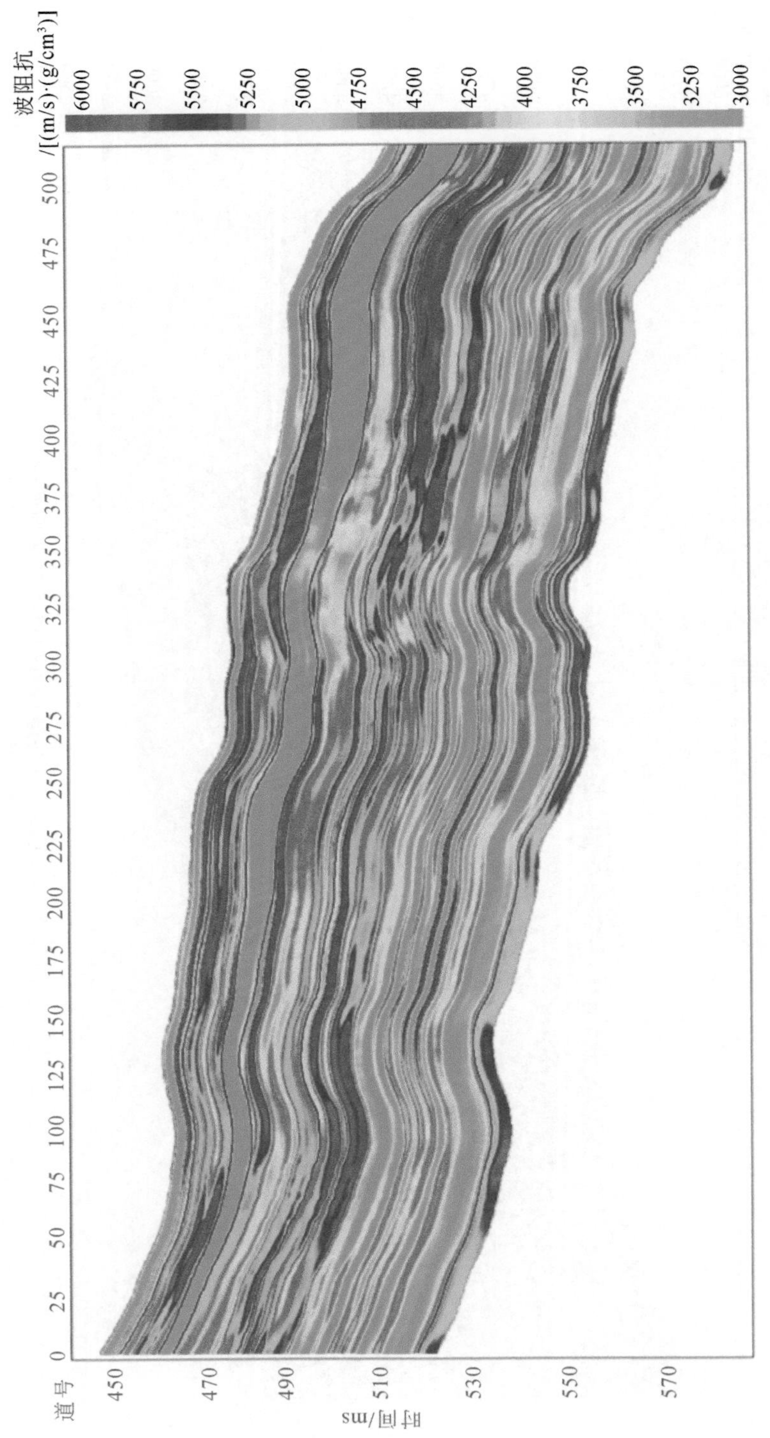

图3.56　旧地震工区巷道位置拟声波反演剖面图

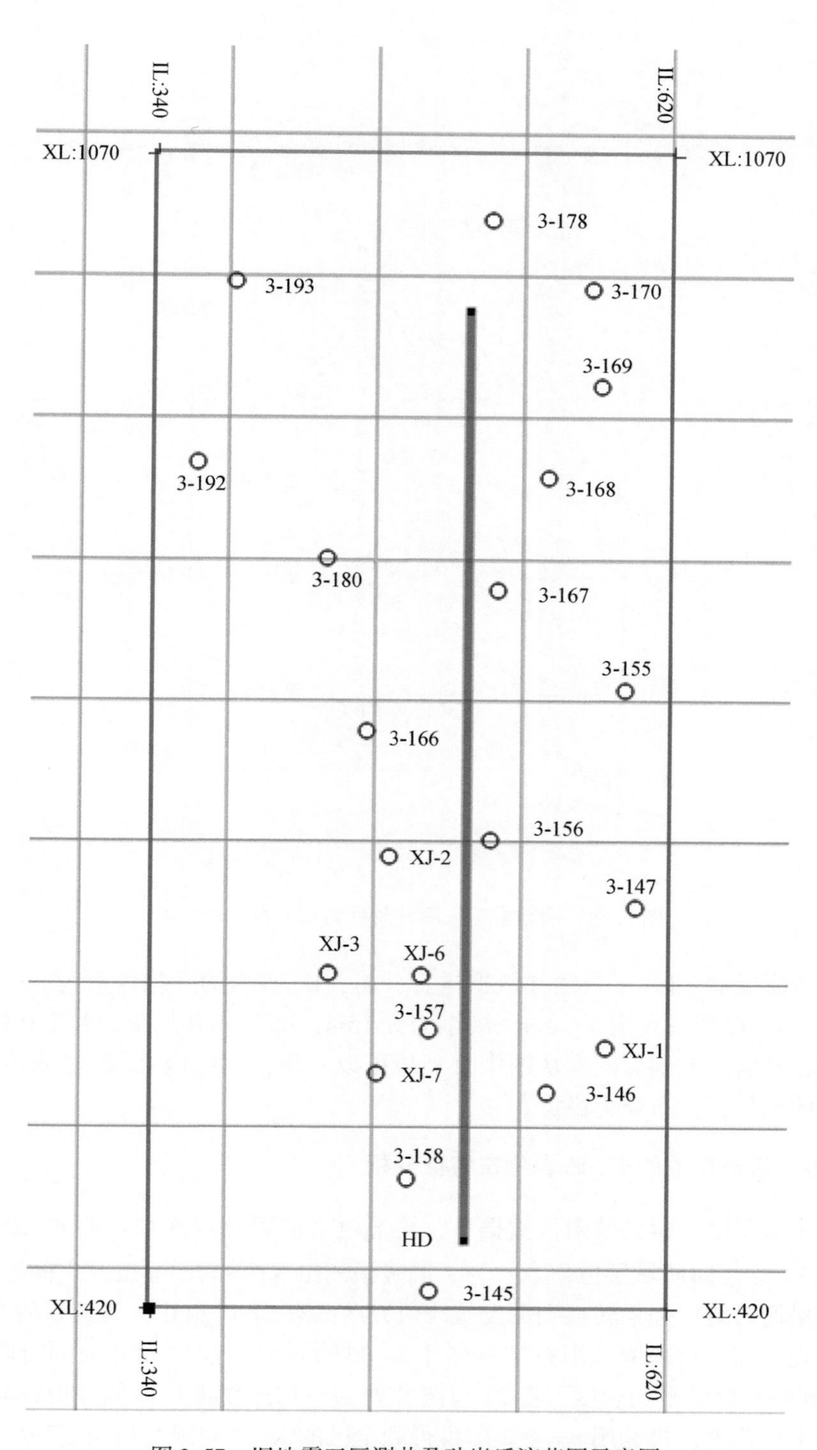

图 3.57 旧地震工区测井及砂岩反演范围示意图

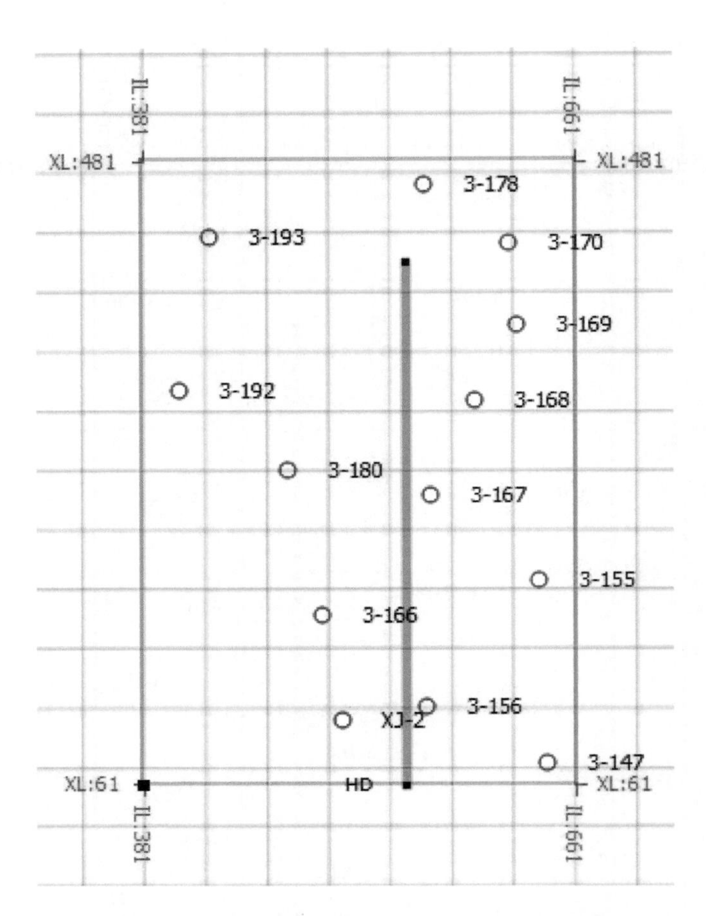

图 3. 58　新地震工区测井及砂岩反演范围示意图

通过对砂岩反演工区 21 口测井数据进行分析，K_7 砂岩的平均深度为 565. 56m，平均厚度为 13. 87m。厚度最大为 18. 4m，最小为 6. 15m，部分测井的 K_7 砂岩中有泥岩夹层。图 3. 59 为 K_7 砂岩连井剖面图，从图中直观地可以看出，工区内 K_7 砂岩分布呈现由北向南逐渐变厚的趋势，分布较为稳定。

3. 4. 2. 3　基于反演的 K_7 砂岩分布特征分析

通过拟声波反演，得到波阻抗数据体，再通过对波阻抗剖面指示的 K_7 砂岩区域进行追踪，得到 K_7 砂岩时间域层位信息。为了准确预测出 K_7 砂岩的厚度及空间展布，对时间域的反演结果通过时深关系转换到深度域。研究区共有 21 口测井，其各井的 K_7 砂岩顶底板深度和标高已知，再提取波阻抗数据体中 K_7 砂岩顶底板层位测井处的时间，利用 $h=vt/2$可以得到井点处的平均速度。将 21 口测井处的平均速度进行插值即可得到全区 K_7 砂岩顶底板的平均速度。再利用 $h=vt/2$ 即可得到全区的 K_7 砂岩顶底板深度和标高。

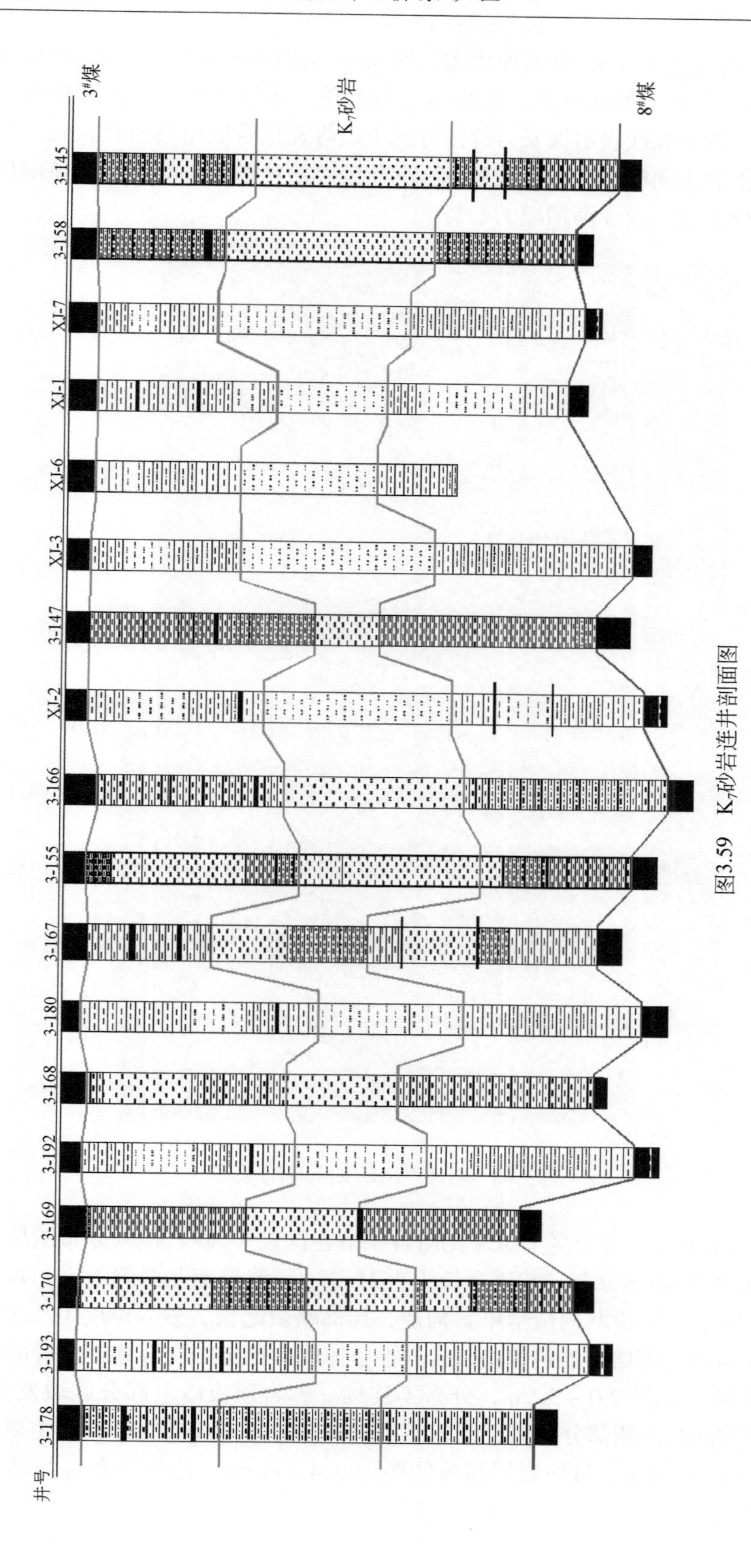

图3.59 K_7砂岩连井剖面图

图 3.60 为新地震工区 K_7 砂岩厚度图，图 3.61 为旧地震工区 K_7 砂岩厚度图。工区西南部（左下角）K_7 砂岩厚度较大，东北部（右上角）厚度较小，整体起伏较大，但工区中部相对平缓。图中红线表示保安与佛洼分区上组煤瓦斯管联络巷所在位置，巷道位于工区中部，为一南北走向的巷道。该位置 K_7 砂岩起伏相对平缓，整体呈北高南低分布，砂岩厚度整体呈现由北向南逐渐增厚的趋势。

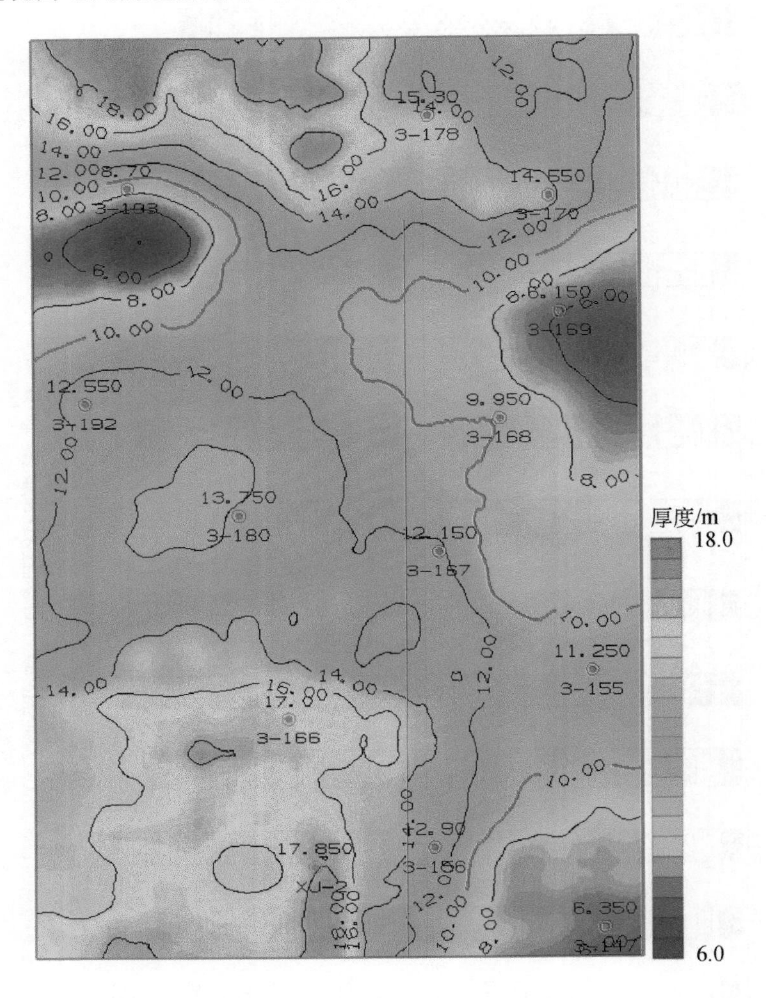

图 3.60　新地震工区 K_7 砂岩厚度图

图 3.62 为保安与佛洼分区上组煤瓦斯管联络巷位置 K_7 砂岩预测分布结果，红色曲线为 K_7 砂岩顶底板的预测分布。巷道全长约 2621.39m。巷道南北两侧地层相对平缓，整体呈北高南低分布，砂岩由北向南呈单斜构造，局部略微起伏，砂岩厚度为 9.33 ~ 19.15m，总体呈现由北向南逐渐增厚的趋势。砂岩岩性整体较为稳定，局部巷道位置的砂岩层底部有泥岩夹层出现，厚度为 0 ~ 5.2m，分布不连续。砂岩顶板以上部分区域发育 4#煤和 5#煤。4#煤在巷道南北两侧部分发育，沉积不稳定，厚度为 0 ~ 0.25m。5#煤主要出现在巷道南侧，厚度为 0 ~ 0.35m，与砂岩层顶板间距为 0.4 ~ 6.9m，连续分布且与砂岩层顶板间

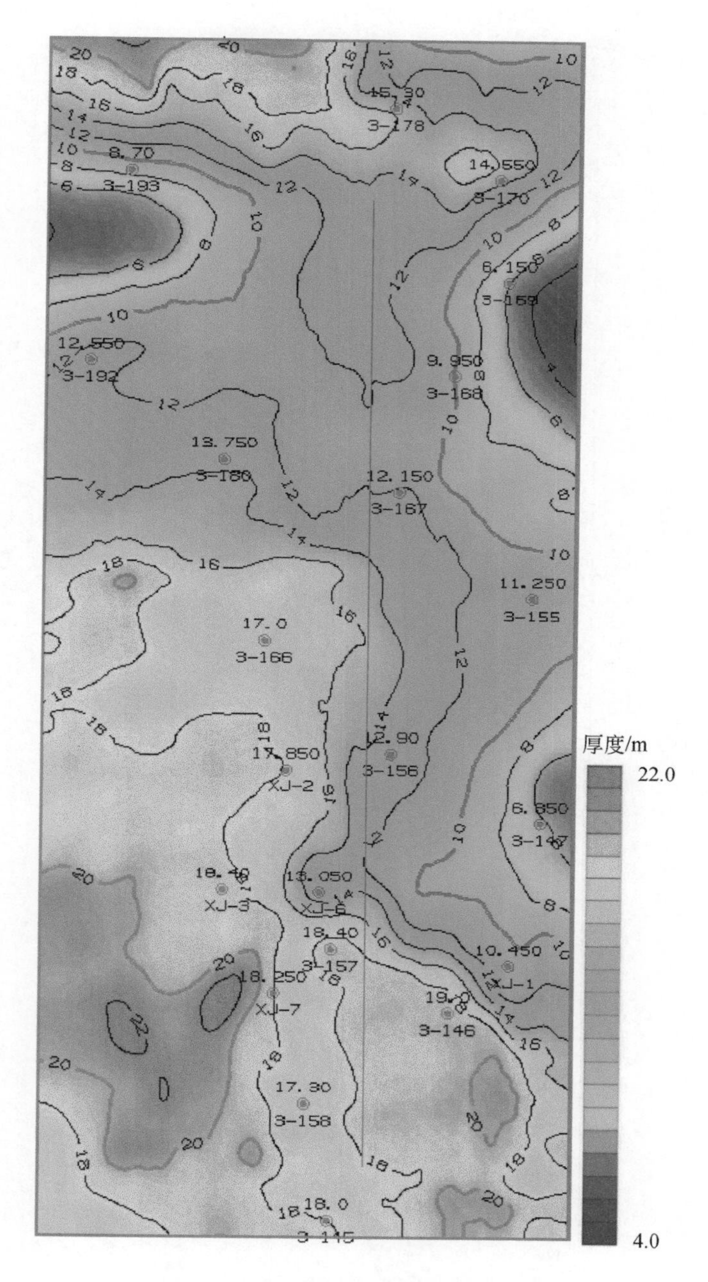

图3.61 旧地震工区 K_7 砂岩厚度图

距由北向南逐渐减小。巷道砂岩层底板以下部分区域有6#煤发育，沉积不稳定，距砂岩层底板0～4m，厚度为0.25～0.5m。8#煤层位于砂岩层底部，连续分布，厚度为1.5～2.6m，与砂岩层底板间距为14.2～24.6m。

本次反演查明了 K_7 砂岩的起伏形态和空间分布，为盾构机巷道掘进方案提供了指导，为矿区安全高效开采提供了有力帮助。

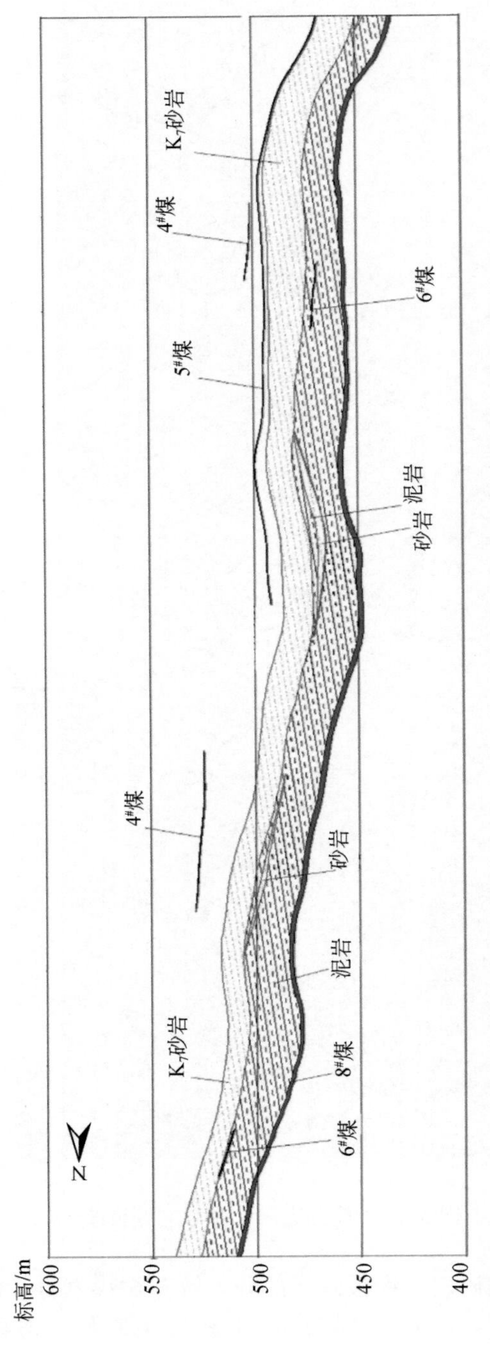

图3.62　保安与佛洼分区上组煤瓦斯管联络巷位置K_7砂岩预测分布图

3.5 新景矿区回风底抽巷 $K_{2下}$ 石灰岩展布预测

利用测井、钻探、巷道煤柱和地震等资料，对新景矿区回风底抽巷附近 $K_{2下}$ 石灰岩进行岩性反演，获得回风底抽巷 $K_{2下}$ 石灰岩变化趋势，最终得到15121工作面回风底抽巷 $K_{2下}$ 石灰岩反演剖面图。

3.5.1 资料分析处理

15121工作面回风底抽巷位于新景矿区15#煤附近，巷道实际长度约1737m，巷道的工区平面位置如图3.63所示。

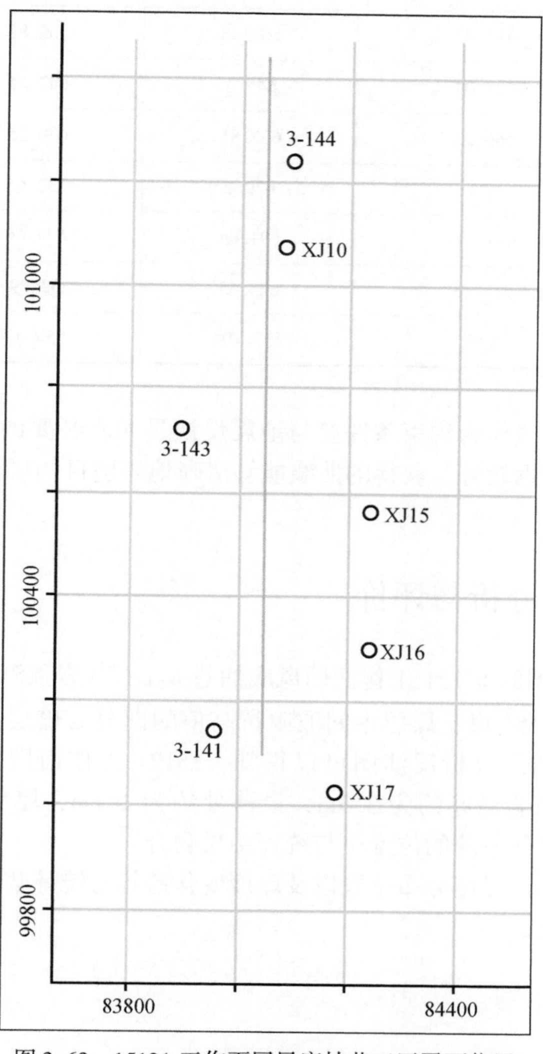

图3.63 15121工作面回风底抽巷工区平面位置

对 15121 工作面回风底抽巷 $K_{2下}$石灰岩的顶底板深度进行统计，结果见表 3.7，结合巷道在工区的位置，分析得知 15121 工作面回风底抽巷附近的石灰岩厚度为 1 ~ 3.4m，石灰岩平均厚度约为 2.5m，石灰岩厚度变化较缓。

对回风底抽巷附近钻孔 $K_{2下}$石灰岩统计能够掌握目的层岩性厚度以及埋藏深度的大致规律，为证明反演结果准确性提供依据。

表 3.7　回风底抽巷附近钻孔 $K_{2下}$石灰岩顶底板深度统计表

井名	井口标高/m	$K_{2下}$石灰岩		
		顶板深度/m	底板深度/m	厚度/m
XJ-15	934.94	581.4	582.45	1.05
XJ-16	941.7	584.15	586.45	2.3
XJ-17	931.87	567.45	569.85	2.4
XJ-18	995.07	645.4	647.75	2.35
XJ-10	966.23	637.85	640.25	2.4
3-144	973	629.2	632.65	3.45
3-143	1007.46	691.66	694.66	3
3-141	981.15	625.65	628.9	3.25
3-67	915	557.194	559.45	2.256

选择合适的测井曲线作为约束条件参与地震反演是非常必要的基础工作。15121 工作面回风底抽巷附近井数据较好，获得的曲线能够清晰地辨别目的层信息，从而为地震反演工作打下良好的基础。

3.5.2　反演结果分析与评价

图 3.64 为反演得到的 15121 工作面回风底抽巷 $K_{2下}$石灰岩预测剖面图，图中波阻抗值低的部分为 $15^{\#}$煤以及 $15^{\#}_{下}$煤，煤层中间波阻抗高值的部分为煤层夹矸，波阻抗反演图中值最高的部分为石灰岩。分析反演图可以得知，15121 工作面回风底抽巷厚度在 1.1 ~ 3.3m，反演结果中石灰岩最厚约为 3.3m，最薄处约为 1.1m，厚度差异与统计的厚度吻合，且反演结果中最厚和最薄的位置也与统计结果吻合。

反演结果厚度范围、厚度分布位置以及厚度变化趋势与统计数据基本吻合证明了反演结果的准确性和精确性。

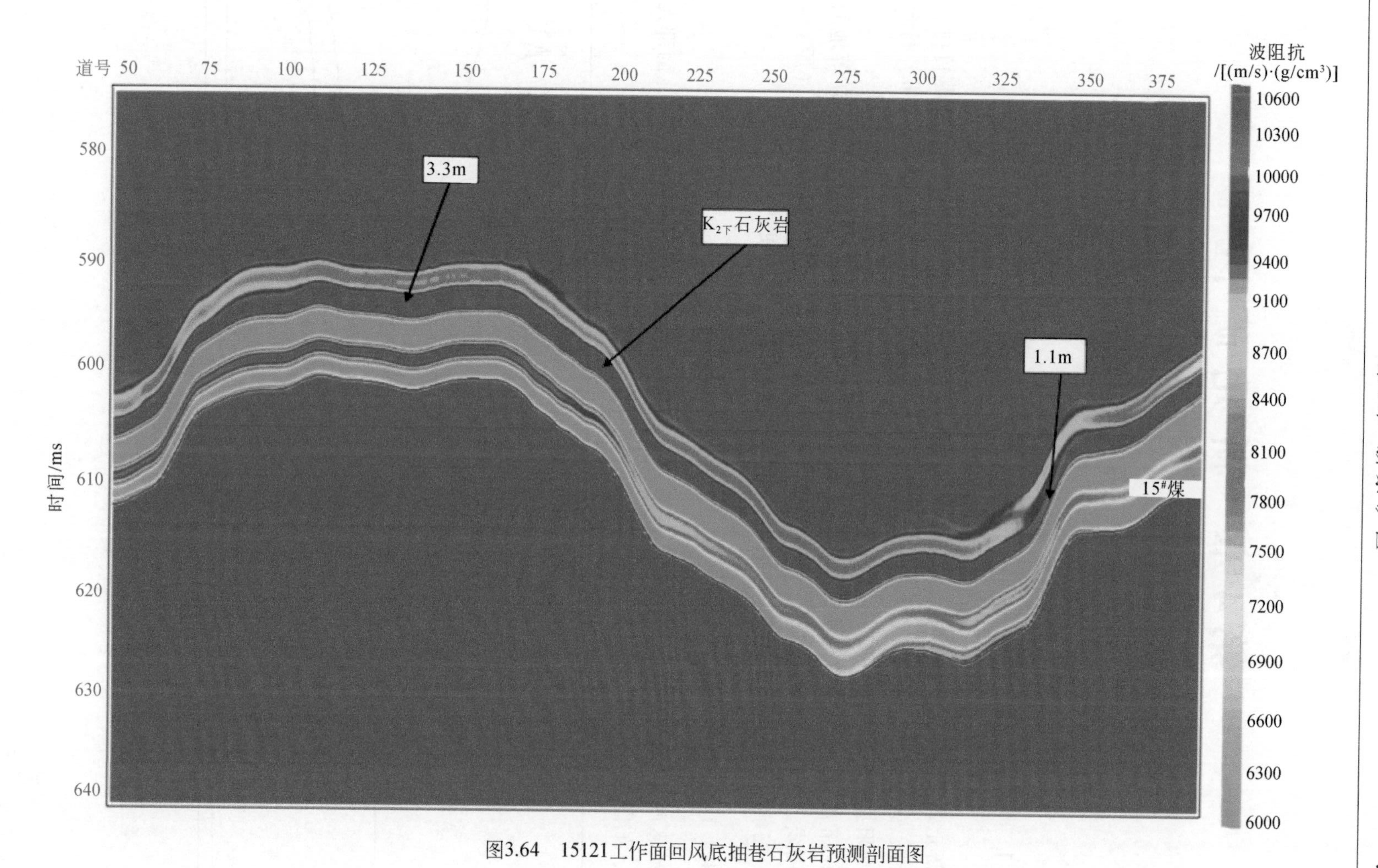

图3.64 15121工作面回风底抽巷石灰岩预测剖面图

第4章 新 元 矿 区

4.1 研究区概况

4.1.1 研究区位置

新元矿区位于山西省晋中市寿阳县西北5km处的于家庄村、大南沟村、北燕竹村、石家底村、黄门街村、寨沟村、大照村、赵庄村、韩庄村、南河村、红烟村等一带，行政区划属寿阳县朝阳镇管辖。

铁路方面：石太铁路从矿区东南界外通过，井田内尚有连接开元矿、段王矿等地的铁路专用线，可直达寿阳县车站。公路方面：太旧、榆（次）-盂（县）以及太（原）-阳（泉）三条高速公路横穿矿区，矿区内乡间简易公路相连，交通便利。

4.1.1.1 四邻关系

矿区西北部有开元矿、段王矿，西部为于家庄矿，东部为七元矿和元立矿，南部无任何矿，如图4.1所示。

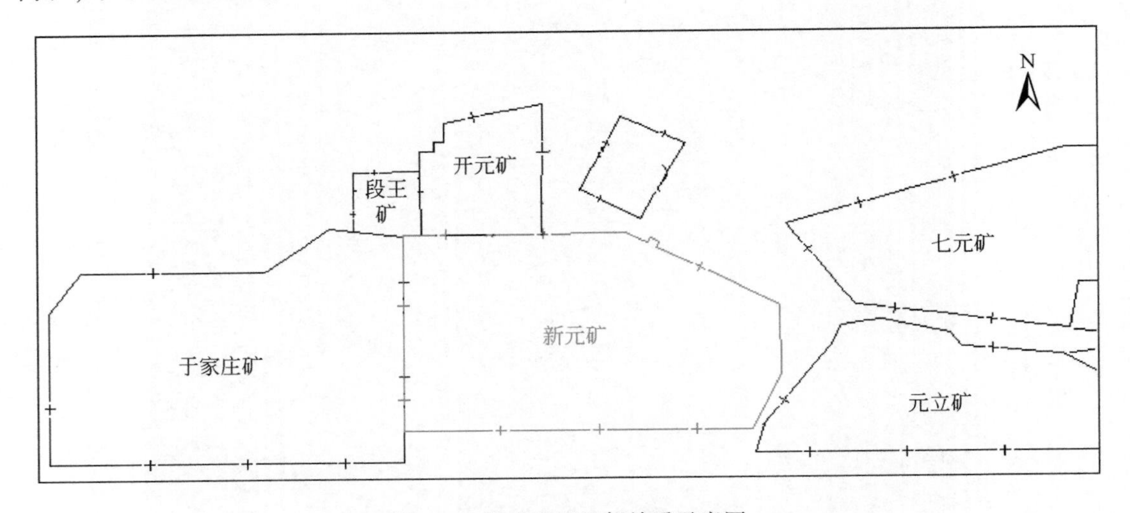

图4.1 新元矿区四邻关系示意图

4.1.1.2　研究区范围

新元矿区四采区为一不规则形，范围由16个拐点组成，面积为9.65km²，范围如图4.2所示。另外应矿方要求新增加四采区东部一矩形小区，范围由4个拐点组成，面积为0.53km²，该矩形小区范围如图4.2所示。这两个区的三维地震数据由陕西省煤田物探测绘有限公司于2017年3月采集完成。

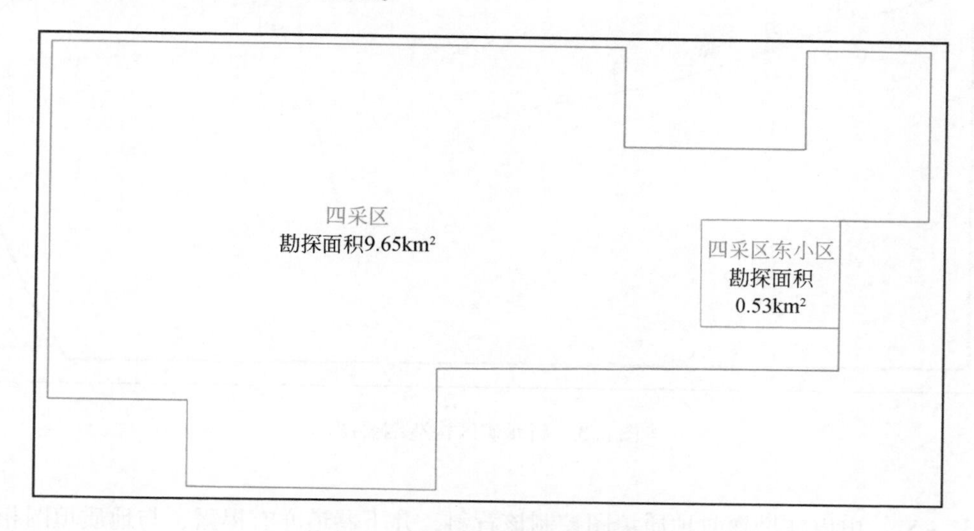

图4.2　新元矿区四采区范围

4.1.2　构造

受区域构造影响，矿区总体为一走向近WE、倾向S的单斜构造，在此基础上发育次一级的宽缓褶曲构造，地层倾角较平缓，倾角2°~9°，矿区中部地层较陡，断层、陷落柱较发育。现将矿区内的褶曲、断层分述如下（构造纲要图如图4.3所示）。

4.1.2.1　褶曲

矿区在总的单斜构造基础上发育有8条向背斜褶曲构造，部分褶曲情况如下。

1）蔡庄向斜（S1）

位于矿区西部，由区外延伸至本矿区，其轴部沿陈家沟村—韩庄村大方向穿过，矿区内延伸长度6550m，轴向NWW，两翼基本对称，地层倾角4°~9°。由以往勘探时地质填图控制该向斜，井下巷道亦有揭露，与地质填图相符。

2）大南沟背斜（S2）

位于矿区西部，由区外延伸至本矿区，其轴部沿小王强村—洞上村大方向穿过，与蔡庄向斜基本呈平行展布，其在矿区内延伸长度8960m，轴向近EW，两翼基本对称，地层

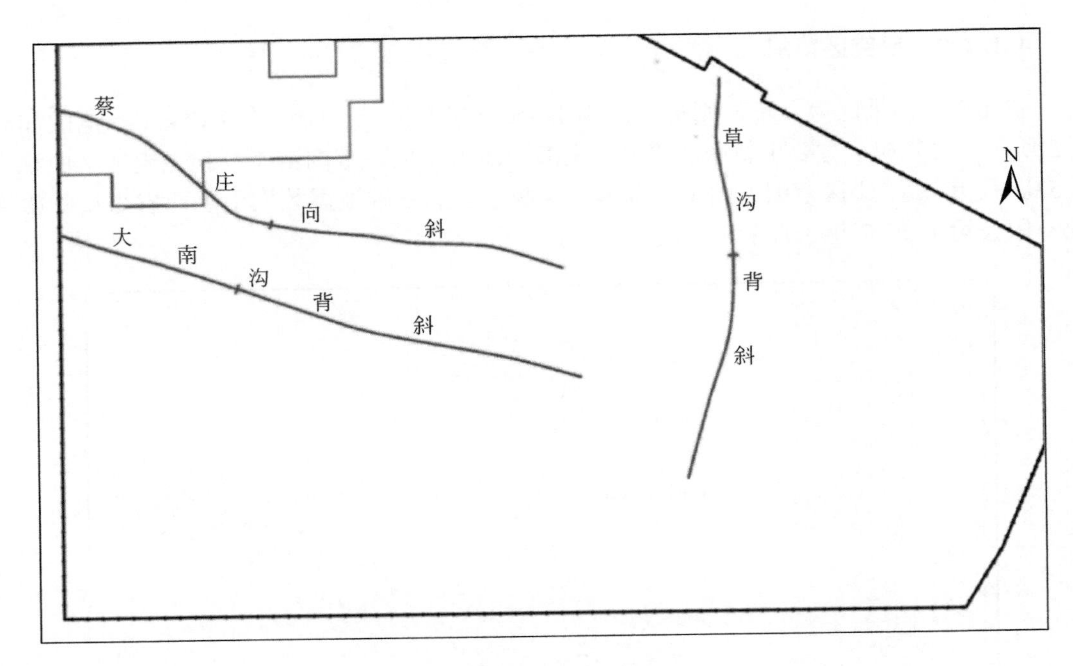

图 4.3　新元矿区构造纲要图

倾角 3°~5°。由以往勘探时地质填图控制该背斜，井下巷道亦有揭露，与地质填图相符。

3）草沟背斜（S3）

位于矿区中东部，其轴部沿草沟村—南梁村大方向穿过，在矿区内延伸长度为 9450m，轴向由 NE 向转近 SN 向，两翼基本对称，地层倾角 2°~6°。由以往勘探时地质填图控制该背斜，井下巷道和以往勘探施工钻孔亦有揭露，与地质填图相符。

4.1.2.2　断层

矿区内地表多被古近系、新近系、第四系覆盖，以往勘探过程中的地质填图工作未发现断层，矿区内断层分别由以往勘探钻孔、三维地震勘探和井下巷道揭露，其情况详述如下。

勘探钻孔和井下巷道揭露的延伸较长、落差较大的断层有 3 条，为正断层。

F118 正断层位于矿区北部、P50 钻孔北部，由 3#煤层井下巷道揭露，区内延伸长度 1156m，断层走向 NW，倾向 SW，倾角 83°，断层落差 4.8m。

F146 正断层位于矿区东北部、7.7 钻孔北部，由 3#煤层井下巷道揭露，区内延伸长度 103m，断层走向 NW，倾向 SW，倾角 77°，断层落差 7m。

新元矿在生产过程中，掘进巷道与回采工作面共揭露 258 条断层，绝大部分为层间小断层，其中逆断层 1 条，其余均为正断层。258 条断层中绝大部分为 3#煤层层间小断层，落差小、延伸长度短；断层中落差大于 10m 的有 3 条，即 F118、F146、F153 断层；其他断层落差均小于 10m，而且延伸长度总体较短。

4.1.2.3 陷落柱

新元矿区在生产过程中，掘进巷道与回采工作面共揭露162个陷落柱，其规模较小。

4.1.3 含煤地层与煤层

4.1.3.1 含煤地层

矿区内含煤地层主要为太原组和山西组。现对其自下而上分别叙述如下。

1）太原组

太原组为一套海陆交互相的含煤地层，含煤4~14层，自上而下为$8^{\#}_{上}$、$8^{\#}$、$8^{\#}_{下}$、$9^{\#}_{上}$、$9^{\#}$、$9^{\#}_{下}$、$11^{\#}$、$11^{\#}_{下}$、$12^{\#}$、$13^{\#}$、$13^{\#}_{下}$、$15^{\#}$、$15^{\#}_{下}$和$16^{\#}$煤层，其中$15^{\#}$煤层为大部分可采煤层，$8^{\#}$、$9^{\#}$、$15^{\#}_{下}$煤层为局部可采煤层，其余为不可采煤层。地层平均总厚128.63m，煤层平均总厚11.75m，含煤系数9.13%，其中可采煤层平均总厚7.62m，可采系数5.92%，含煤地层含煤性较好。

2）山西组

山西组为陆相含煤地层，含煤2~6层，自上而下为$1^{\#}$、$2^{\#}$、$3^{\#}$、$4^{\#}$、$5^{\#}$和$6^{\#}$煤层，其中$3^{\#}$煤层为大部分可采煤层，$6^{\#}$煤层为局部可采煤层，其余煤层均为不可采煤层。地层平均总厚56.32m，煤层平均总厚4.50m，含煤系数为7.99%，其中可采煤层平均总厚3.18m，可采系数5.65%，含煤地层含煤性较好。

4.1.3.2 煤层

矿区内可采煤层为山西组的$3^{\#}$、$6^{\#}$煤层和太原组的$8^{\#}$、$9^{\#}$、$15^{\#}$和$15^{\#}_{下}$煤层，其特征见表4.1。

1）$3^{\#}$煤层

位于山西组中部，上距K_8砂岩23m左右。根据以往勘探施工的钻孔资料，该煤层除在矿区西部边界附近的1、2、P30钻孔处和矿区东北部边界附近的P75钻孔处不可采外，其余地段均可采，可采区面积128.787km^2，煤层厚度0.40~4.75m，平均2.58m，属中厚煤层，其可采性指数为0.97，厚度变异系数为24%，含0~3层夹矸，局部6层，结构简单—较简单，顶板一般为泥岩、砂质泥岩、粉砂岩、砂岩碳质泥岩；底板主要为泥岩、砂质泥岩、粉砂岩、砂岩、碳质泥岩，该煤层目前已在矿区的中北部形成一定面积的采空区。$3^{\#}$煤层为大部分可采的稳定中厚煤层，也为现采煤层。

2）$9^{\#}$煤层

位于太原组上段中部，上距$8^{\#}$煤层0.70~32.20m，平均9.76m，煤层厚0.00~5.79m，平均2.03m，属中厚煤层，其可采性指数为0.69，厚度变异系数为76%，含0~4层夹矸，结构简单—复杂，顶板主要为泥岩、砂质泥岩、砂岩、粉砂岩、碳质泥岩；底板

表 4.1　可采煤层特征表

地层	煤层编号	煤层厚度/m	煤层间距/m	煤层结构		顶板岩性	底板岩性	稳定性	可采性
		最小值~最大值 平均值	最小值~最大值 平均值	夹矸层数	类别				
山西组	$3^{\#}$	0.40~4.75 2.58	9.91~48.10 19.20	0~3	简单—较简单	泥岩 砂质泥岩 粉砂岩 砂岩 碳质泥岩	泥岩 砂质泥岩 粉砂岩 砂岩 碳质泥岩	稳定	大部分可采
山西组	$6^{\#}$	0.00~1.50 0.60	6.67~30.20 13.65	0~1	简单	泥岩 砂质泥岩 碳质泥岩 粉砂岩 砂岩	泥岩 砂质泥岩 砂岩 粉砂岩 碳质泥岩	不稳定	局部可采
太原组	$8^{\#}$	0.00~4.61 0.95	0.70~32.20 9.76	0~2	简单	泥岩 砂质泥岩 碳质泥岩 粉砂岩 砂岩	泥岩 砂质泥岩 碳质泥岩 粉砂岩 砂岩	不稳定	局部可采
太原组	$9^{\#}$	0.00~5.79 2.03	41.97~92.95 62.73	0~4	简单—复杂	泥岩 砂质泥岩 砂岩 粉砂岩 碳质泥岩	泥岩 砂质泥岩 细砂岩 粉砂岩 碳质泥岩	较稳定	局部可采
太原组	$15^{\#}$	0.00~7.00 3.29	1.30~35.12 8.48	0~5	简单—复杂	石灰岩 泥岩 砂质泥岩 碳质泥岩 砂岩 粉砂岩	泥岩 砂质泥岩 碳质泥岩 粉砂岩 中砂岩 细砂岩	稳定	大部分可采
太原组	$15^{\#}_{下}$	0.00~4.72 1.35		0~4	简单—复杂	泥岩 砂质泥岩 粉砂岩 细砂岩 中砂岩 碳质泥岩	泥岩 砂质泥岩 粉砂岩 砂岩 铝质泥岩 碳质泥岩	不稳定	局部可采

主要为泥岩、砂质泥岩、细砂岩、粉砂岩、碳质泥岩。9#煤层属局部可采的较稳定中厚煤层，也为现采煤层。

3）15#煤层

位于太原组下段顶部，上距9#煤层41.97～92.95m，平均62.73m，煤层厚0.00～7.00m，平均3.29m，属中厚煤层，其可采性指数为0.91，厚度变异系数为44%，但该煤层除在矿区东部因以往施工的P69、P70、P75、P76、P80、P86、P99、61、63钻孔达不到可采厚度而圈定了一片不可采区域外，其余部分均为可采煤层，故本次分析其为大部可采的稳定煤层，含0～5层夹矸，结构简单—复杂，顶板主要为石灰岩、泥岩、砂质泥岩、碳质泥岩、砂岩、粉砂岩；底板主要为泥岩、砂质泥岩、碳质泥岩、粉砂岩、中砂岩、细砂岩。15#煤层属大部分可采的稳定中厚煤层，但未开采。

4）$15^{\#}_{下}$煤层

位于太原组下段中部，上距15#煤层1.30～35.12m，平均8.48m，煤层厚0.00～4.72m，平均1.35m，属薄—厚煤层，其可采性指数为0.68，厚度变异系数为56%，为局部可采的不稳定煤层，一般含0～4层夹矸，局部5层，结构简单—复杂，顶板主要为泥岩、砂质泥岩、粉砂岩、细砂岩、中砂岩和碳质泥岩；底板主要为泥岩、砂质泥岩、粉砂岩、砂岩、铝质泥岩、碳质泥岩。$15^{\#}_{下}$煤层属局部可采的不稳定薄—厚煤层，但未开采。

4.2 新元矿区主要煤层厚度预测

4.2.1 资料处理及反演实施

阳泉矿区普遍赋存两组近距离煤层，即位于太原组的8#和9#煤层，以及15#和$15^{\#}_{下}$煤层。准确地预测近距离煤层的空间分布特征，对于合理地布置巷道，确保煤层安全开采，提高煤层回采率，具有非常重要的意义。

针对新元矿区目的煤层15#和$15^{\#}_{下}$煤层，层间距小，常规地震数据无法分辨的技术难题，提出了近距离煤层分叉合并的空间定位方法，通过测井约束波阻抗反演得到波阻抗数据体，对各煤层顶底界面进行精细刻画，实现对煤层分叉合并空间位置的准确预测，提高近距离煤层的空间分辨率。

4.2.1.1 3#煤层厚度分布及空间分布

通过对矿区内9口钻井进行统计，3#煤层平均厚度为2.10m，煤层结构简单，在全区内均有分布，厚度稳定。3#煤层在P32测井处出现最小值，为1.09m，在补1测井处出现最大值，为2.53m，见表4.2。

表 4.2　3#煤层厚度测井资料统计表

井名	3#煤层厚度/m
补 1	2.53
补 2	2.40
P27	2.42
P28	2.02
P32	1.09
P33	2.09
P38	2.14
P39	1.70
P44	2.48

4.2.1.2　9#煤层厚度分布及空间分布

通过对 9 口钻井进行统计，9#煤层平均厚度为 4.11m，煤层结构简单，在全区内均有分布，厚度稳定。9#煤层在补 2 测井处出现最小值，为 2.56m，在 P33 测井处出现最大值，为 5.79m，见表 4.3。

表 4.3　9#煤层厚度测井资料统计表

井名	9#煤层厚度/m
补 1	3.02
补 2	2.56
P27	4.23
P28	3.60
P32	4.65
P33	5.79
P38	4.22
P39	4.80
P44	4.03

4.2.1.3　15#和 $15^{\#}_{下}$煤层厚度分布及空间分布

通过对 9 口钻井进行统计，15#煤层平均厚度为 4.32m，煤层结构简单，厚度稳定。15#煤层在补 2 测井处出现最小值，为 3.51m，在 P39 测井处出现最大值，为 5.63m，见表 4.4。15#煤层在全区内均有分布，且分布比较均匀。

表 4.4　$15^{\#}$和$15^{\#}_{下}$煤层厚度测井资料统计表

井名	$15^{\#}$煤层厚度/m	$15^{\#}_{下}$煤层厚度/m
补 1	3.94	1.95
补 2	3.51	1.59
P27	3.66	0.70
P28	4.15	0.66
P32	4.25	1.58
P33	4.82	2.20
P38	4.77	1.97
P39	5.63	2.08
P44	4.19	1.15

$15^{\#}_{下}$煤层位于$15^{\#}$煤层的下部，通过对 9 口钻井进行统计，$15^{\#}_{下}$煤层平均厚度为 1.54m，煤层结构简单，厚度较小。$15^{\#}_{下}$煤层厚度在 P28 测井处出现最小值，为 0.66m，在 P33 井处出现最大值，为 2.20m，其煤层厚度数据见表 4.4。$15^{\#}_{下}$煤层在全区内均有分布，但厚度较薄。

新元矿区内井孔数量较少，但在全区分布比较均匀，能够有效地减少反演的多解性，如图 4.4 所示。

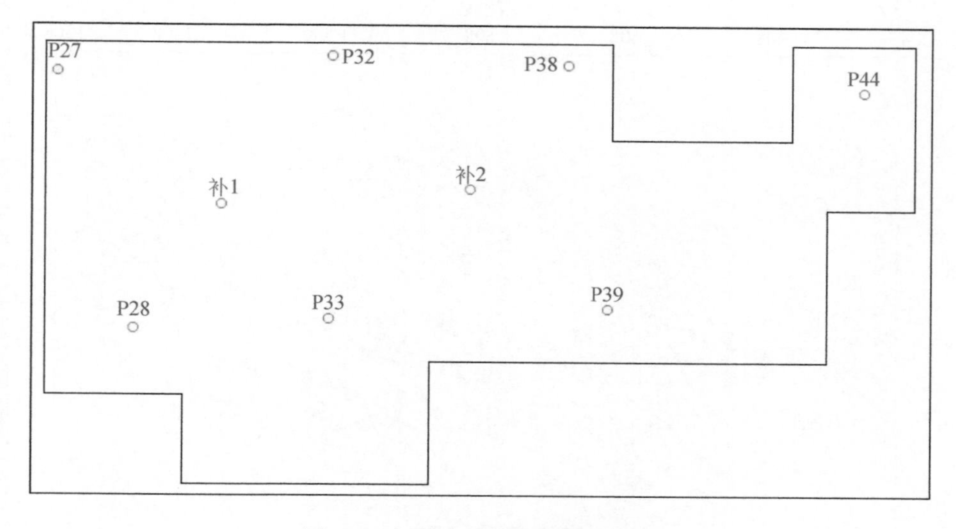

图 4.4　新元矿区钻孔平面分布图

4.2.2　反演结果分析与评价

4.2.2.1　基于波阻抗反演预测 $3^{\#}$和 $9^{\#}$煤层厚度分布

通过波阻抗反演，得到波阻抗数据体，再通过对波阻抗剖面（图 4.5）低值（绿色）

部分进行追踪，得到3#煤层波阻抗反演厚度图，如图4.6所示。

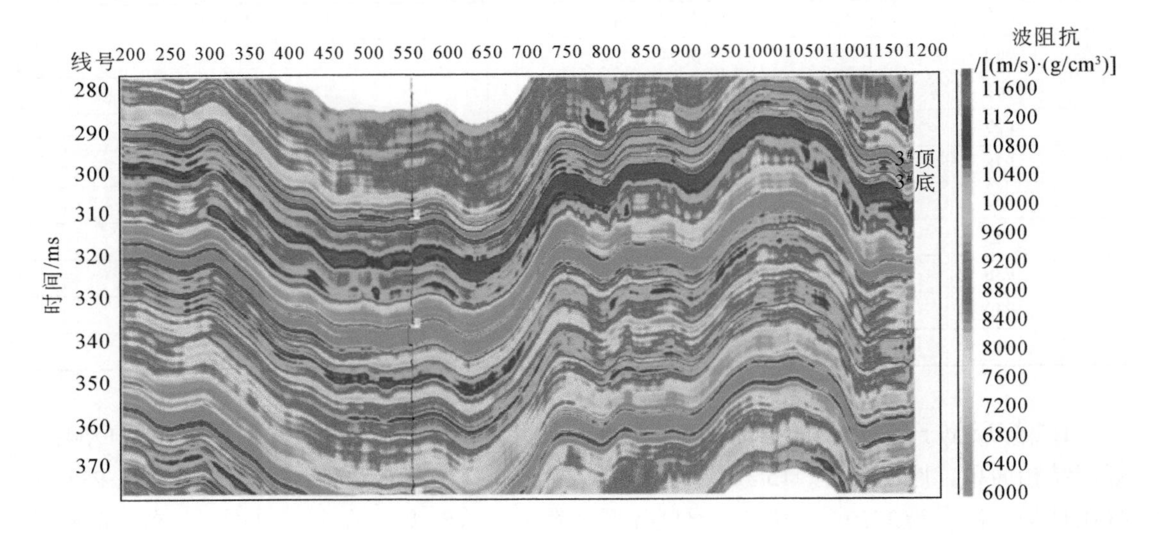

图4.5　3#煤层波阻抗反演剖面图

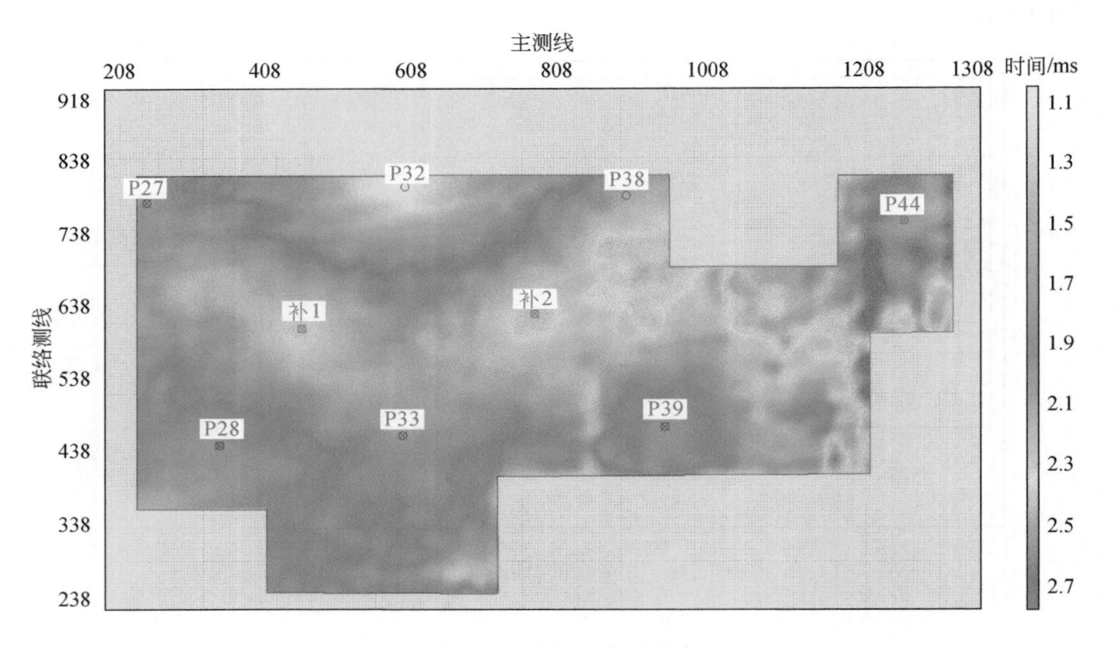

图4.6　3#煤层波阻抗反演时间域厚度图

通过波阻抗反演，得到波阻抗数据体，再通过对波阻抗剖面（图4.7）低值（绿色）部分进行追踪，得到9#煤层波阻抗反演厚度图，如图4.8所示。

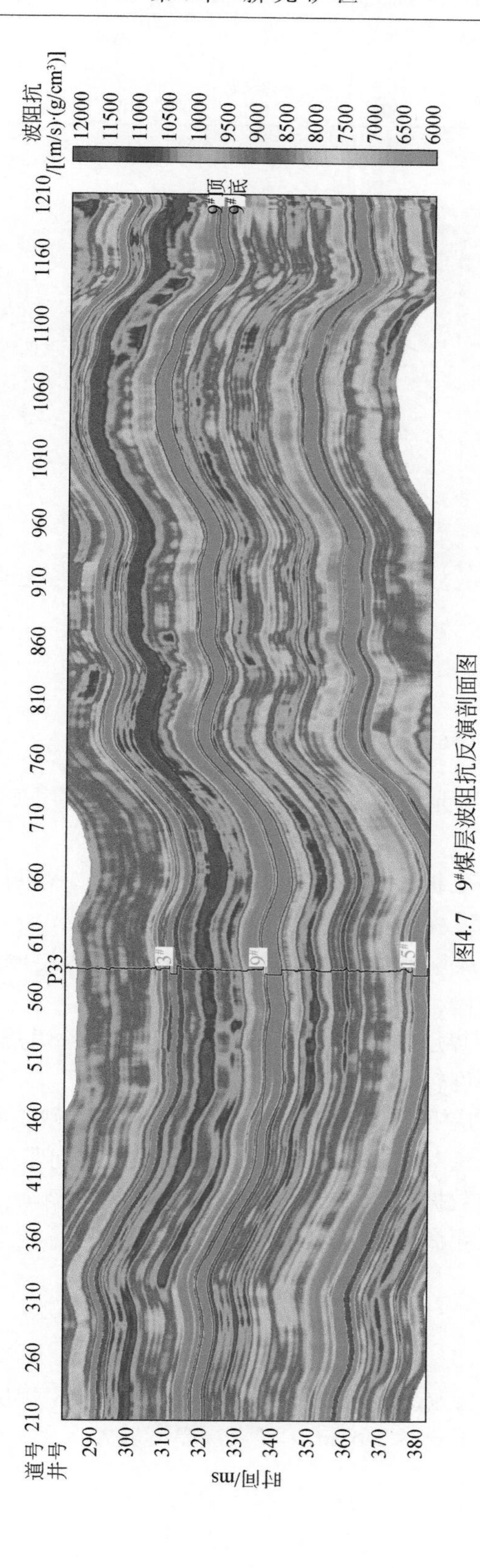

图4.7　9#煤层波阻抗反演剖面图

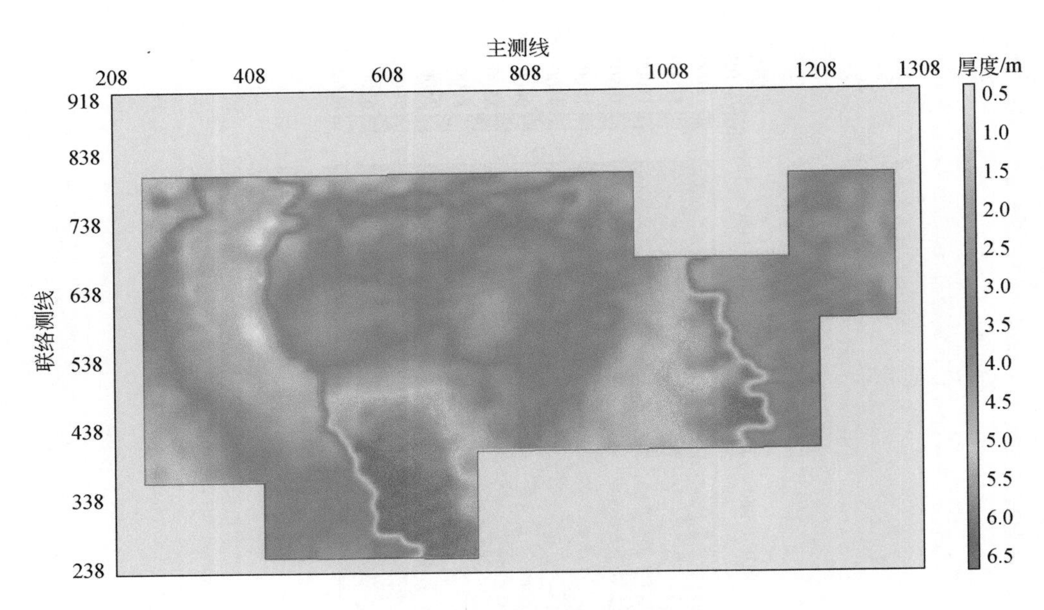

图 4.8　9#煤层波阻抗反演厚度图

4.2.2.2　基于波阻抗反演预测 15#和 $15^{\#}_{下}$煤层厚度分布

以波阻抗数据体为主，地震数据为辅，进行 15#和 $15^{\#}_{下}$煤层顶底板层位追踪，如图 4.9 和图 4.10 所示。

根据煤层顶板层位和底板层位，通过时深转换可以进一步得到煤层厚度图。图 4.11 和图 4.12 分别为 15#和 $15^{\#}_{下}$煤层厚度。

由图 4.11 可见，15#煤层整体厚度较厚。在矿区西部煤层厚度比较薄，在 3m 左右，而在矿区东南部，煤层较厚，在 5.5m 左右。

由图 4.12 可见，$15^{\#}_{下}$煤层整体厚度较薄。在矿区中南部煤层厚度较厚，在 3.20m 左右，在矿区西南部煤层厚度较薄，在 0.20m 左右。

15#与 $15^{\#}_{下}$煤层的平均层间距为 4.22m，且大多为泥岩、砂质泥岩。对于这样近距离的煤层，在地震剖面上是无法分辨的。针对 15#与 $15^{\#}_{下}$煤层层间距近的问题，采用测井约束波阻抗反演得到的波阻抗数据体，对煤层顶底界面进行精细刻画，实现对分叉煤层空间位置的准确定位，提高了近距离煤层的空间分辨率。

4.2.3　煤厚预测

图 4.13 ~ 图 4.15 分别为新元矿区内 3#煤层、9#煤层、15#煤层的厚度预测图，可以看出，3#煤层厚度最小，为 1.09 ~ 2.53m，15#煤层厚度最大，为 3.51 ~ 5.63m。

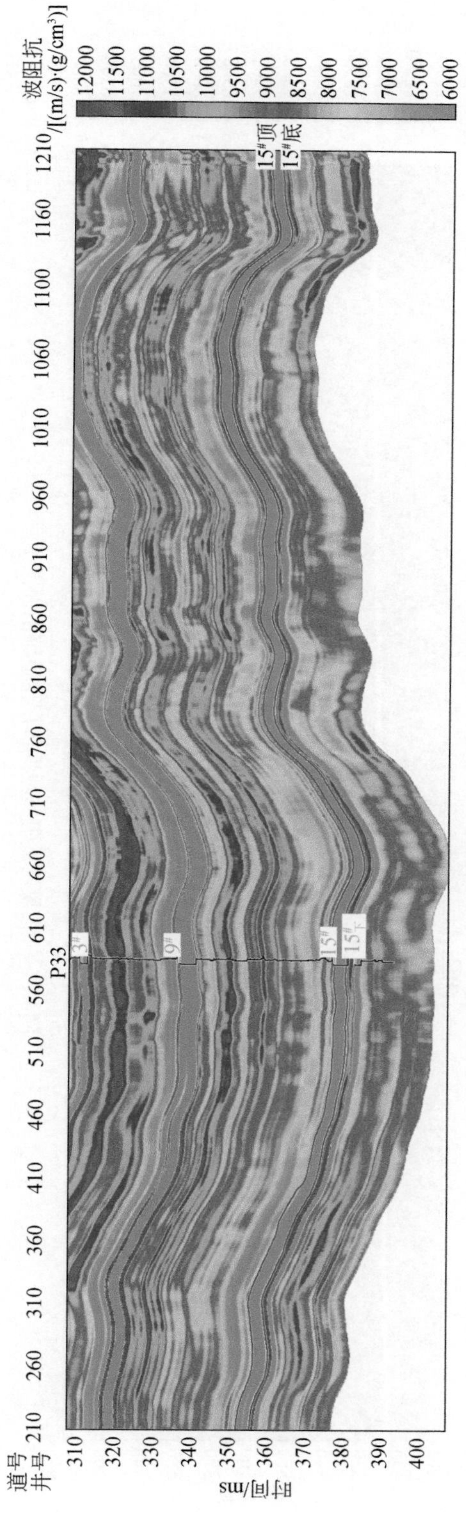

图4.9 15#煤层波阻抗数据体层位追踪剖面图

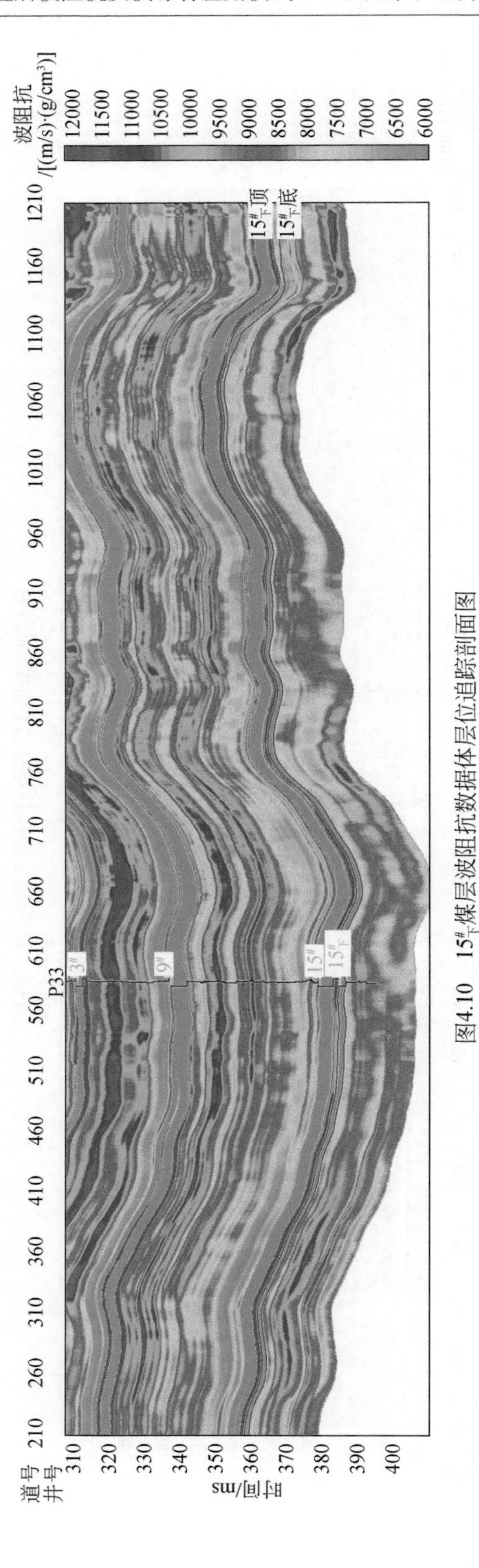

图4.10　$15_{下}^{\#}$煤层波阻抗数据体层位追踪剖面图

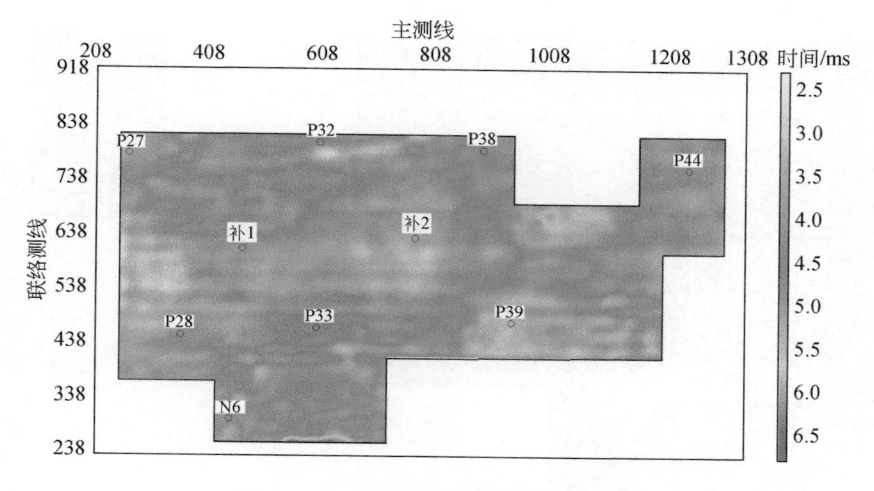

图4.11 15#煤层时间域的厚度分布图

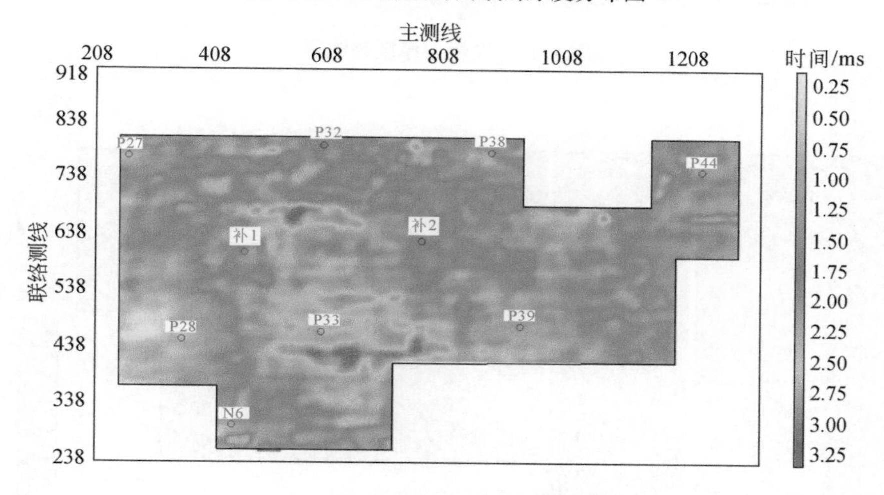

图4.12 $15^{\#}_{下}$煤层时间域的厚度分布图

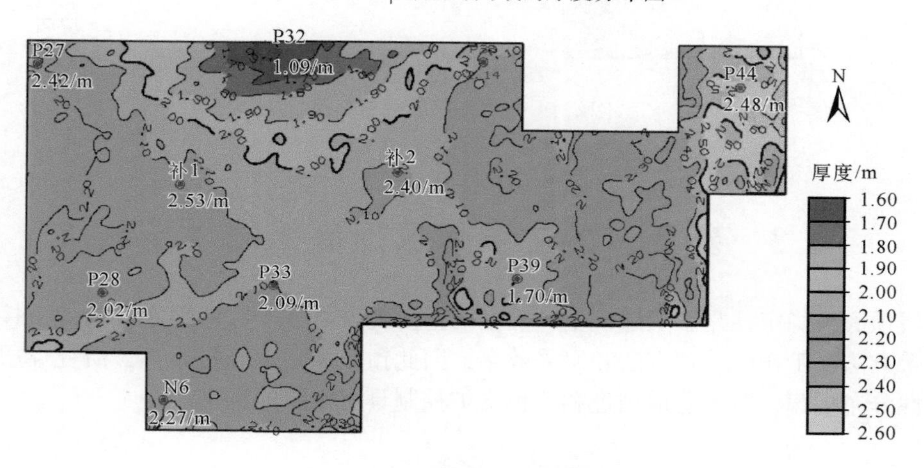

图4.13 3#煤层厚度预测图

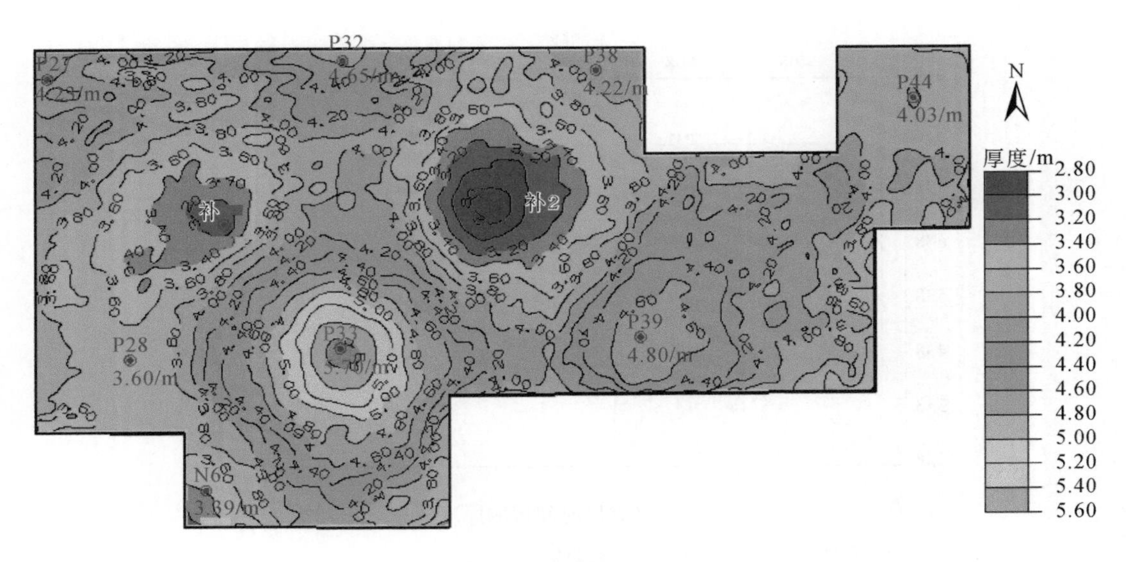

图 4.14　9#煤层厚度预测图

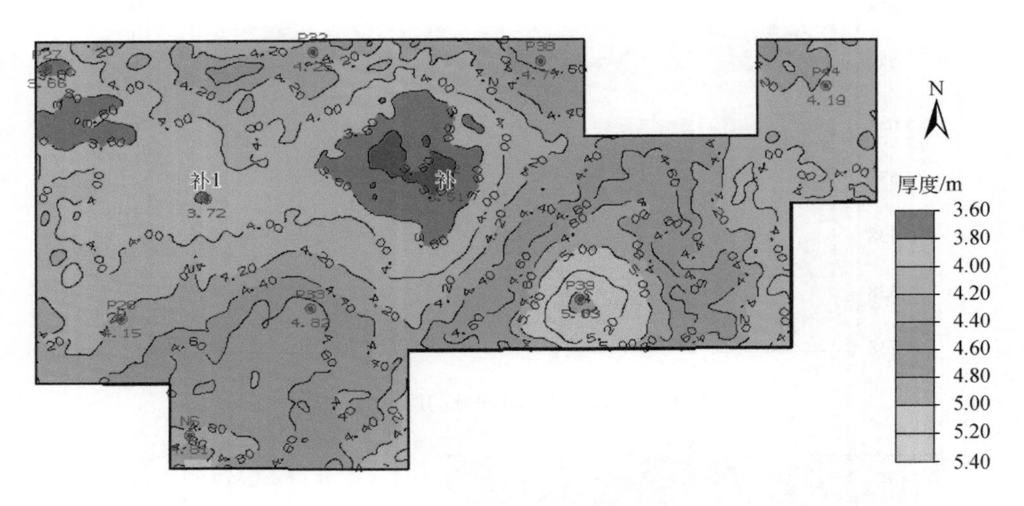

图 4.15　15#煤层厚度预测图

4.3　新元矿区主要煤层顶底板岩性预测

煤层顶底板稳定性是影响煤矿生产安全的重要因素之一。煤层顶底板岩性直接影响着煤层回采方法、工作面管理方法和回采效率，因此预测煤层顶底板岩性，研究煤层及其顶底板岩性分布规律，对于巷道掘进和顶板支护控制具有重要的意义。

4.3.1　资料处理及反演实施

4.3.1.1　测井曲线预处理

用自然伽马曲线和声波曲线合成的拟声波曲线（图4.16），与原声波曲线及测井地层

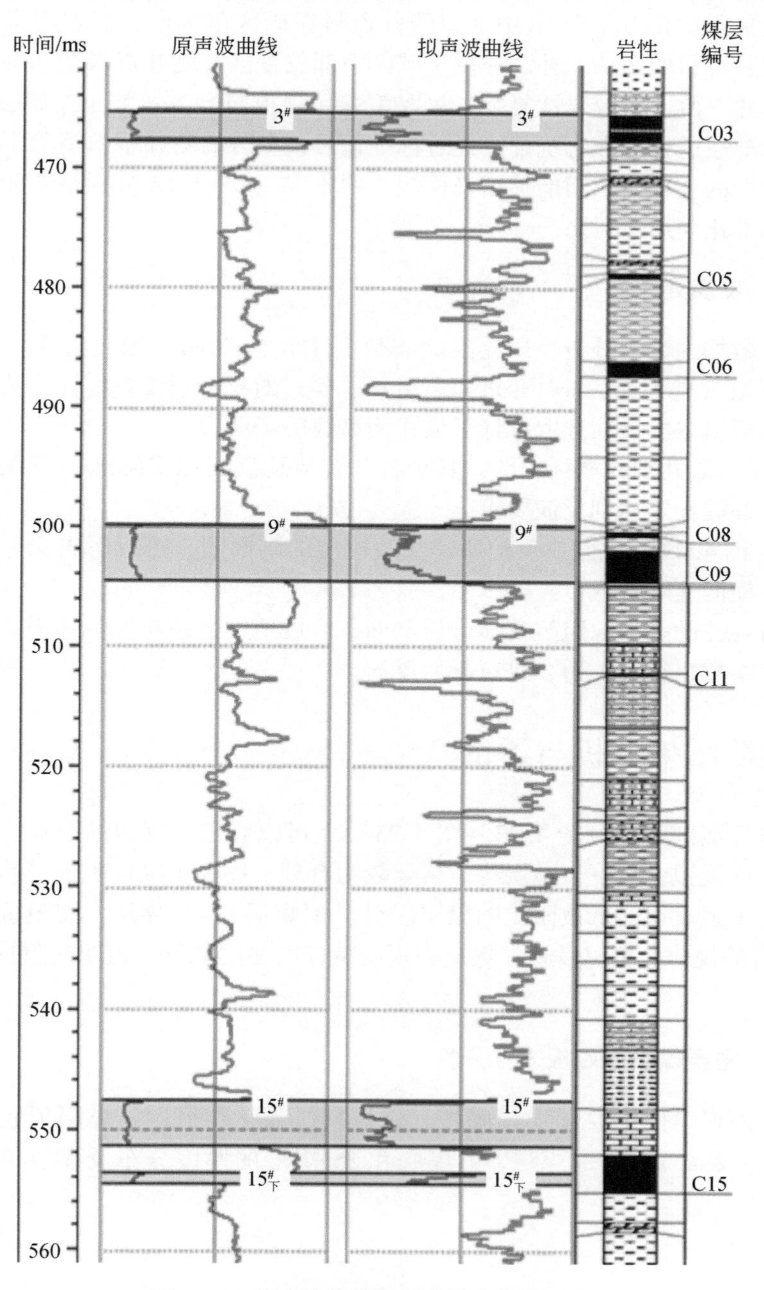

图4.16　拟声波曲线与原声波曲线对比图

岩性剖面对比可以看出，拟声波曲线能很好地反映钻井地层岩性的纵向变化，曲线上砂泥岩岩性特征十分清楚。特别是在原声波曲线不能反映岩性变化的井段，拟声波曲线更是显示出其优点。

从用拟声波曲线制作的合成地震记录进行的层位标定结果来看，合成地震记录与井旁地震道具有很好的对应关系。从用拟声波曲线得到的基于模型的宽带约束波阻抗反演剖面上看，剖面岩性特征明显，与测井吻合好，反演结果分辨率高。

本次共收集到钻孔 10 个，其中 9 口测井资料在矿区范围内，能够用来进行反演。根据对钻井和测井资料的统计，补 2 井位于矿区中部位置且其测井资料全面准确，所以选取补 2 井为标准井。由于矿区岩性复杂，故取 $3^{\#}$煤层顶板向上 20m 到 $15^{\#}_{下}$煤层顶板向下 10m 的岩性作为标准层进行标准化统计。经过标准化后，全区的测井基本消除了外部因素的影响，只反映岩性的变化，因而能够用来反演。图 4. 17 和图 4. 18 分别是新元矿区密度和自然伽马曲线标准化前后的对照。

4. 3. 1. 2　反演处理

通过地震数据的频谱分析，研究区地震数据主频为 50Hz，因此雷克子波的主频也取 50Hz。分别提取雷克子波、统计子波进行分析，经过对比分析发现统计子波相关系数要高于雷克子波，所以本次反演选取统计子波作为最终的子波。

图 4. 19 是 P28 井的井震标定图，其余各井合成地震道和实际地震道在各个煤层上相关系数较高，井震标定达到反演要求。

图 4. 20 ~ 图 4. 22 是波阻抗反演所建初始模型的剖面图，可以看出测井曲线和模型道吻合程度高，横向连续性强。

通过分析各井的叠后波阻抗反演分析剖面，合成地震记录与实际地震记录的匹配误差非常小，相关系数也很高，适合进行叠后反演。

4. 3. 2　反演结果分析与评价

从波阻抗反演剖面图（图 4. 23 ~ 图 4. 25）上可以看出，反演结果在一定程度上拓宽了地震频带，曲线拟合较好，地层构造格架较为合理，提高了纵向上的分辨率，反演剖面很好地区分出了强反射、低波阻抗的煤层。对于 $3^{\#}$煤层到 $15^{\#}$煤层，波阻抗分布呈现出煤层<砂岩<泥岩的规律。可以发现，煤层表现为特征明显的低值，说明波阻抗反演能够区分煤层与砂岩。

4. 3. 2. 1　主要煤层顶底板岩性分析

根据钻孔对矿区内主要煤层顶底板岩性进行统计，获得主要煤层顶底板岩性分布特征，见表 4. 5 ~ 表 4. 7，对 $3^{\#}$煤层、$9^{\#}$煤层和 $15^{\#}$煤层的厚度分布及煤层顶底板岩性进行分析。

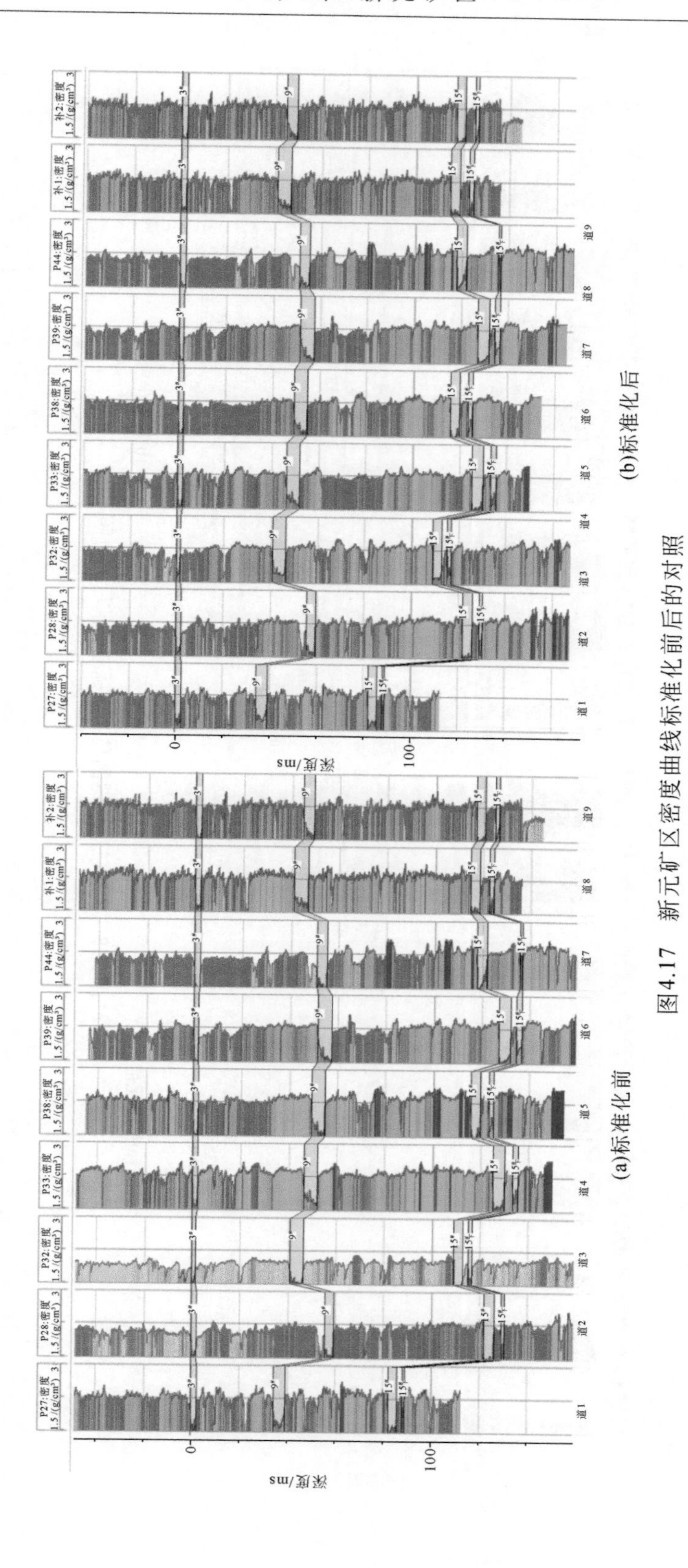

(a)标准化前

(b)标准化后

图4.17　新元矿区密度曲线标准化前后的对照

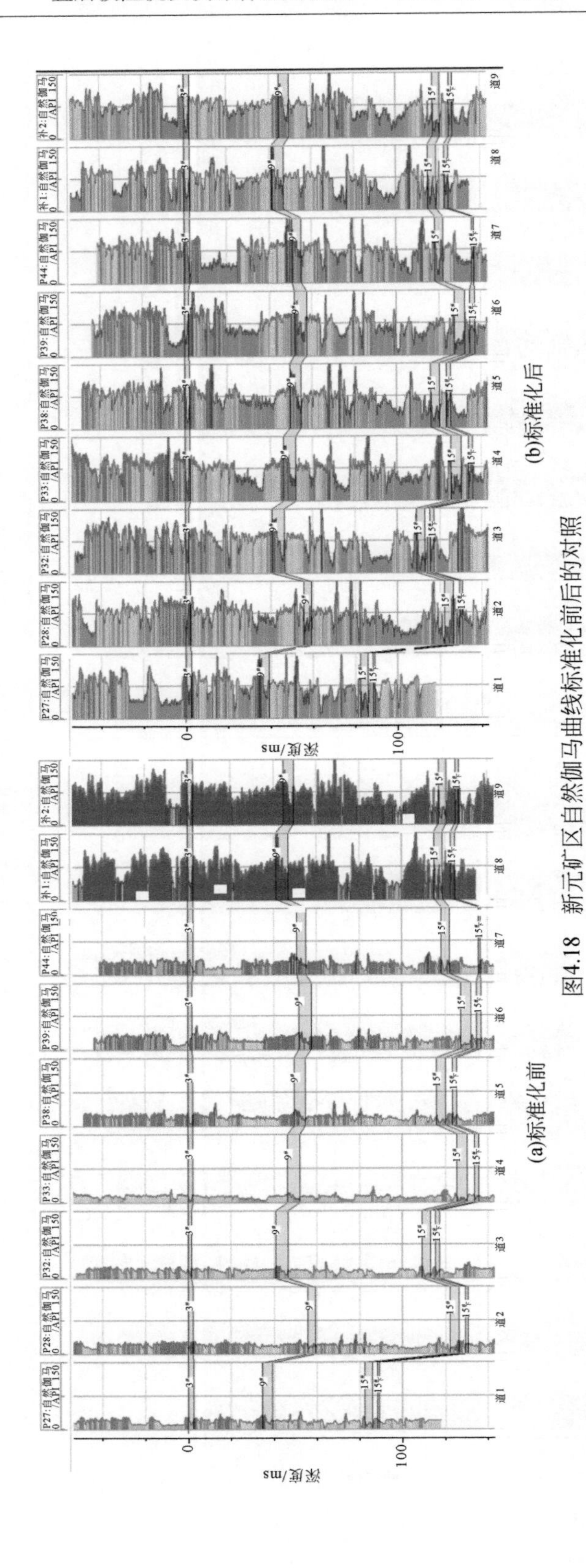

图4.18　新元矿区自然伽马曲线标准化前后的对照

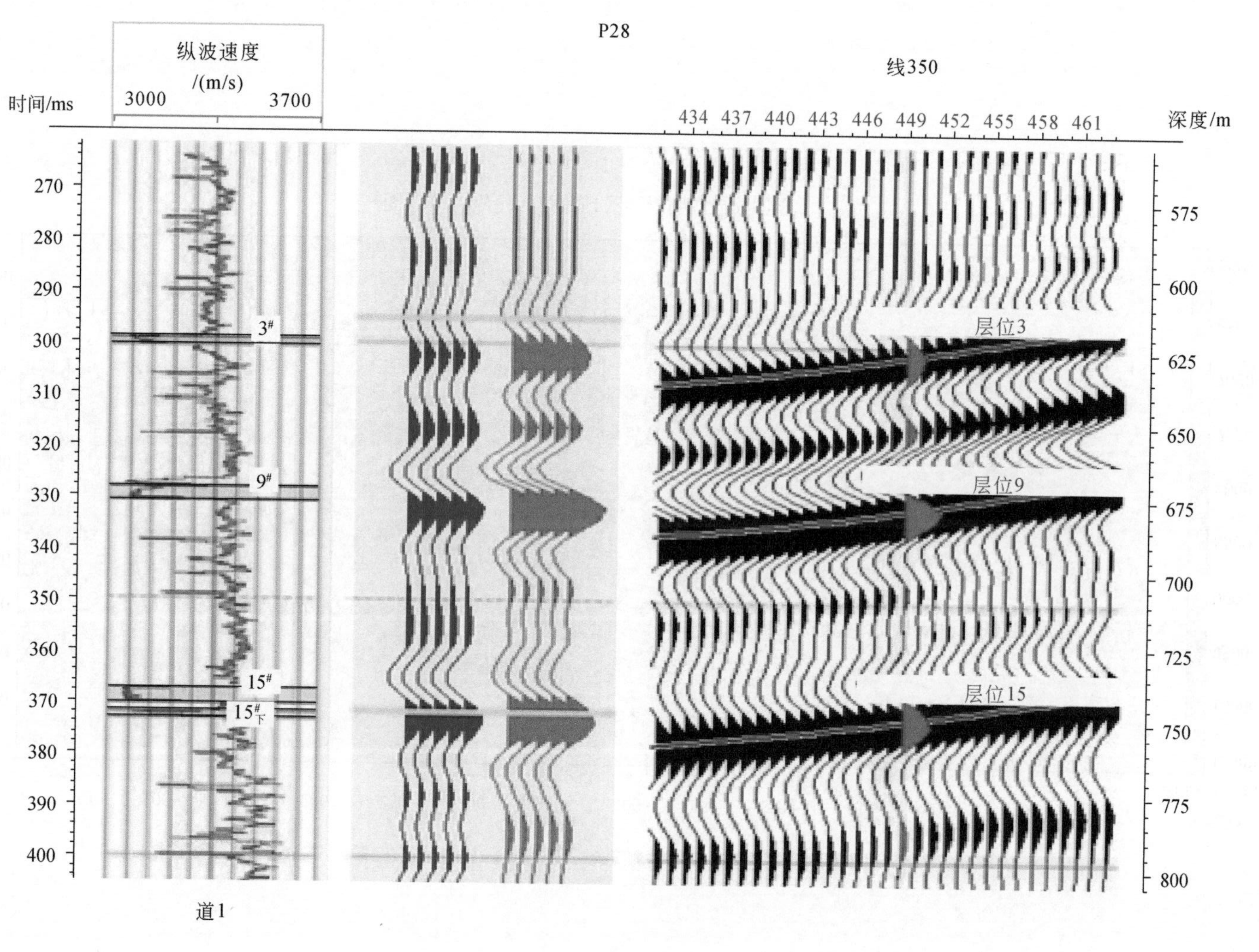

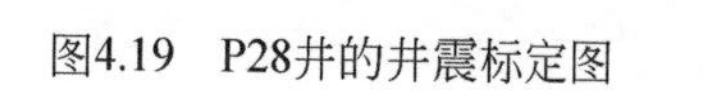

图4.19　P28井的井震标定图

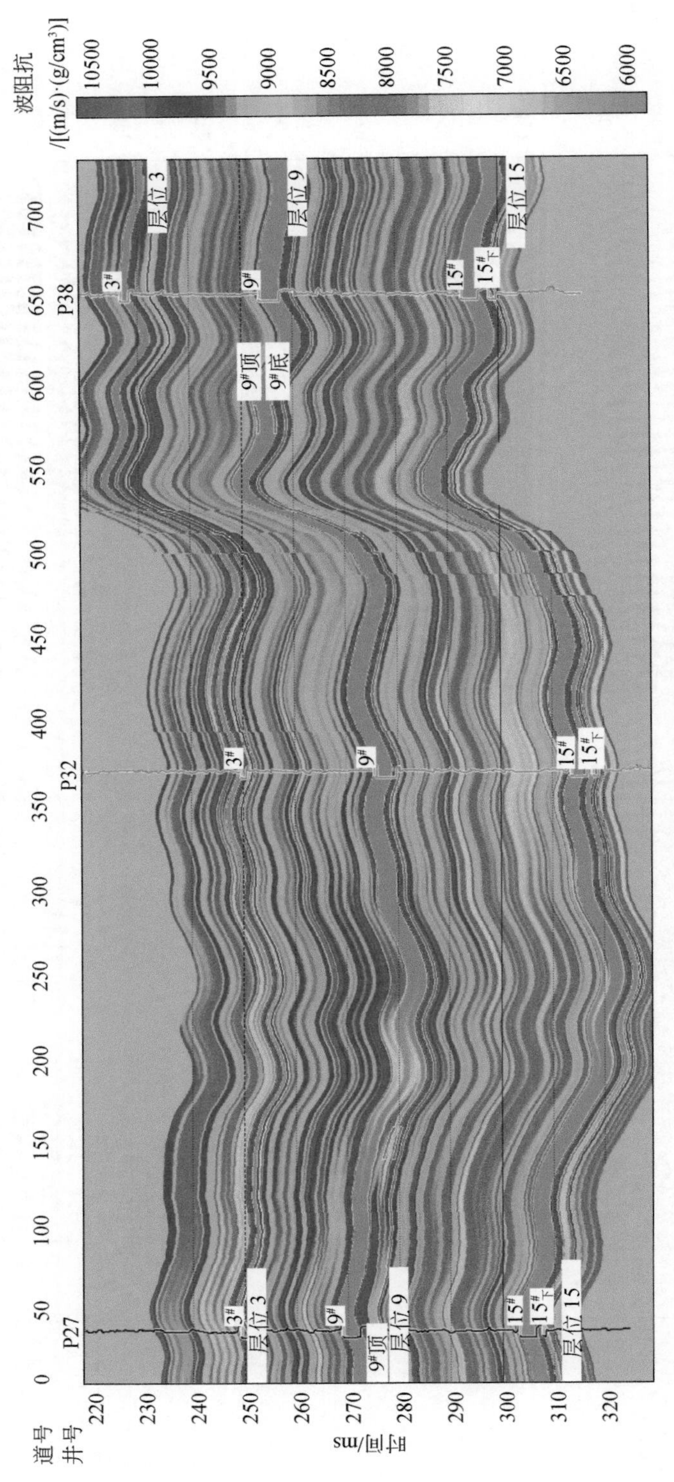

图4.20　煤层连井剖面1三维初始模型剖面图

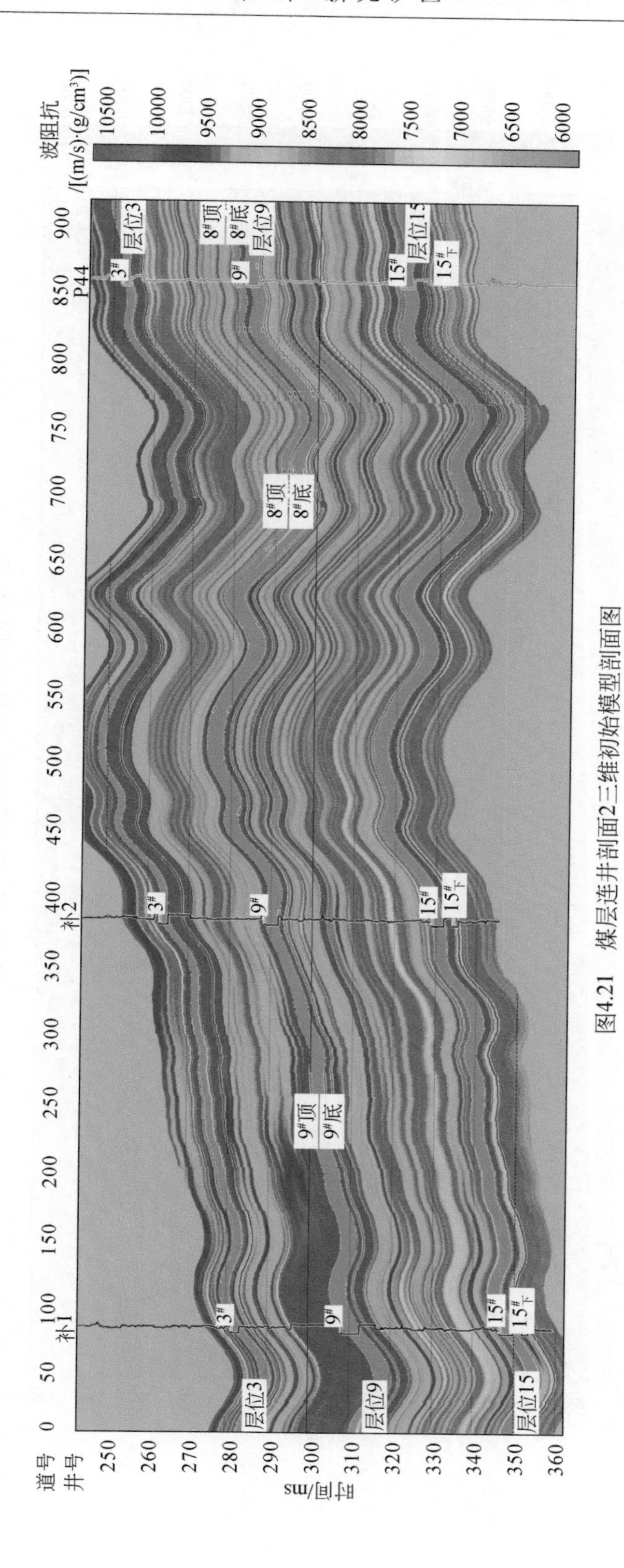

图4.21 煤层连井剖面2三维初始模型剖面图

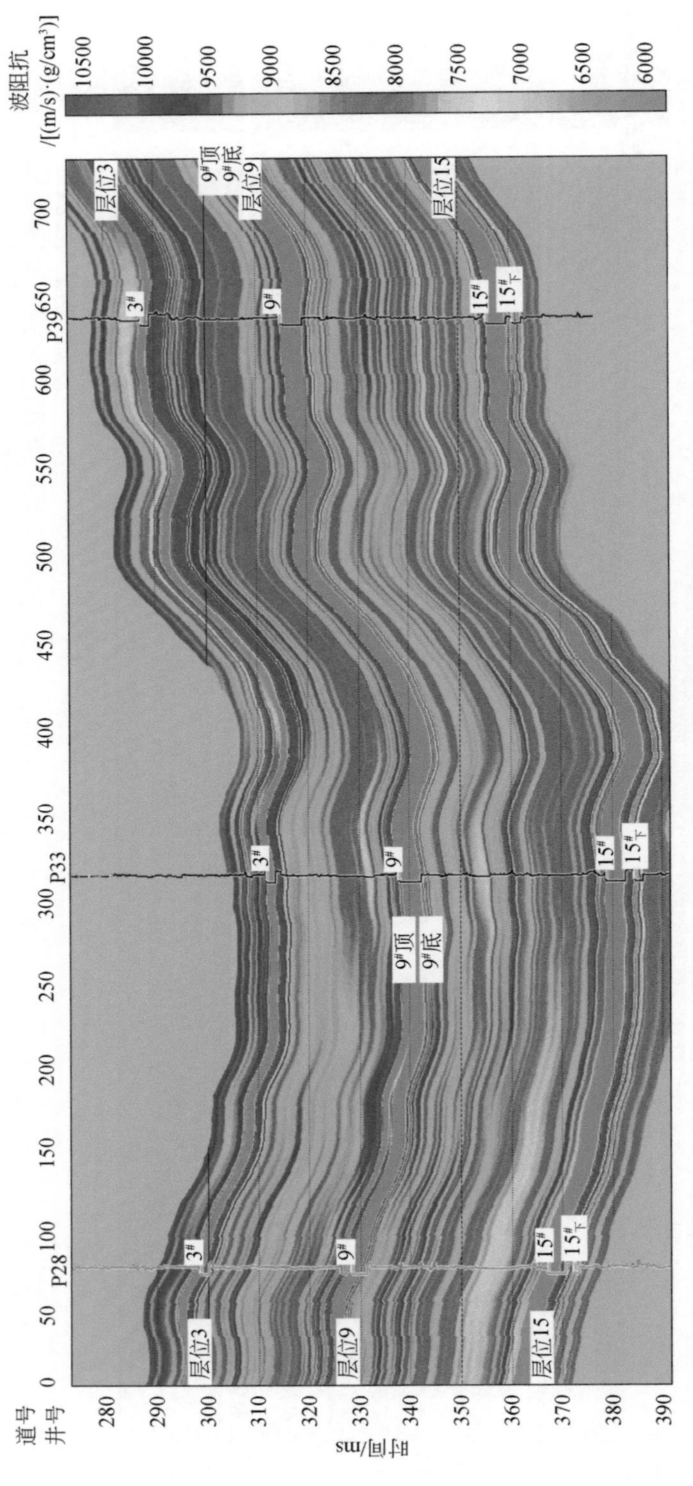

图4.22　煤层连井剖面3三维初始模型剖面图

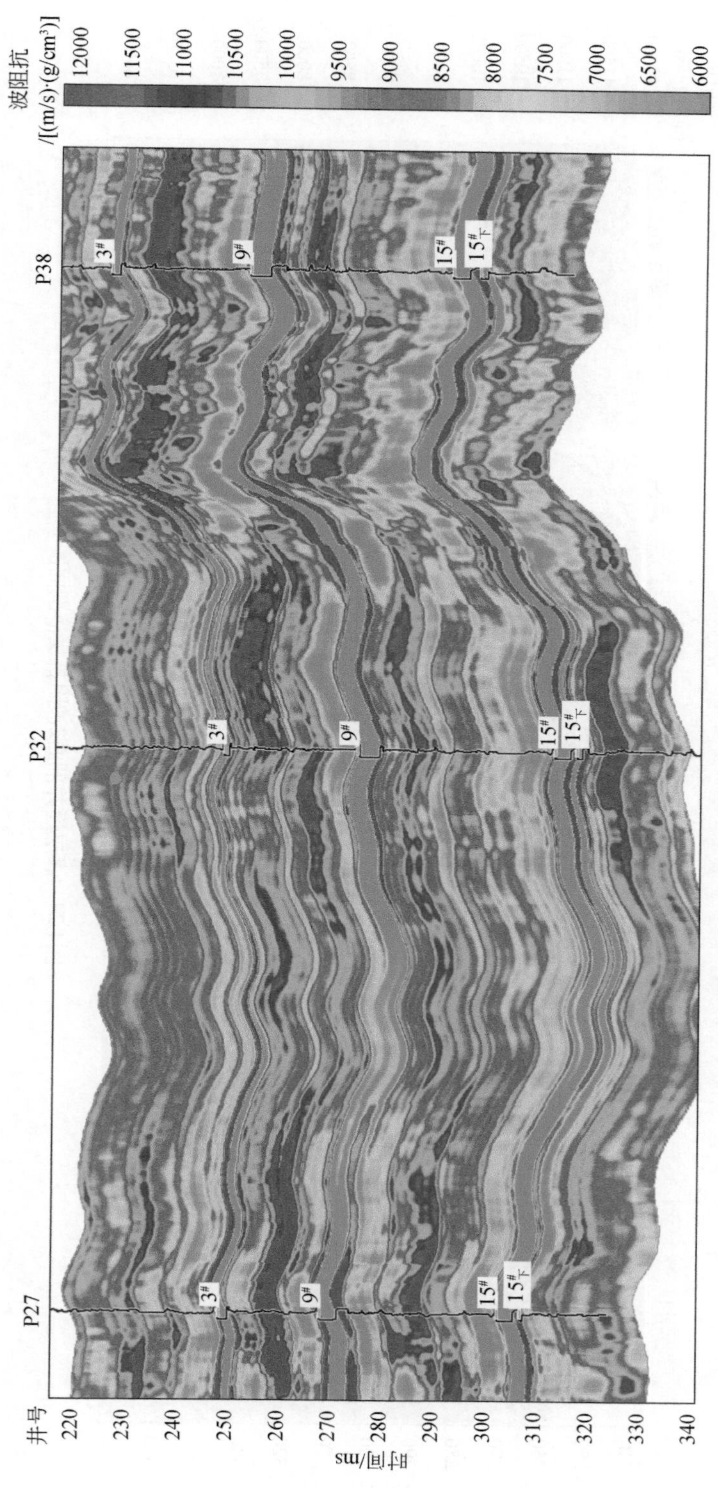

图4.23 煤层连井剖面1波阻抗反演剖面图

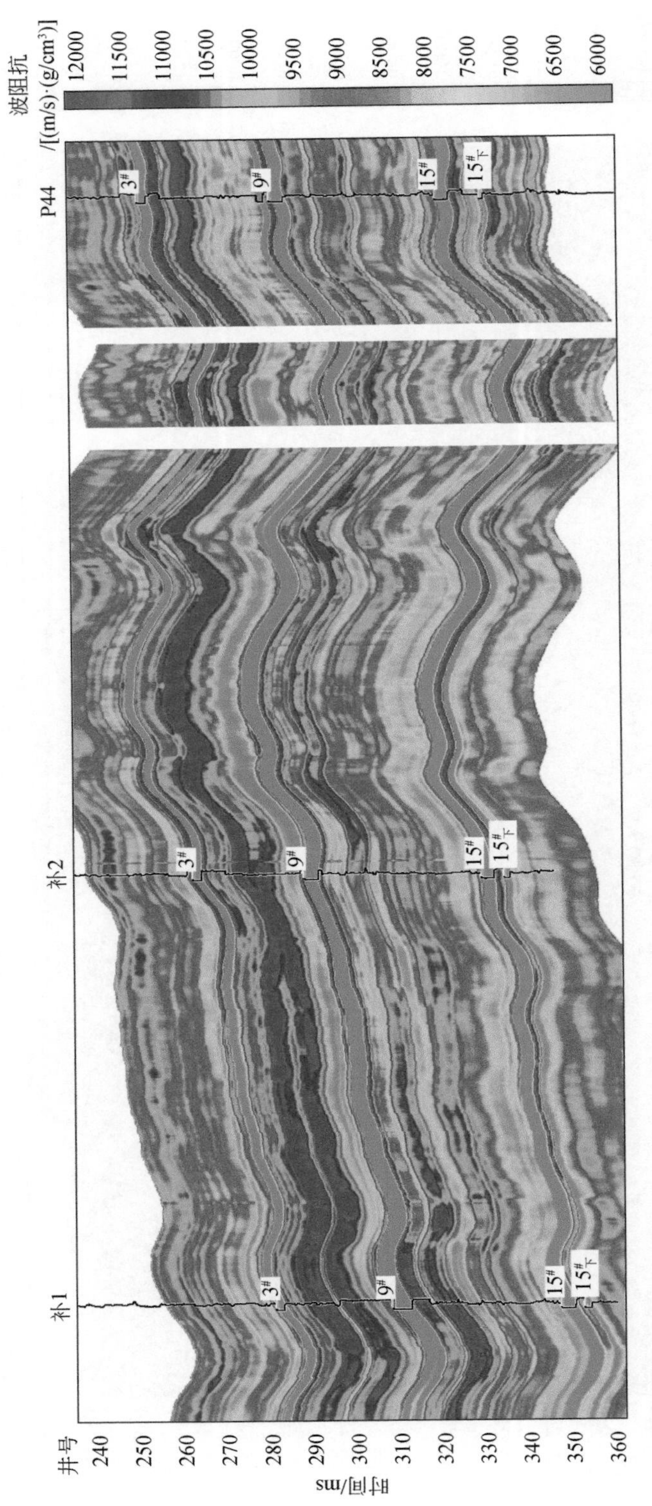

图4.24　煤层连井剖面2波阻抗反演剖面图

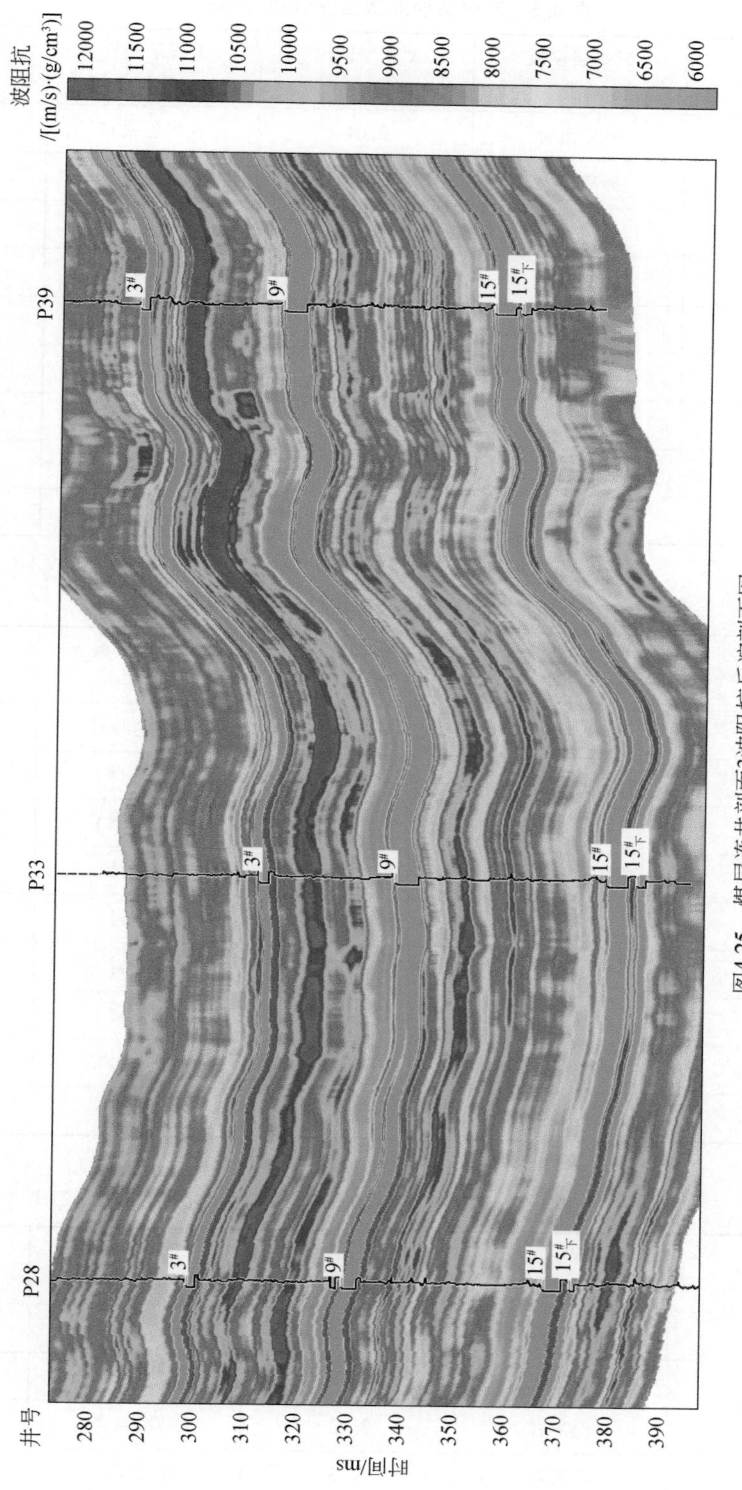

图4.25 煤层连井剖面3波阻抗反演剖面图

表 4.5　3#煤层顶底板岩性分析分布表

井名	3#煤层顶板岩性	3#煤层顶板厚度/m	3#煤层底板岩性	3#煤层底板厚度/m
P27	砂质泥岩	2.04	灰黑色泥岩	0.6
P28	砂质泥岩	2.15	碳质泥岩（薄）	0.1
P32	泥岩	0.9	泥岩	0.9
P33	粉砂岩	5.26	砂质泥岩	2.05
P38	砂质泥岩	0.6	砂质泥岩	1
P39	粗砂岩	1.5	砂质泥岩	7.26
P44	泥岩	9.34	砂质泥岩	3.7
补1	粉砂岩	3.38	砂质泥岩	1.2
补2	粉砂岩	1.8	砂质泥岩	11.08

表 4.6　9#煤层顶底板岩性分析分布表

井名	9#煤层顶板岩性	9#煤层顶板厚度/m	9#煤层底板岩性	9#煤层底板厚度/m
P27	灰黑色泥岩	1.3	灰黑色泥岩	4.36
P28	泥岩	0.7	泥岩（薄）	0.25
P32	碳质泥岩	0.8	泥岩（薄）	0.28
P33	泥岩	1.75	粉砂岩	1.6
P38	碳质泥岩	1.09	细砂岩	4.04
P39	泥岩	0.4	粉砂岩	2.28
P44	泥岩	2.2	细砂岩	1.06
补1	砂质泥岩	10.35	砂质泥岩	7.55
补2	泥岩	6.99	砂质泥岩	9.4

表 4.7　15#煤层顶底板岩性分析分布表

井名	15#煤层顶板岩性	15#煤层顶板厚度/m	15#煤层底板岩性	15#煤层底板厚度/m
P27	石灰岩	3.43	粉砂岩	2.2
P28	石灰岩	1.56	泥岩（薄）	0.35
P32	泥灰岩	3.22	砂质泥岩	1.5
P33	石灰岩	1.13	碳质泥岩	1.01

续表

井名	15#煤层顶板岩性	15#煤层顶板厚度/m	15#煤层底板岩性	15#煤层底板厚度/m
P38	石灰岩	4.43	泥岩	0.65
P39	泥灰岩	1.52	粉砂岩	1.5
P44	石灰岩	1.45	砂质泥岩	2
补1	石灰岩	3.9	泥岩	1.16
补2	石灰岩	4.6	砂质泥岩	4.08

1）3#煤层

位于山西组中部，3#煤层厚度0.67～4.75m，平均2.56m，属中厚煤层。3#煤层顶板一般为泥岩、砂质泥岩、粉砂岩及细砂岩、中砂岩、粗砂岩，局部为碳质泥岩，底板主要为泥岩、砂质泥岩、细砂岩及粉砂岩、碳质泥岩，局部为粗砂岩。

2）9#煤层

9#煤层厚度较小，厚度为0～4.75m，分布较稳定，平均厚度为2.58m。9#煤层顶板主要为泥岩、砂质泥岩、粉砂岩、细砂岩、中砂岩、粗砂岩及碳质泥岩，底板主要为泥岩、砂质泥岩、细砂岩、粉砂岩，局部为碳质泥岩。

3）15#煤层

15#煤层厚度较厚，厚度为3.94～8.21m，分布稳定，平均厚度为6.14m。15#煤层顶板主要为石灰岩，局部为泥岩、砂质泥岩、粉砂岩、碳质泥岩及中砂岩、粗砂岩，底板主要为泥岩、砂质泥岩、碳质泥岩、粉砂岩，局部为中砂岩、细砂岩。

4.3.2.2 3#煤层顶底板岩性

图4.26为3#煤层自然伽马拟声波反演切片，综合对比各切片可以看出，图中的红黄色部分为低值，代表的岩性是砂岩；浅蓝色及蓝色部分为中值，代表的岩性是砂质泥岩；紫色部分为高值，代表的岩性是泥岩。

3#煤顶板的岩性中粉砂岩和砂质泥岩分布最为广泛，占到矿区的绝大部分，其次还分布有少量的泥岩。3#煤底板中砂质泥岩分布最为广泛，依次是砂岩、泥岩。通过与煤层顶底板岩性分布表对比，可以看出岩性分析与测井资料相符。

4.3.2.3 9#煤层顶底板岩性

图4.27为9#煤层自然伽马拟声波反演切片，综合对比各切片以及测井岩性统计，可以看出，图中的红黄色部分为低值，代表的岩性是砂岩；浅蓝色及蓝色部分为中值，代表的岩性是砂质泥岩；紫色部分为高值，代表的岩性是泥岩。

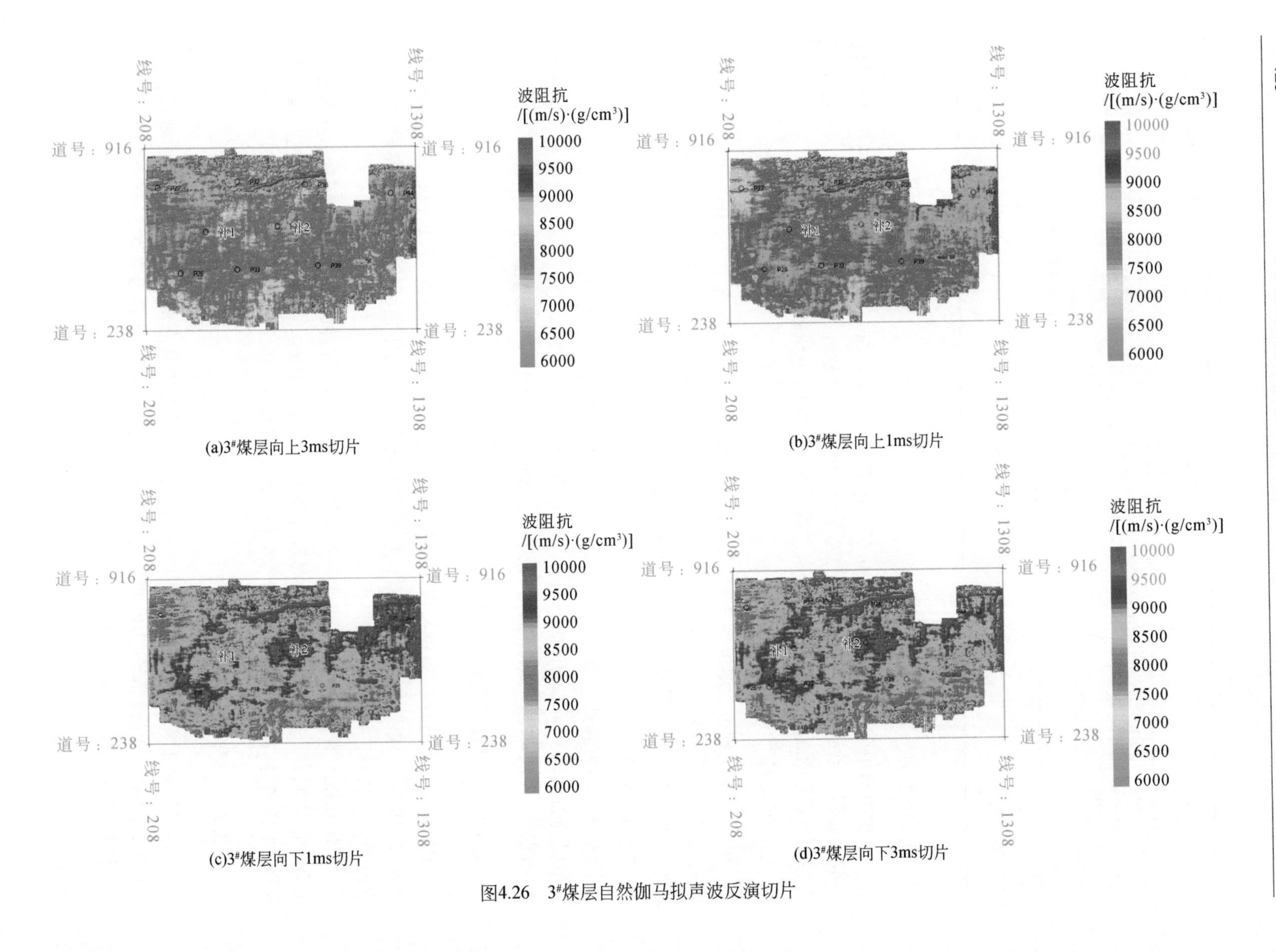

(a)3#煤层向上3ms切片

(b)3#煤层向上1ms切片

(c)3#煤层向下1ms切片

(d)3#煤层向下3ms切片

图4.26　3#煤层自然伽马拟声波反演切片

9#煤层顶板的主要岩性为泥岩，其次是砂质泥岩，而砂岩只在极少位置分布。9#煤层底板的细砂岩、粉砂岩分布最多，其次是砂质泥岩，还含有少量泥岩。通过与煤层顶底板岩性分布表对比，可以看出岩性分析与测井资料相符。

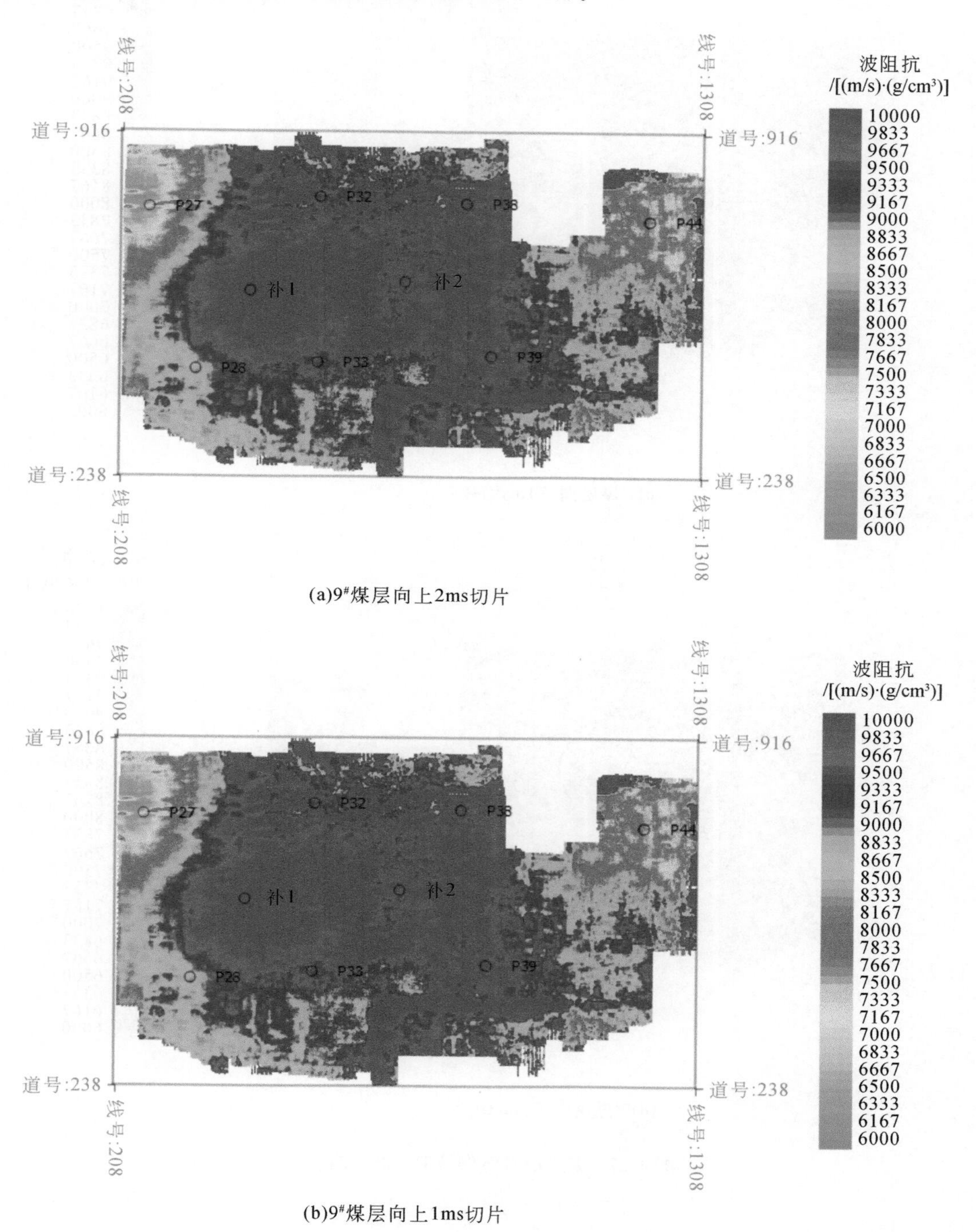

(a)9#煤层向上2ms切片

(b)9#煤层向上1ms切片

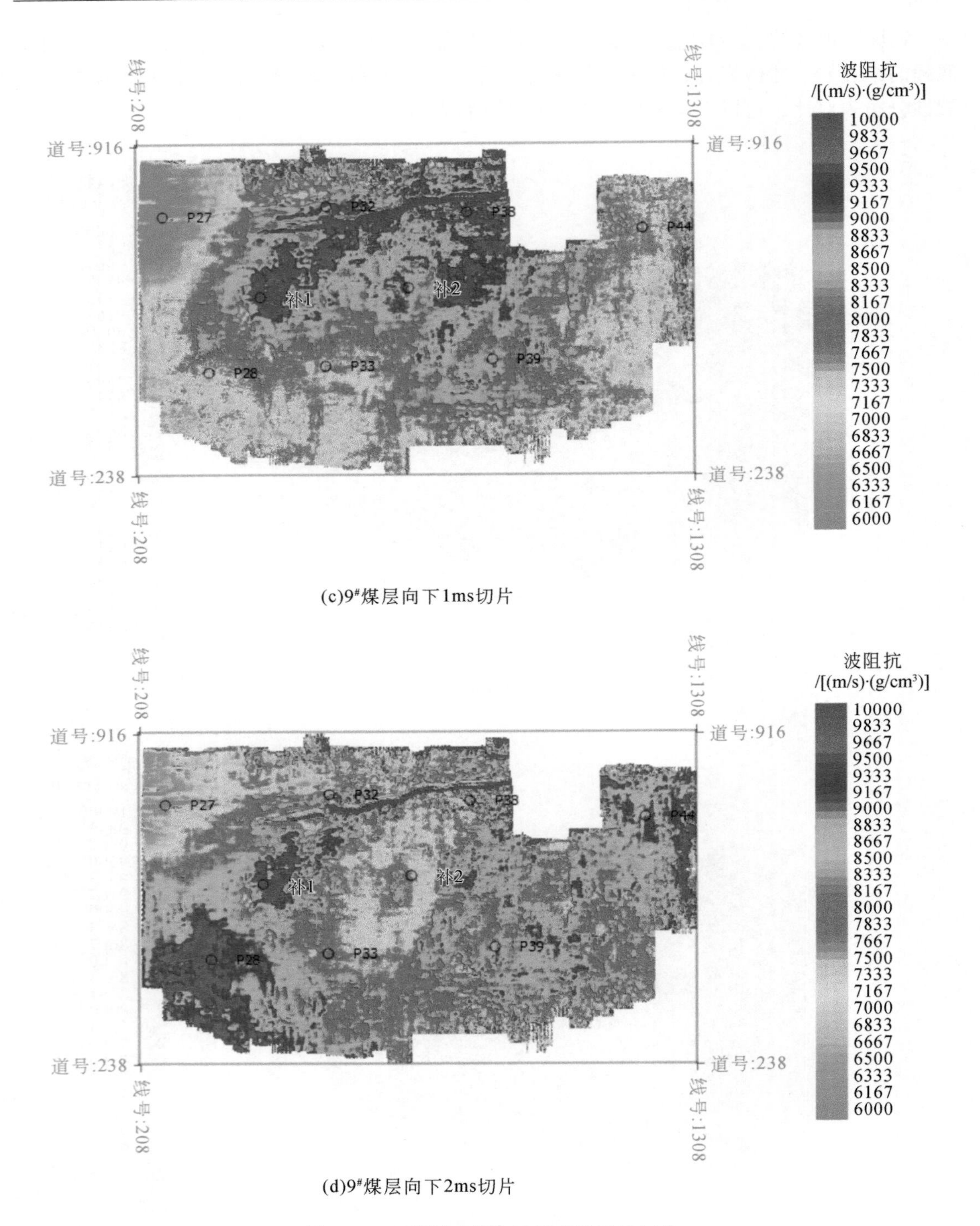

(c)9#煤层向下1ms切片

(d)9#煤层向下2ms切片

图 4.27　9#煤层自然伽马拟声波反演切片

4.3.2.4 15#和15#下煤层顶底板岩性

图4.28为15#和15#下煤层自然伽马拟声波反演切片，测井上15#煤层顶板岩性基本只有泥灰岩，在拟声波反演切片上低值及黄色部分代表石灰岩，从图4.28中可以看到15#煤层顶板岩性基本是石灰岩。15#煤层向下的红黄色部分为低值，代表的岩性是砂岩；浅蓝

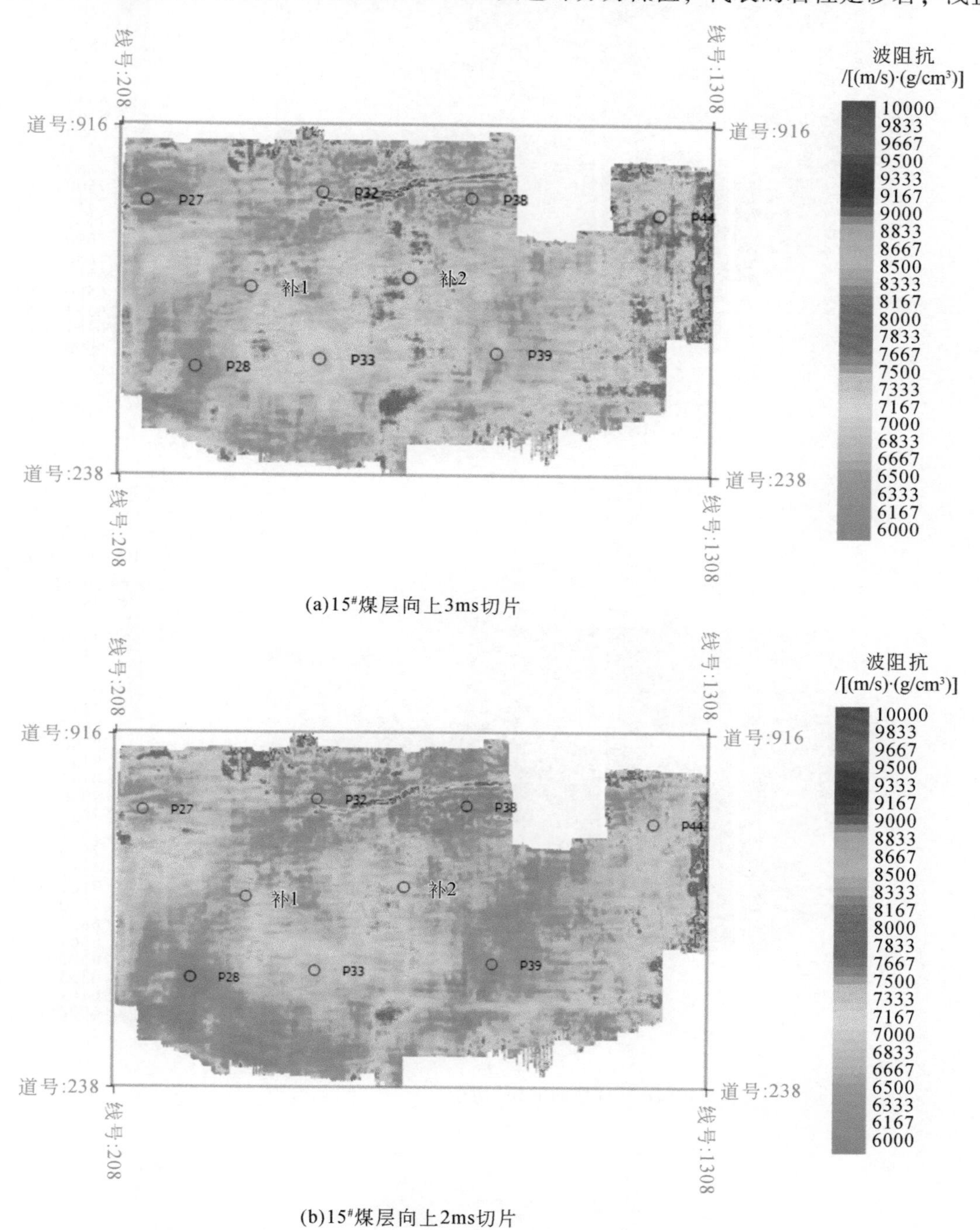

(a)15#煤层向上3ms切片

(b)15#煤层向上2ms切片

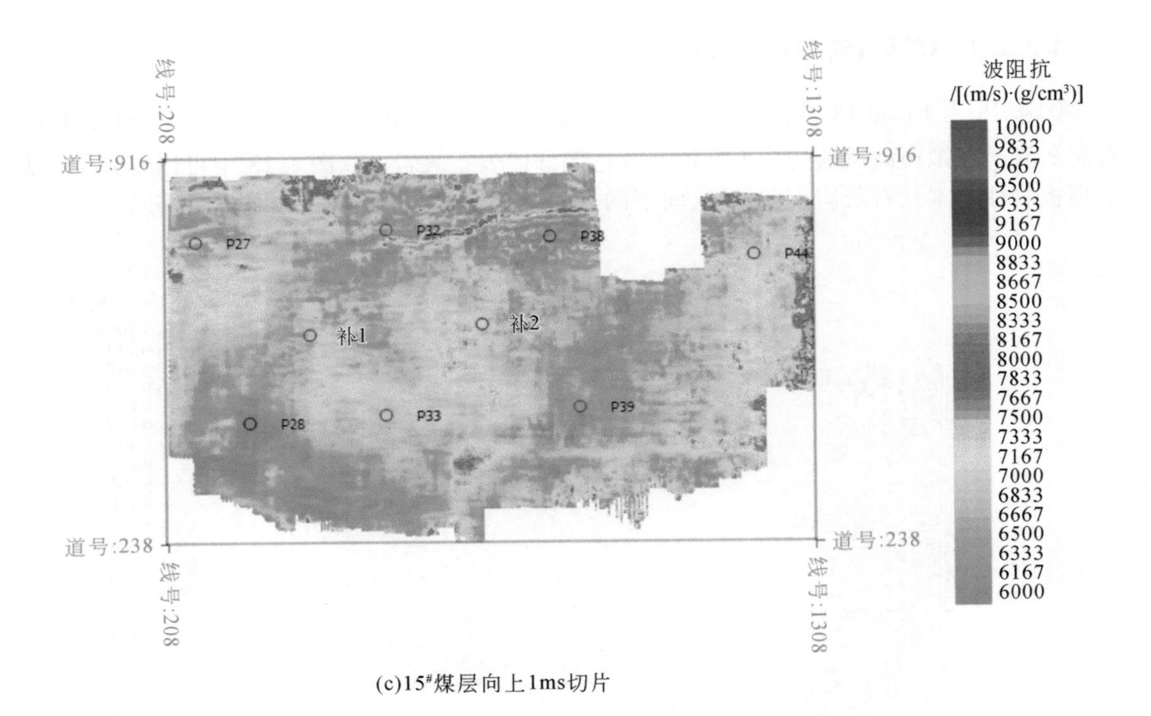

(c)15#煤层向上1ms切片

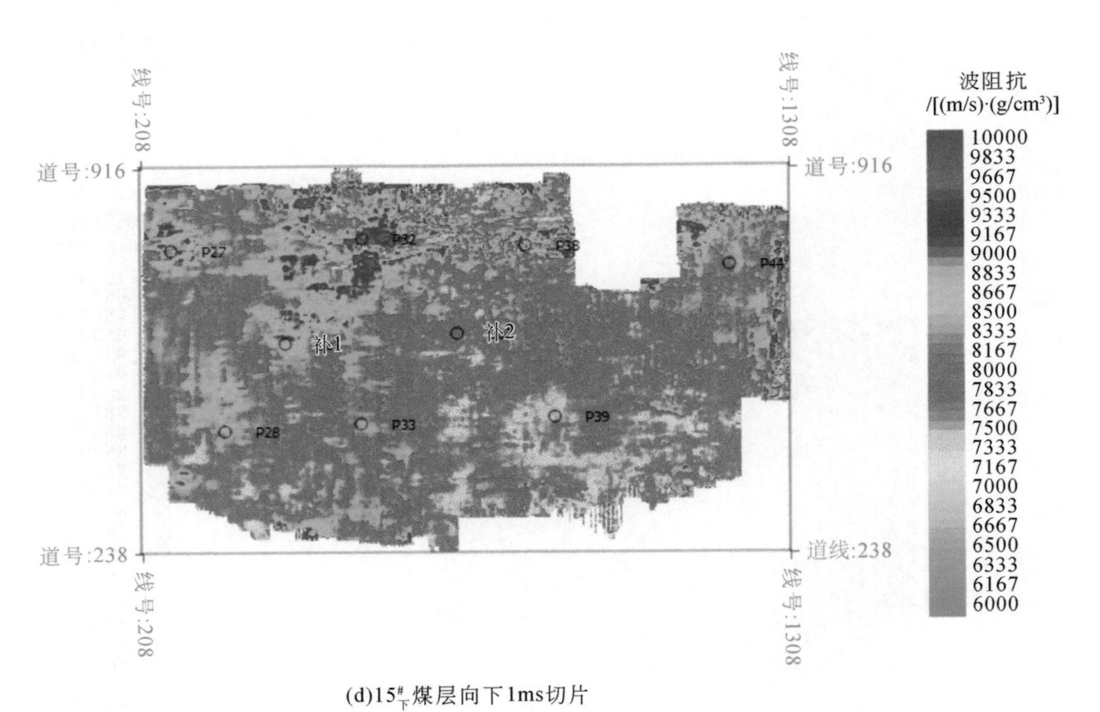

(d)$15^{\#}_{下}$煤层向下1ms切片

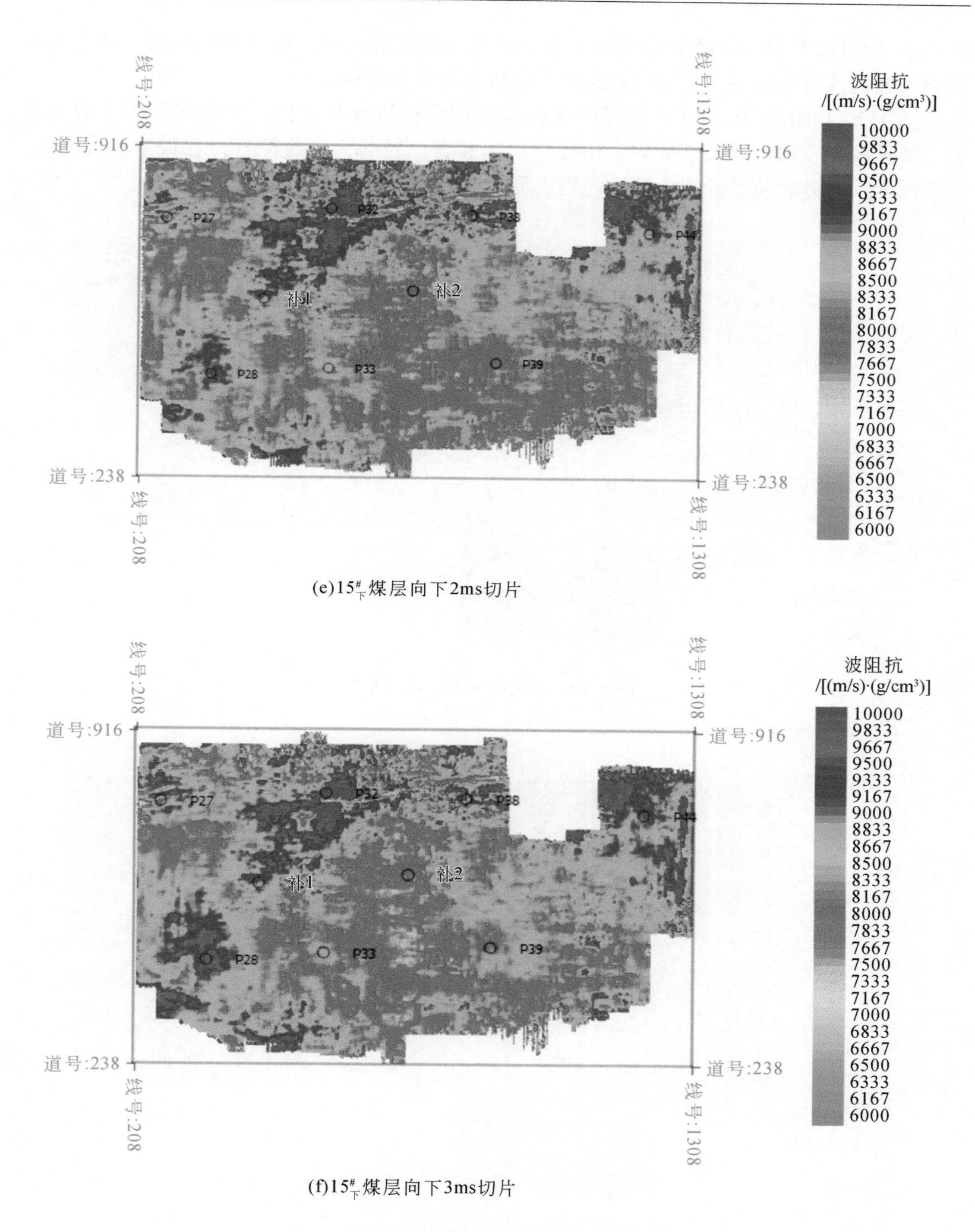

(e)$15^{\#}_{下}$煤层向下2ms切片

(f)$15^{\#}_{下}$煤层向下3ms切片

图4.28 $15^{\#}$和$15^{\#}_{下}$煤层自然伽马拟声波反演切片

色及蓝色部分为中值，代表的岩性是砂质泥岩；紫色部分为高值，代表的岩性是泥岩。从

图 4. 28 中可以看到分布最多的是砂质泥岩，其次是泥岩，还含有少量的砂岩。通过与煤层顶底板岩性分布表对比，可以看出岩性分析与测井资料相符。

图 4. 29 和图 4. 30 分别为 3# 煤层顶板岩性和底板岩性分布图，3# 煤层顶板一般为泥岩、砂质泥岩、粉砂岩及细砂岩、中砂岩、粗砂岩，局部为碳质泥岩，底板主要为泥岩、砂质泥岩、细砂岩及粉砂岩、碳质泥岩，局部为粗砂岩。

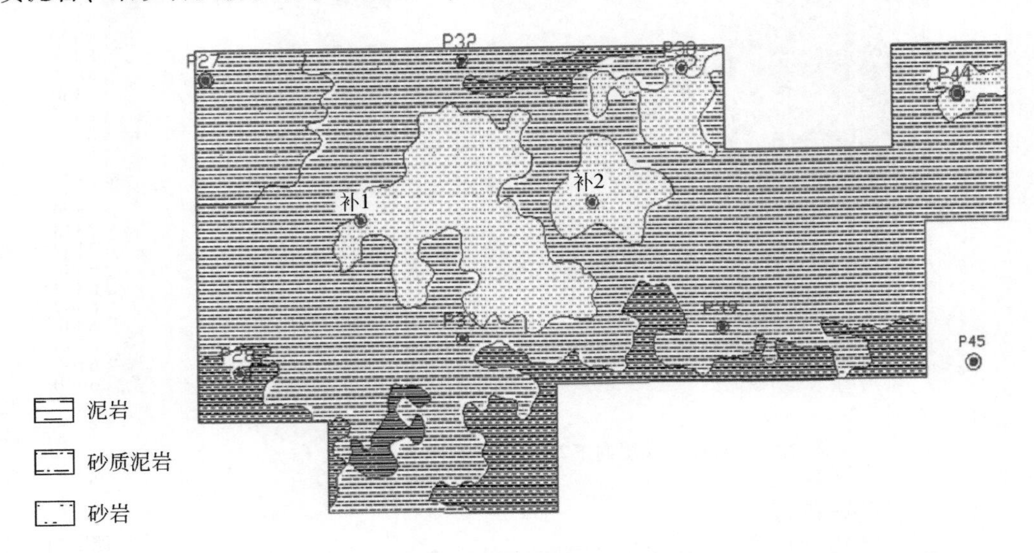

图 4. 29　3# 煤层顶板岩性分布图

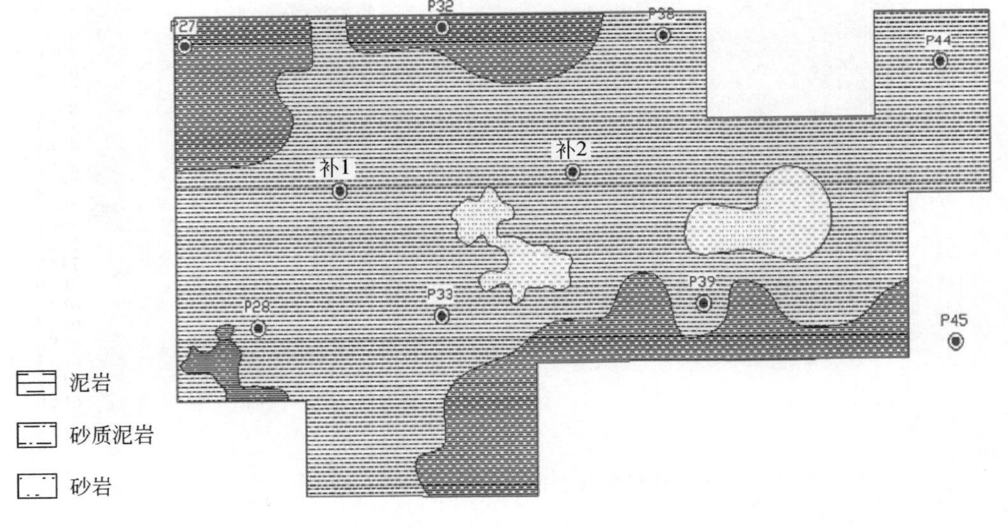

图 4. 30　3# 煤层底板岩性分布图

图4.31和图4.32为9#煤层顶板岩性和底板岩性分布图，9#煤层顶板主要为泥岩、砂质泥岩、粉砂岩、细砂岩、中砂岩、粗砂岩及碳质泥岩，底板主要为泥岩、砂质泥岩、细砂岩、粉砂岩，局部为碳质泥岩。

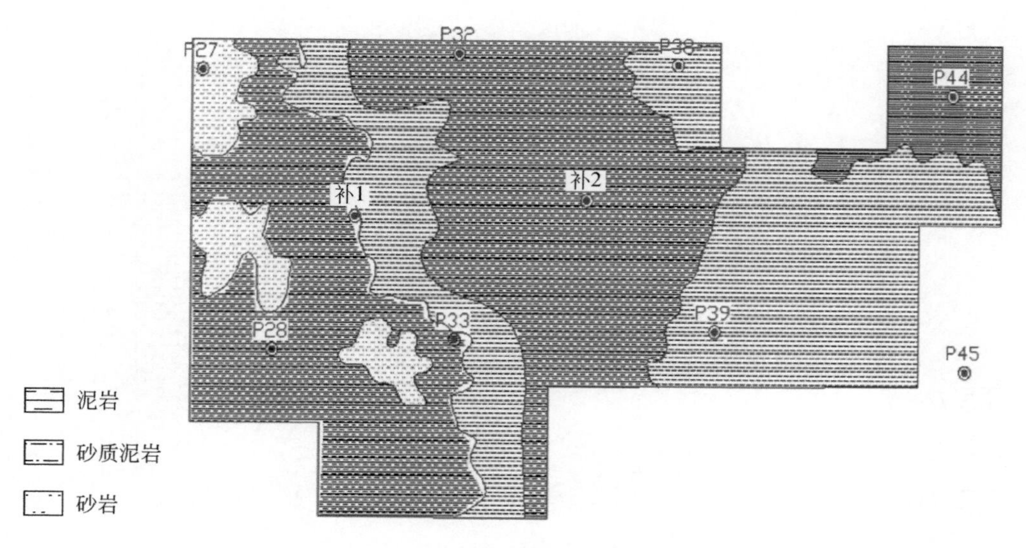

图4.31 9#煤层顶板岩性分布图

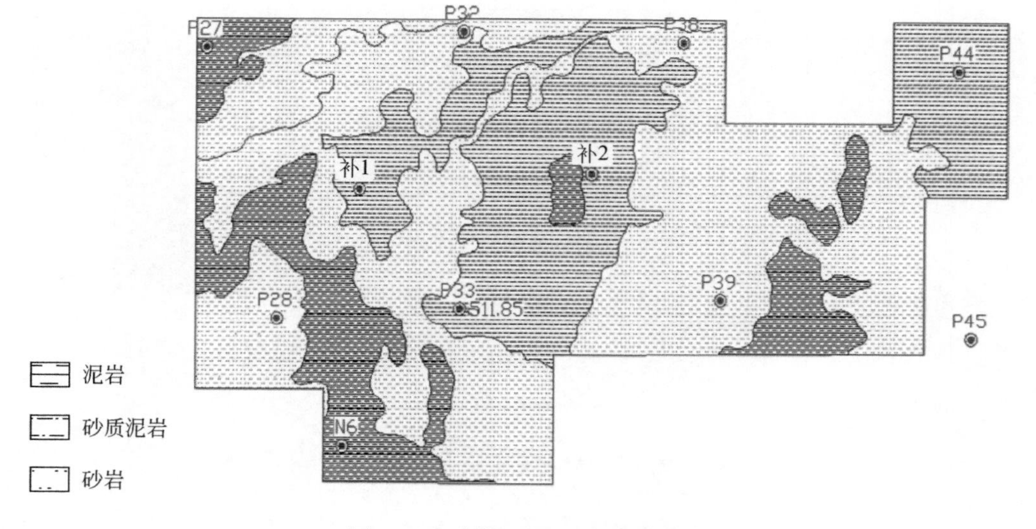

图4.32 9#煤层底板岩性分布图

图 4. 33 和图 4. 34 分别为 15#煤层顶板岩性和 $15^{\#}_{下}$煤层底板岩性分布图，15#煤层顶板主要为石灰岩，局部为泥岩、砂质泥岩、粉砂岩、碳质泥岩及中砂岩、粗砂岩。$15^{\#}_{下}$煤层底板主要为泥岩、砂质泥岩、粉砂岩、细砂岩，局部为铝土泥岩、碳质泥岩及中砂岩、粗砂岩。

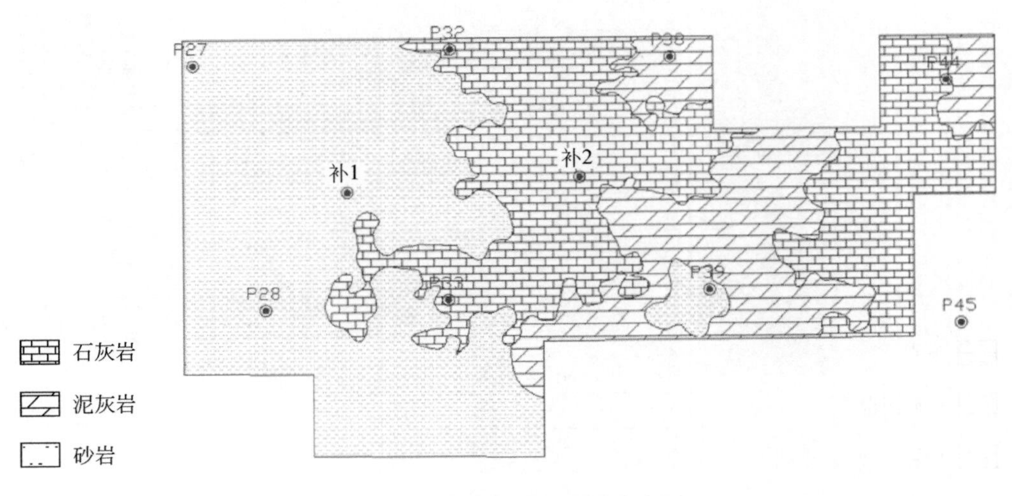

图 4. 33　15#煤层顶板岩性分布图

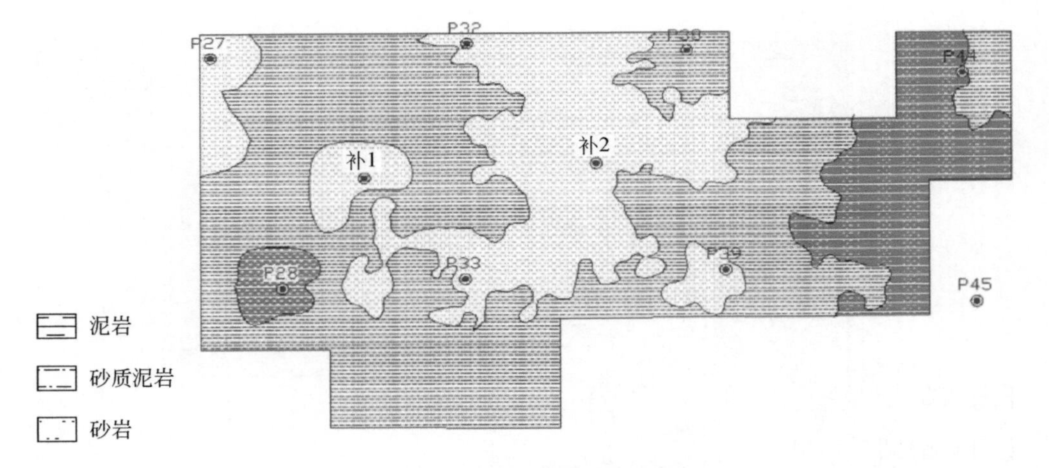

图 4. 34　$15^{\#}_{下}$煤层底板岩性分布图

4.4 新元矿区 3# 煤层冲刷带解释

煤炭是我国的基础能源和重要原料，在国民经济中占有重要的战略地位。我国能源的基本特点可概括为“富煤、贫油、少气”，所以在未来几十年内，煤炭依然是我国的主要能源，并且我国以煤炭为主的能源结构难以改变。然而，在我国煤炭生产中，煤矿灾害频发，煤矿事故时有发生。据不完全统计，在煤矿重大事故中，与地质条件有关的占 80%。冲刷带瓦斯富集等隐蔽致灾地质体，是煤矿事故发生的重大灾害源。因此，在矿井采掘活动前，如能查明开采区冲刷带分布，采取有针对性的措施，就可以大幅度地减少煤矿事故，确保矿井安全生产。

此次通过对新元矿区 3#煤层厚度分布图和 3#煤层沿层振幅属性图以及煤层的顶底板岩性进行分析，对 3#煤层的冲刷带分布进行反演解释。

4.4.1 相关资料

共收集到 8 个钻孔，其分布如图 4.35 所示。其中 3 口钻井有长源距伽马、自然伽马和双收时差曲线，其余钻孔测井曲线不齐全。根据钻孔的位置、分布及测井资料的可利用性，选取了 3 个钻孔参与该区的地震反演工作，分别为 7-22、7-23、7-24 井。

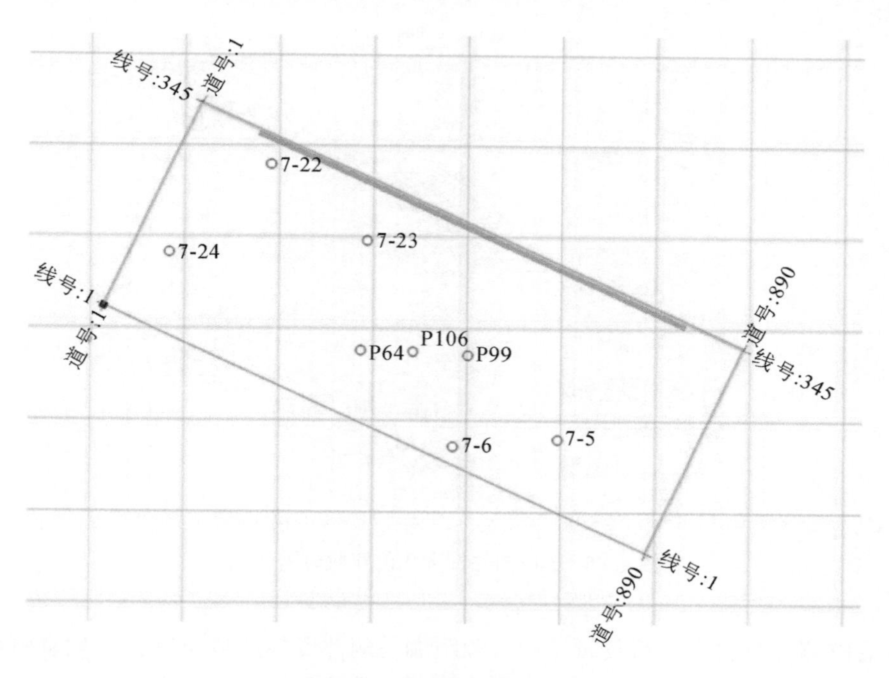

图 4.35 收集的钻孔分布图

根据对研究区测井资料的统计，7-22 井位于研究区中部位置且其测井资料比较全面，所以选取 7-22 井为标准井。图 4. 36、图 4. 37 分别是 3 口测井双收时差曲线标准化前后的对照，测井基本消除了外部因素的影响，只反映岩性的变化，因而能够用来反演。

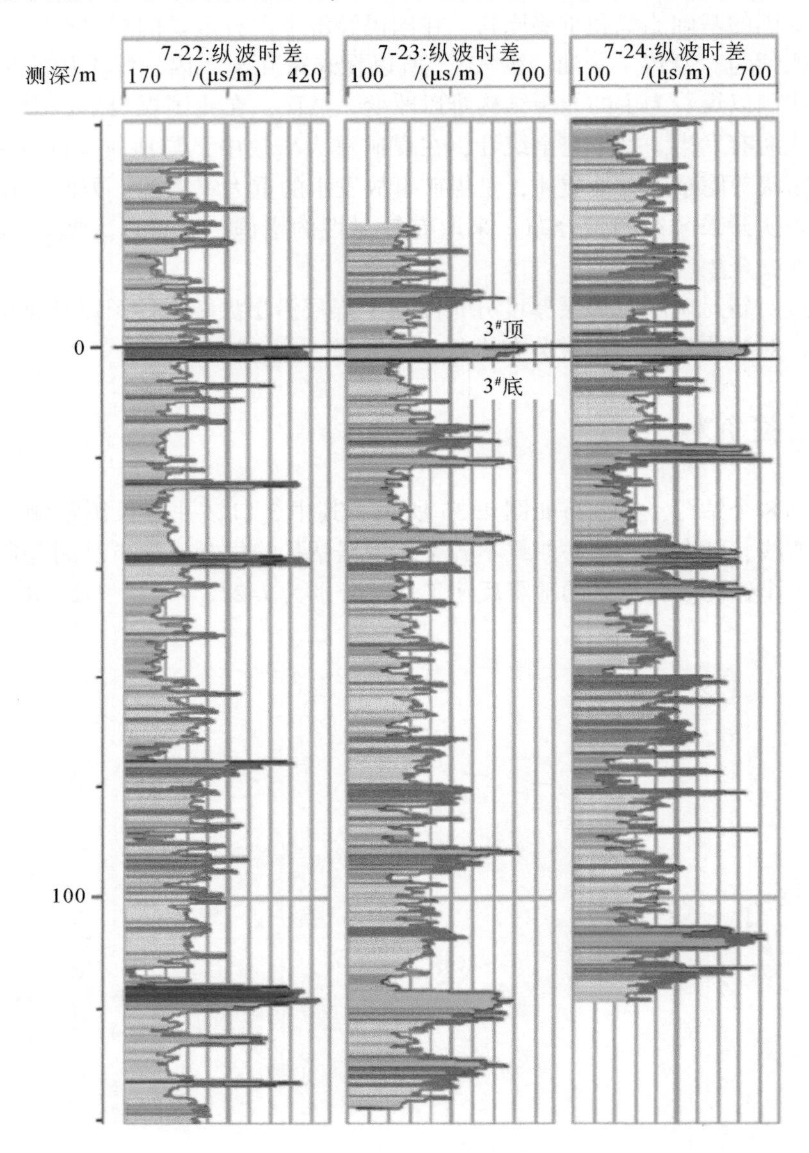

图 4. 36　3 口测井标准化前双收时差曲线

在现有的测井资料中，双收时差和长源距伽马测井资料比较丰富，质量也较好，很少有密度和声波测井资料，而密度曲线和声波曲线正是波阻抗反演所需要的。由于研究区中很多井都没有密度曲线，因此需要利用已有的理论和实践关系，完成伽马-伽马曲线到密度曲线的重构，来求得拟密度曲线，以满足地震资料反演的需要。

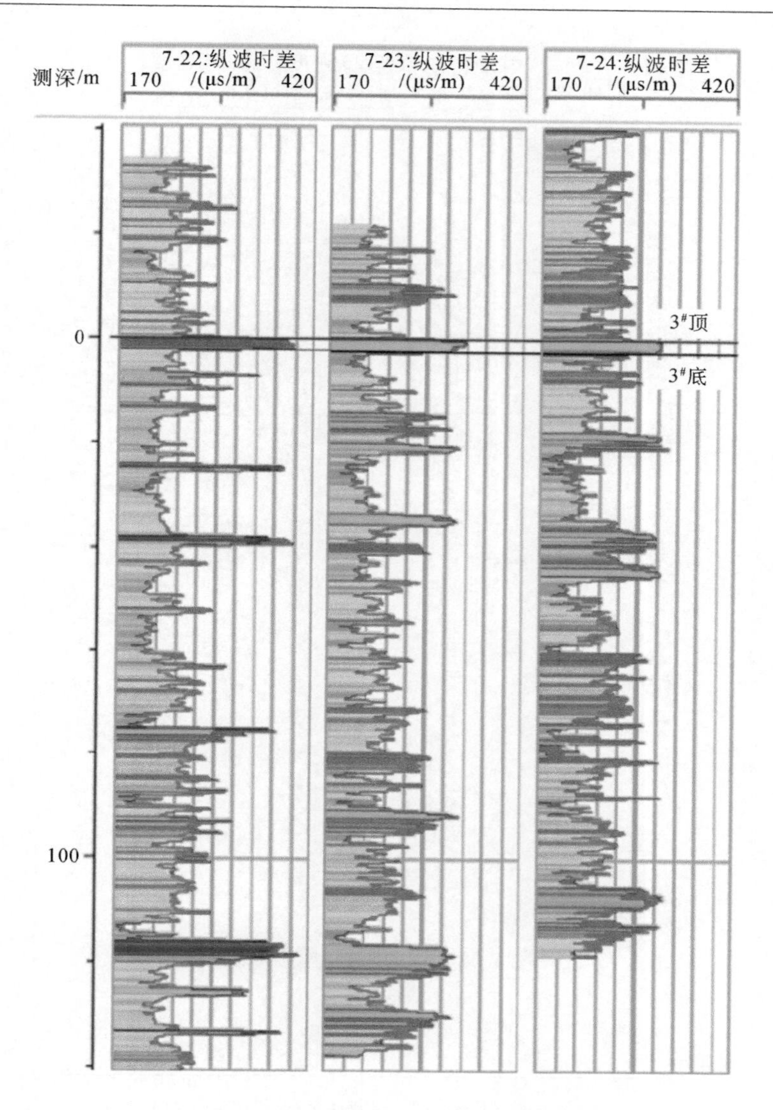

图 4.37 3 口测井标准化后双收时差曲线

图 4.38 是经过伽马–伽马曲线转化后的拟密度曲线，拟密度曲线基本在 1.4 ~ 2.65g/cm^3 范围内，符合矿区测井曲线的规律。

4.4.2 波阻抗反演

通过地震数据的频谱分析可知，研究区地震数据主频为 30Hz，因此雷克子波的主频也取 30Hz。分别提取雷克子波、统计子波进行分析，经过对比分析发现统计子波相关系数要低于雷克子波，所以本次反演选取雷克子波作为最终的子波。

图 4.39 为 7-22 井的井震标定示意图，其余各井合成地震道和实际地震道在各个煤层上相关系数均较高，井震标定达到反演要求。

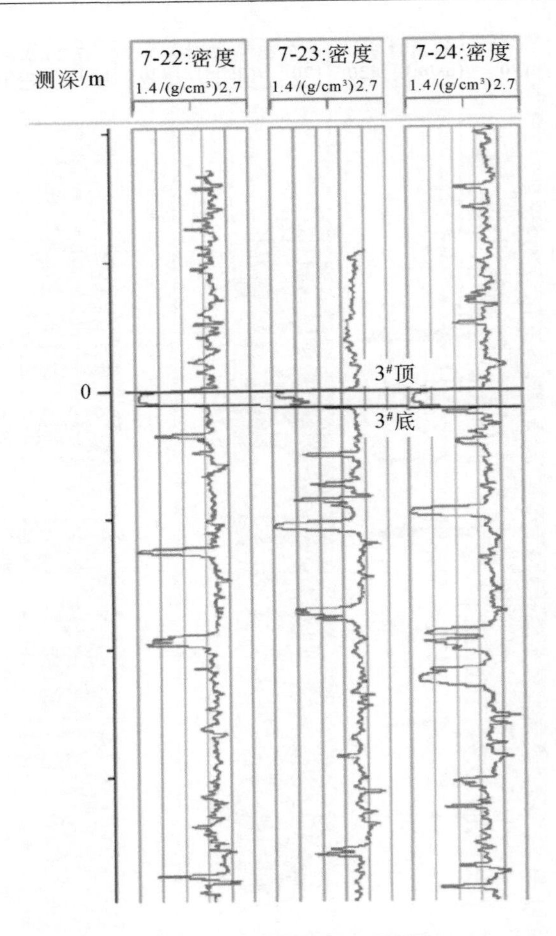

图 4.38　3 口测井拟密度曲线

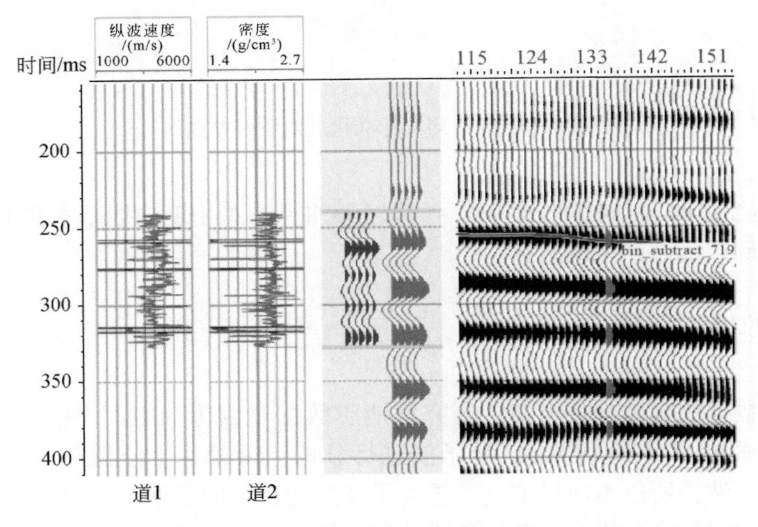

图 4.39　7-22 井的井震标定示意图

图4.40是研究区波阻抗反演所建初始模型的剖面图，可以看出测井曲线与模型道吻合程度高，横向连续性强。

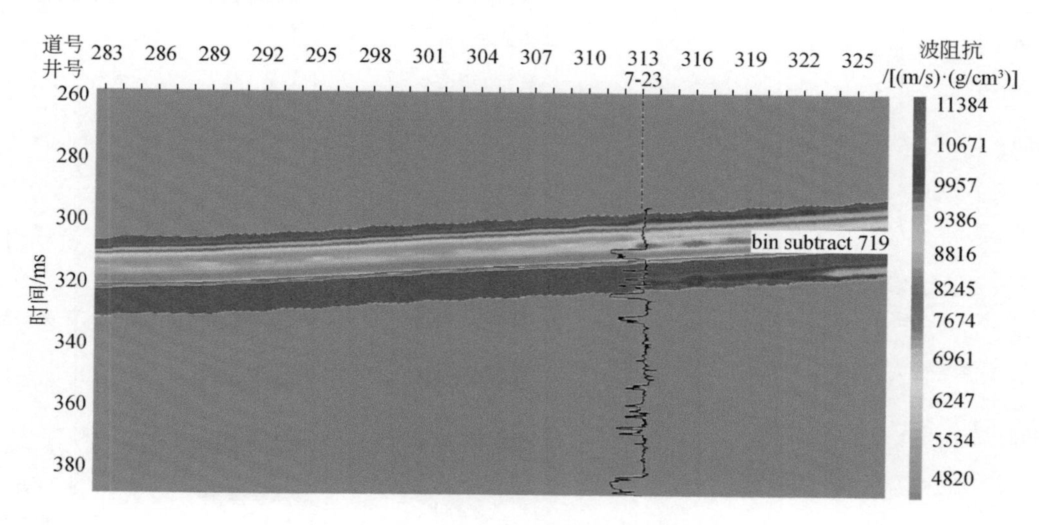

图4.40 研究区三维初始模型剖面图

图4.41是采用40%的硬约束参数下连井的波阻抗反演结果剖面图。

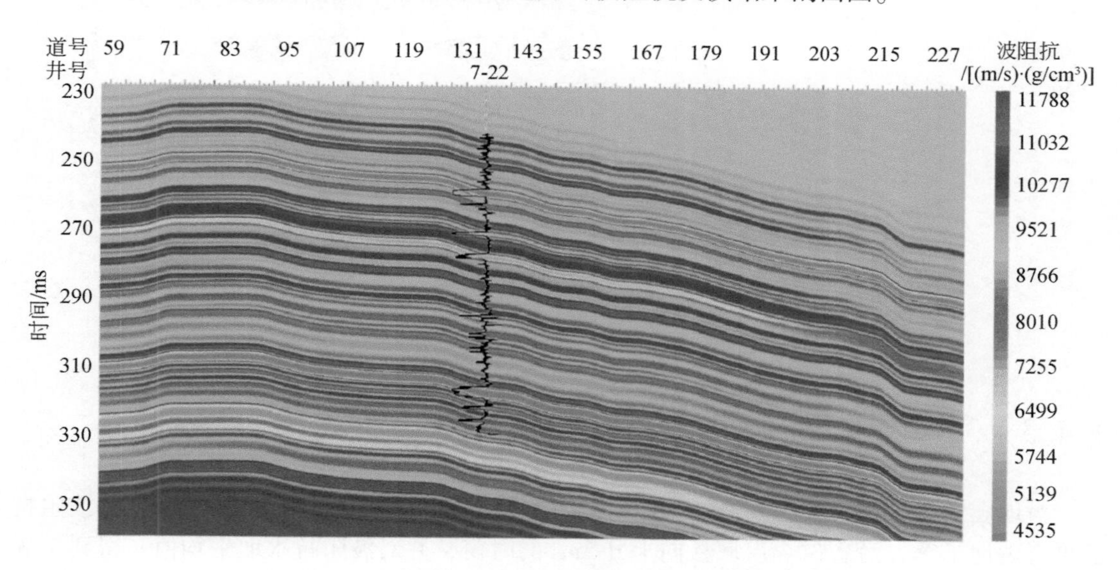

图4.41 硬约束40%的连井波阻抗反演结果剖面图

图4.42是7-22井的叠后波阻抗反演分析剖面，可以看出，合成地震记录与实际地震道的匹配误差较小，其余井的叠后反演分析均符合要求，可以进行叠后反演。

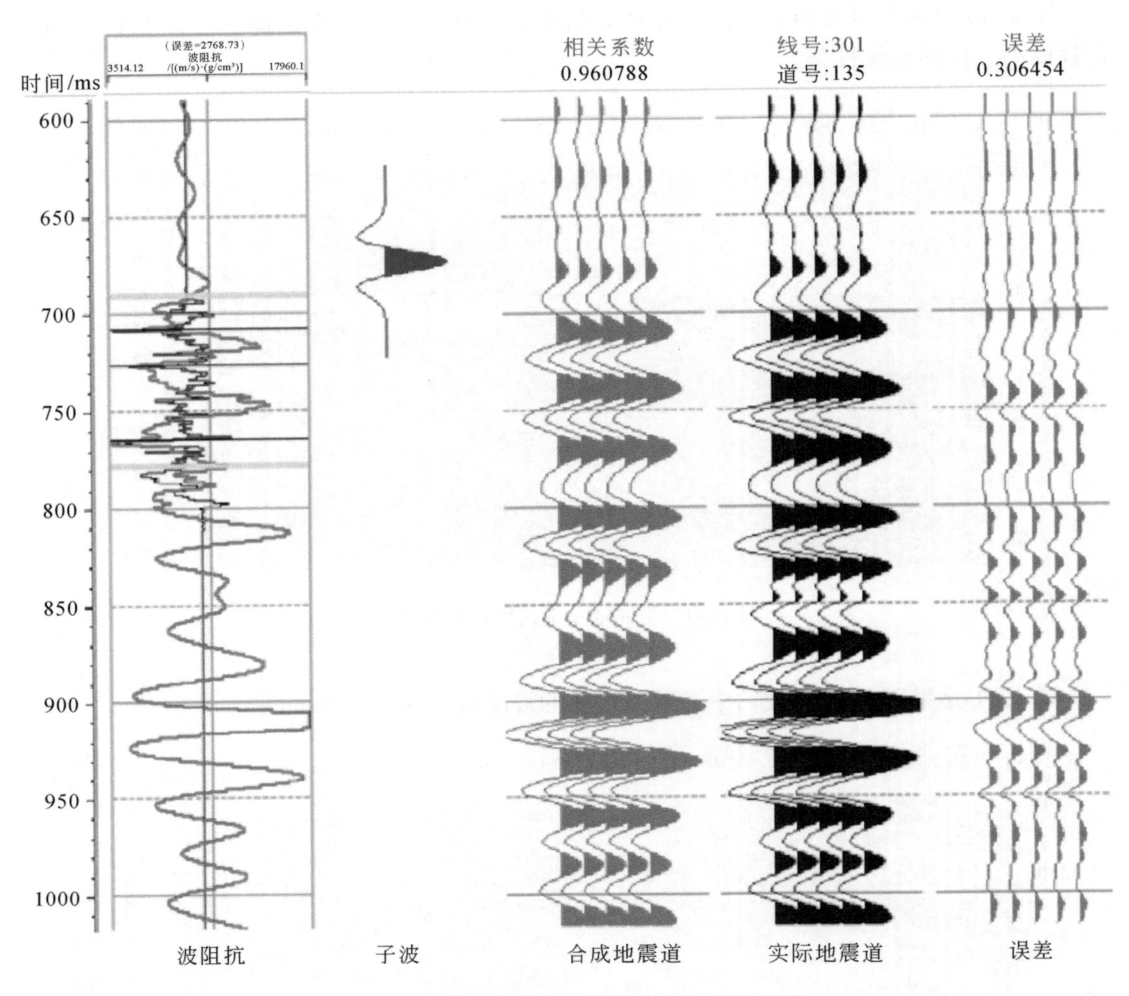

图 4.42　7-22 井的叠后波阻抗反演分析剖面

4.4.3　3#煤层的反演及冲刷带解释

对地震资料进行反演，并得到相应的波阻抗数据体。为了对矿区内 3#煤层内部波阻抗值更直观地了解，沿着 3#煤层底板向上开 2ms 的时窗，并对波阻抗求取平均值，得到 3#煤层内部的波阻抗切片图，如图 4.43 所示。从切片中可以看出，3#煤层总体变化趋势比较平缓，且分布较为均匀，这与钻孔揭露情况比较吻合。但在西南角以及中部偏东局部区域存在煤层变薄现象，煤层波阻抗值明显增大，主要集中在 P106 钻孔与 P99 钻孔之间的条带范围内。参考钻孔揭露情况，P106 钻孔处 3#煤层厚度为 1.99m，P99 钻孔处 3#煤层顶板为泥岩，其附近区域可能存在冲刷现象。利用波阻抗的变化在颜色上的差异，可以圈定出煤层冲刷变薄的范围（黑色实线），与钻孔揭示的煤层特征有较好的相符性，且与矿区工程图中圈定的冲刷不可采区相吻合，如图4.43中红色圈定部分为工程图中标定的冲刷不可采区，黑色圈定部分为波阻抗切片中圈定的冲刷带。

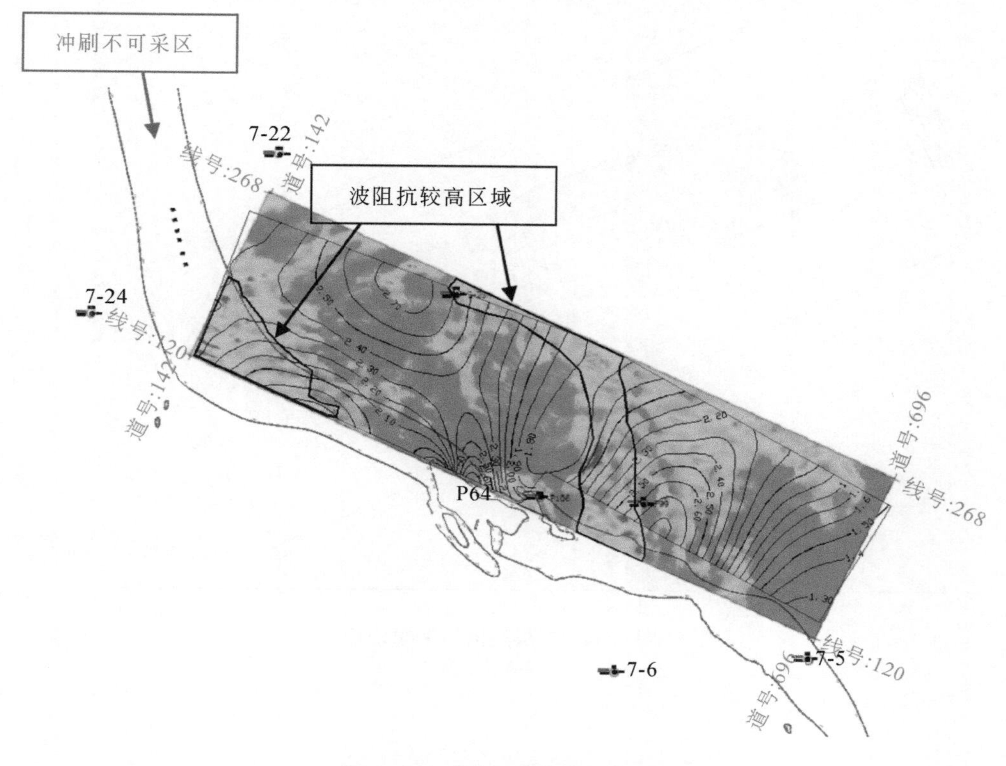

图4.43　3#煤层冲刷带示意图

3#煤层顶板砂岩沉积时在河道发育处，较强的水流冲蚀了直接顶板或煤层的部分甚至全部，而沉积了灰白色的中细粒砂岩，直接与煤层呈冲蚀接触，导致煤层变薄或缺失。利用叠后数据处理技术，对原始三维地震数据体进行属性处理，获得地震属性数据体，通过分析、研究地震属性数据体上的运动学和动力学特征，识别出煤层冲刷带。

煤层变薄或缺失会引起地震属性的变化，如振幅变弱，因此煤层冲刷带可根据煤层在沿层地震属性切片上的变化进行解释。煤层冲刷带在振幅上的表现为振幅变弱，所以利用振幅变化在颜色上的差异可以圈出煤层冲刷带。图4.44为3#煤层沿层振幅切片，其中蓝色为振幅低值，黄色、红色为振幅高值。区内振幅整体变化趋势较为平缓，但西南角和中部偏东局部区域振幅较弱，颜色为蓝色，与波阻抗反演揭示的煤层特征有较好的相符性。图4.44中黑色实线圈出部分为弱振幅条带，可以解释为勘探区内的煤层冲刷带。

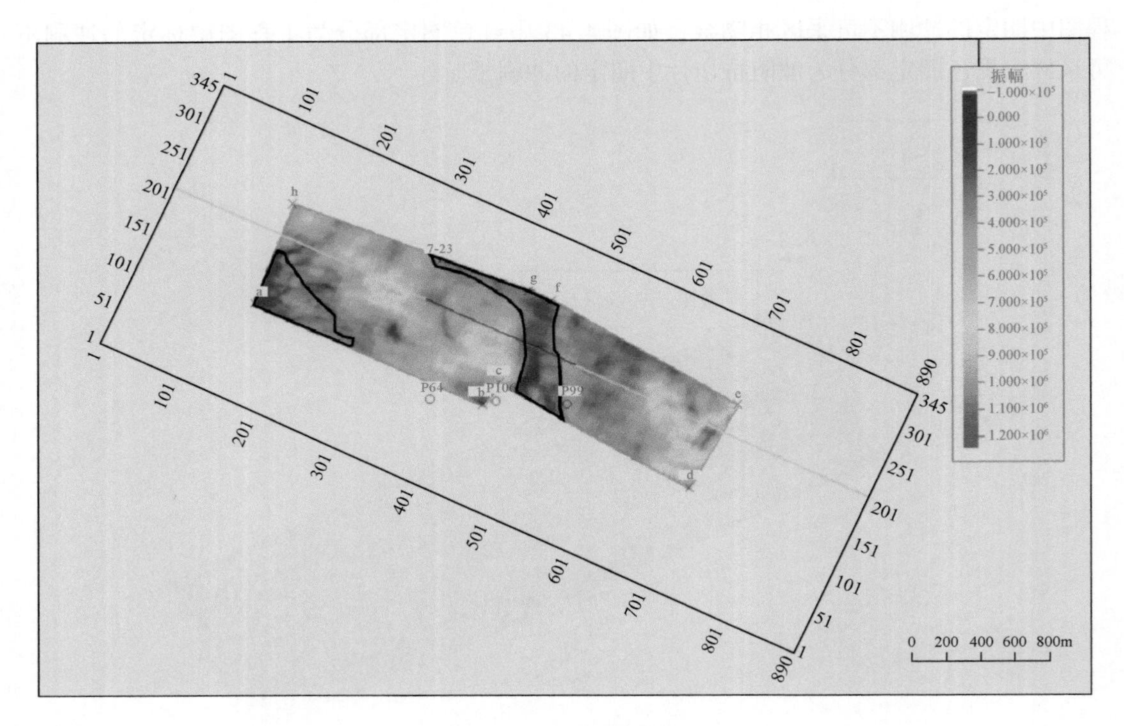

图 4.44　3#煤层沿层振幅切片

第5章　寺家庄矿区

5.1　研究区概况

5.1.1　研究区位置

寺家庄矿区位于昔阳县巴州镇境内，东距昔阳县城约8km。昔（阳）-西（寨）公路从矿区南部外围通过，沿昔（阳）-西（寨）公路向东可与207国道相接。由昔阳县城沿207国道约38km可直达阳泉，阳（泉）涉（县）铁路与207国道并行。

5.1.1.1　四邻关系

矿区东部与山西昔阳安顺乐安煤业有限公司、昔阳县坪上煤业有限责任公司、国投昔阳能源有限责任公司黄岩汇煤矿、山西昔阳运裕煤业有限责任公司、山西昔阳丰汇煤业有限责任公司边界相接；南与泊里矿规划区相连；北与五矿毗邻。南北长约17km，东西宽约9km，近似梯形，面积约124.0838km²。

5.1.1.2　研究区范围

寺家庄中央盘区的三维地震勘探面积为2.97km²，勘探范围如图5.1所示。

5.1.2　构造

寺家庄矿区位于平昔矿区的中南部，地层走向为NNW向，倾向SWW向，区内断层较少，分布集中。褶曲发育，轴向不一。北部陷落柱较多，总体构造复杂程度为简单偏中等。

5.1.2.1　褶曲

根据《山西省区域地质志》（1989年），寺家庄矿区位于华北断块吕梁—太行断块沁水块拗武乡—昔阳NNE向褶带。武乡—昔阳NNE向褶带主要出露二叠系、三叠系，是由一系列不同级别褶皱组成的复式向斜。次级褶曲的轴向为NNE向，向斜宽阔，背斜相对较窄。

矿区内褶曲发育，轴向不一，轴向主要为近SN向及NE向两组，其次为NW向及近EW向。近SN向的一组褶曲，分布于井田中、东部，构成本区的基本构造形态。主要特征为褶曲排列紧密，间距约1000m，褶曲沿轴向呈反“S”形至“S”形，即北端转向NW

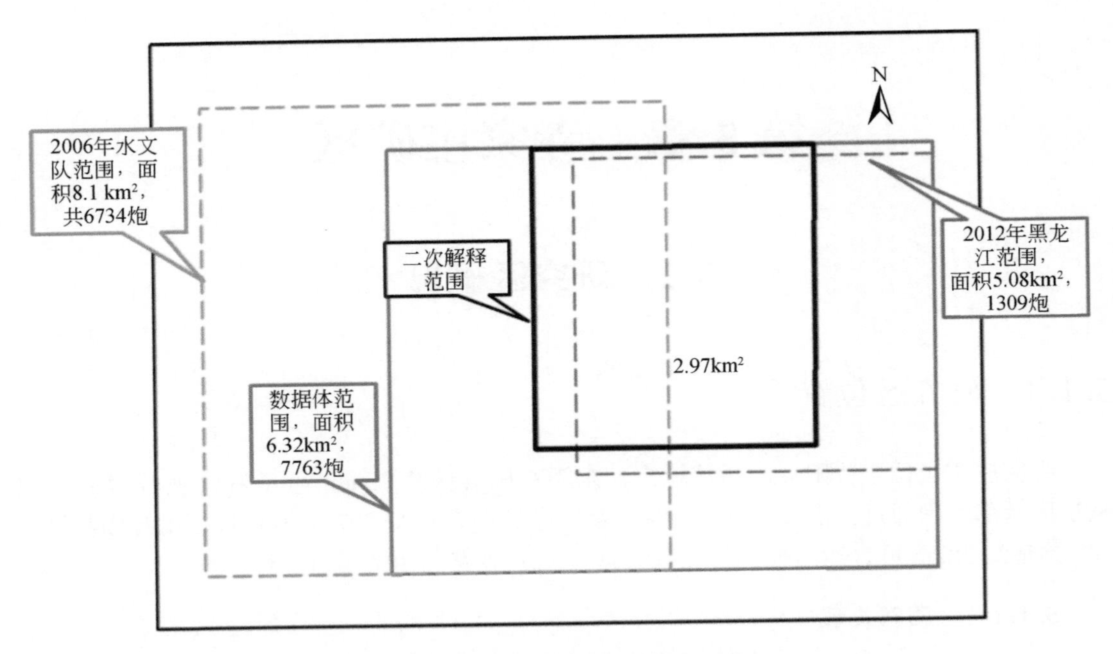

图 5.1　寺家庄中央盘区勘探范围示意图

向，南端转向 SW 向，形态为马鞍形及豆荚状。NE 向的一组褶曲，分布于矿区的西北及东南部，主要特征为排列较疏，间距约 1500m，有向北东收敛，方向偏北及向南西撒开，呈偏西的趋势，两翼亦多不对称，南东翼较陡，北西翼较缓。

勘探区及其附近分布有野峪背斜、寺凹向斜以及原先勘探解释的 2 个背斜以及 1 个向斜，详细描述如下。

野峪背斜：位于野峪东，轴向近 SN，从野峪向南轴向渐偏东，两翼倾角基本一致，西翼 4°～11°，东翼 4°～14°。地面出露长度 5km。从底板等高线图上看，南端至 L103 孔转为 SW 向，仍可延伸至 1138 孔附近；北端至 L19 孔轴向亦转为北偏西方向，与任家瑙背斜相接。总长度可达 12km。

寺凹向斜：位于褚峪村至大寺凹村，轴向近 SN，呈“S”形扭曲。两翼不对称，东翼较陡，倾角 6°～20°，西翼较缓 2°～16°，出露长度 6km。从底板等高线图上看，向北至 L20 孔轴向稍转偏西，可与居仁向斜相连，轴向变为 N40°W，倾伏于居仁村，总长为 11km。

S1 背斜：位于测区西部，轴向近 NNE，贯穿整个矿区，两翼不对称，轴部倾角较小，一般在 3°～5°，翼部倾角变大，一般在 10°～12°，区内延伸长度约 1430m，最大褶幅约 43m。

S2 向斜：位于测区中部，轴向近 NEE，在测区中部延伸至测区东北部，两翼基本对称，轴部倾角较小，一般在 4°～5°，翼部倾角变大，一般在 8°～10°，区内延伸长度约 540m，最大褶幅约 20m。

S3 背斜：位于测区西部，轴向近 NEE，在测区中部延伸至测区东部，两翼基本对称，轴部倾角较小，一般在3°～4°，翼部倾角变大，一般在6°～8°，区内延伸长度约800m，最大褶幅约26m。

5.1.2.2　断层

寺家庄矿区内断层较少，落差不大，多为走向NE及NNE，倾向NW的正断层。集中分布在矿区东部及东南边界附近。地面所见落差5m以上者20多条。施工中有14个钻孔遇见断层。其中L12、L84及L60钻孔见层间逆断层，产状为走向NNE，倾向SEE，倾角22°。

区内巷道揭露逆断层1条，以往解释断层8条，其中6条正断层，2条逆断层。

巷道揭露逆断层，在矿区的西北部，位于15112巷道，区内延伸约450m，走向NNW，倾向E，断层倾角15°，最大断距14m，发育在9#、15#煤层上。

DF1断层：正断层，位于测区东南部，区内延伸长度90m，走向EW，倾向N，倾角68°左右，发育在9#、15#煤层和奥灰层中，最大落差12m。

DF2断层：正断层，位于测区东南部，区内延伸长度450m，走向NEE—SSE，倾向NW，倾角68°左右，发育在9#、15#煤层和奥灰层中，最大落差29m。

DF3断层：正断层，位于测区东南部，区内延伸长度290m，走向NNW，倾向SWW，倾角79°左右，发育在9#、15#煤层和奥灰层中，最大落差22m。

DF4断层：正断层，位于测区东南部，区内延伸长度320m，走向NW，倾向NE，倾角88°左右，发育在9#、15#煤层和奥灰层中，最大落差15m。

DF5断层：正断层，位于测区中部，区内延伸长度115m，走向NE，倾向SE，倾角58°左右，仅发育在15#煤层和奥灰层中，最大落差10m。

DF6断层：逆断层，位于测区西部，区内延伸长度130m，走向NS，倾向W，倾角63°左右，仅发育在15#煤层和奥灰层中，最大落差8m。

DF7断层：正断层，位于测区中北部，区内延伸长度110m，走向NNE，倾向NNW，倾角70°左右，仅发育在15#煤层和奥灰层中，最大落差10m。

DF8断层：逆断层，位于测区北部，区内延伸长度119m，走向NS，倾向E，倾角49°左右，仅发育在15#煤层和奥灰层中，最大落差3m。

5.1.2.3　陷落柱

寺家庄矿区内陷落柱比较发育，共有陷落柱152个，地面上见146个陷落柱，6个陷落柱为钻孔遇到的中部陷落的陷落柱，陷落柱平均每平方千米1个，主要集中分布在褶曲发育地带，特别是向斜轴附近，且陷落柱长轴方向多与向斜轴相一致。

陷落柱的形态多为近圆形及椭圆形，最小直径为10m，最大长轴可达220m，一般直径为20～50m，陷壁角为62°～83°，一般为80°，区内围岩最老为下石盒子组下段，最新为石千峰组。陷落体中岩层时代最新的地层为刘家沟组。常见为石盒子组及石千峰组。

勘探区以往解释陷落柱4个。

X1陷落柱：位于勘探区中部，近椭圆形。其平面规模在9#煤层长轴76m，短轴20m；在15#煤层长轴92m，短轴40m；在奥灰层长轴110m，短轴46m。陷落层位在9#、15#煤层及奥灰层中。

X2 陷落柱：位于勘探区东北部，近椭圆形。其平面规模在 9#煤层长轴 110m，短轴 16m；在 15#煤层长轴 113m，短轴 22m；在奥灰层长轴 115m，短轴 24m。陷落层位在 9#、15#煤层及奥灰层中。

X3 陷落柱：位于勘探区东北部，近椭圆形。其平面规模在 9#煤层长轴 63m，短轴 46m；在 15#煤层长轴 66m，短轴 50m；在奥灰层长轴 69m，短轴 54m。陷落层位在 9#、15#煤层及奥灰层中，且在巷道掘进中实见。

X4 陷落柱：位于勘探区东北部，近椭圆形。其平面规模在 9#煤层长轴 48m，短轴 18m；在 15#煤层长轴 50m，短轴 20m；在奥灰层长轴 53m，短轴 23m。陷落层位在 9#、15#煤层及奥灰层中，该陷落柱在巷道掘进中实见。

5.1.3 含煤地层与煤层

5.1.3.1 含煤地层

矿区内含煤地层主要为太原组和山西组，分述如下。

1） 太原组

太原组为主要含煤地层之一。以 K_1 砂岩为基底，连续沉积于本溪组之上。全厚 90.30 ~ 143.80m，平均约 110m。主要由砂岩、砂质泥岩、泥、海相泥岩、石灰岩和煤层组成。含 7#、8-1#、8-2#、8-4#、$9^{\#}_{上}$、9#、11#、12#、13#、14#、$14^{\#}_{下}$、15#、16#等 13 层煤。石灰岩3 ~4 层。15#煤以上为 3 层石灰岩，K_2、K_3全区比较稳定，K_4石灰岩在矿区东部普遍发育，中西部区域零星发育，岩性各具特色，可作为良好标志层。太原组岩性稳定，全区变化不大，沉积环境差异显著，旋回明显属海陆交替相沉积。石灰岩中含䗴及海百合等化石。

2） 山西组

以 K_7砂岩（第三砂岩）为基底，连续沉积于太原组之上，厚 42.60 ~ 75.5m，平均约 61m。主要由灰色、深灰色、黑灰色砂岩、砂质泥岩、泥岩及煤组成。含 1#、2#、3#、4#、5#、6#等 6 层煤。6#煤顶板泥岩中含星散状、团块状黄铁矿，6#煤上下有叠锥石灰岩沉积，属过渡相。6#煤以上地层岩性粒度较粗，岩性变化多为渐变关系，说明沉积环境变化不大。山西组含菱铁矿结核，处于弱的还原环境。总之，山西组属海陆过渡相—陆相沉积。

5.1.3.2 煤层

矿区含煤地层为太原组和山西组，含煤地层总厚约 164.09m，含煤 5 ~ 12 层；煤层厚约 13.82m，含煤系数 8.42%。其中太原组含煤 7 层，据 L14 钻孔资料，分别为 8#、9#、11#、12#、13#、14#、15#煤，厚度约 11.93m，含煤系数 11.36%。15#煤层在全区内稳定沉积，属全区稳定可采煤层，其他为局部可采或不可采煤层。山西组含煤 1 ~ 6 层，其中 6#煤层局部可采，其余均不稳定、不可采。

1）零星可采极不稳定煤层

3#煤层：位于K_8砂岩下20m左右，下距6#煤28m左右。全区大面积尖灭及不可采，仅在L45、L79、L7钻孔附近有一片可采区，L118、L116、M68、M88、1275钻孔处为孤立可采点，见煤点厚度0.10～2.51m，平均0.48m。可采厚度0.80～2.51m，平均1.26m。结构简单，一般含一层夹矸，岩性为砂质泥岩，有时为细砂岩，厚0.10～0.63m，比较稳定。顶板为粉砂岩，底板为泥岩及细砂岩。3#煤属零星可采极不稳定煤层。

6#煤层：位于K_7砂岩上4m左右。全区大面积不可采及尖灭。仅在毛家沟村、居仁村一带分布有两片可采区，可采面积约9km²。其他一些可采点零星分布，面积甚小。见煤点厚度0.12～2.55m，平均0.72m；可采厚度0.80～2.55m，平均1.21m。结构简单，一般不含夹矸，有时含一层或二层夹矸，夹矸最大厚度0.55m，岩性为泥岩。顶板为泥岩或砂质泥岩，其上有5#煤层时，常为含铝质泥岩，底板为砂质泥岩。6#煤属零星可采极不稳定煤层。

12#煤层：位于K_4石灰岩下3m左右，除矿区西南部，南掌城至小南郝峪一带有尖灭区外，全区分布广泛。见煤点厚度0.12～1.50m，平均0.59m。煤层层位稳定。虽个别点厚度达到可采，但分布范围甚小，仍属不具经济价值的零星可采极不稳定煤层。顶板岩性多为碳质泥岩，底板岩性为粉砂岩，有时为细砂岩。

2）可采煤层

8-1#煤层：位于K_7砂岩下7m左右，下距8-4#煤层9m左右。在南掌城、司家沟及赵家庄一带与8-1#、8-2#煤层合并，厚度达1.70m左右。东南一带有一片不可采区及零星尖灭点。煤层厚度为0.10～2.37m，平均0.88m（L87为0.10m，M82为2.37m）；含矸厚度平均0.90m；可采厚度0.80～2.37m，平均1.19m。结构简单，一般不含夹矸，有时含一层或二层夹矸，厚0.04～0.65m，岩性为泥岩或碳质泥岩。顶板多为砂质泥岩或海相泥岩，底板为粉砂岩，有时为砂质泥岩。8-1#煤层属局部可采的不稳定煤层。

8-4#煤层：位于S_2细砂岩之上，8-1#煤层下方3.30～16.60m，平均9.40m。在中东部可采，在矿区西北角冀家庄至石亭、武家庄至龙眼沟及东北角毛家沟、西南角L115钻孔附近出现尖灭点，南部出现大面积不可采区。煤层厚度为0.05～2.10m（L37为0.05m，1021为2.10m），平均0.92m；含矸厚度平均0.97m，可采厚度0.80～2.10m，平均1.32m。寺家庄、野峪、南掌城一线以南，为不可采及尖灭区。一些可采点也有的连成小片（如L107、1140、1127、1131、L111、L112、1353、1130孔），但分布零星。煤层不可采有两种情况：一种为沉积环境对成煤不利使煤层变薄；一种为所含夹矸加厚，分出8-3#、8-4#煤层。煤层结构较简单，一般含一层夹矸，有时含二层。夹矸厚0.06～0.70m，岩性多为碳质泥岩或泥岩。直接顶板多为碳质泥岩，其上为粉砂岩或砂质泥岩。底板常为S_2细砂岩。煤层灰分较高，顶部多有0.40m左右的劣质煤。8-4#煤层属局部可采的不稳定煤层。

9#煤层：位于K_4石灰岩之上10m左右，距8-4#煤层2.50～20.80m，平均5.57m。9#煤距15#煤50.4～77.3m，平均66.00m。可采区主要分布在矿区北、东部，南部出现尖灭及不可采区。煤层厚度为0.30～3.10m（L61为0.30m，1223为3.10m），平均0.95m；含矸厚度平均1.24m；可采厚度0.80～3.10m，平均1.30m。结构简单，一般不含夹矸，有时含一层或二层夹矸，厚0.04～0.75m，岩性为泥岩。顶板多为泥岩，有时为粉砂岩。底板为泥岩或砂质泥岩。有时为 S_1 细—中砂岩，属大部可采的较稳定煤层。先期开采地段为大部分可采的稳定煤层。

15#煤层：位于 K_2 石灰岩下18m左右，属全区稳定可采的厚煤层。石亭、北掌城一带较薄，北部上庄一带最厚。煤层厚2.79～7.40m（L12为2.79m，1262为7.40m），平均5.12m，含夹矸厚度平均5.67m。一般含夹矸2～4层，最多可达6层，夹矸岩性为泥岩及碳质泥岩。顶板为砂质泥岩或粉砂岩。底板常为碳质泥岩，有时为砂质泥岩或粉砂岩。15#煤层软分层位于顶板下0.2m左右，一般厚0.15～0.30m，局部可达到0.5m以上。15#煤层属全区可采的稳定煤层。

可采煤层情况见表5.1。

表5.1　可采煤层情况表

<table>
<tr><th rowspan="2">煤层编号</th><th rowspan="2">穿过层位的点数</th><th rowspan="2">见煤点</th><th>煤层厚度/m</th><th rowspan="2">夹矸层数</th><th>煤层厚度/m</th><th rowspan="2">稳定性</th><th rowspan="2">顶/底板岩性</th><th rowspan="2">可采性</th></tr>
<tr><th>最小值～最大值
平均值</th><th>最小值～最大值
平均值</th></tr>
<tr><td rowspan="2">8-1#</td><td rowspan="2">233</td><td rowspan="2">209</td><td rowspan="2">0.10～2.37
0.88</td><td rowspan="2">0～2</td><td></td><td rowspan="2">不稳定</td><td rowspan="2">砂质泥岩/粉砂岩</td><td rowspan="2">局部可采</td></tr>
<tr><td rowspan="2">3.30～16.60
9.40</td></tr>
<tr><td rowspan="2">8-4#</td><td rowspan="2">233</td><td rowspan="2">210</td><td rowspan="2">0.05～2.10
0.92</td><td rowspan="2">0～2</td><td rowspan="2">不稳定</td><td rowspan="2">碳质泥岩/细砂岩</td><td rowspan="2">局部可采</td></tr>
<tr><td rowspan="2">2.50～20.80
5.57</td></tr>
<tr><td rowspan="2">9#</td><td rowspan="2">233</td><td rowspan="2">187</td><td rowspan="2">0.30～3.10
0.95</td><td rowspan="2">0～2</td><td rowspan="2">较稳定</td><td rowspan="2">泥岩/泥岩</td><td rowspan="2">大部分可采</td></tr>
<tr><td rowspan="2">50.40～77.3
66.00</td></tr>
<tr><td rowspan="2">15#</td><td rowspan="2">205</td><td rowspan="2">205</td><td rowspan="2">2.79～7.40
5.12</td><td rowspan="2">2～6</td><td rowspan="2">稳定</td><td rowspan="2">砂质泥岩/碳质泥岩</td><td rowspan="2">全区可采</td></tr>
<tr><td></td></tr>
</table>

5.2　寺家庄矿区主要煤层厚度预测

5.2.1　资料处理及反演实施

5.2.1.1　测井曲线标准化

一共收集了钻孔9个，其中8口井资料在三维地震范围内，能够用来进行反演，如图5.2、图5.3所示。

5.2.1.2　子波提取

子波的频率要与井旁地震道主频一致。对目的层段的井旁地震剖面做频谱分析，确定其主频，作为合成地震记录的主频。

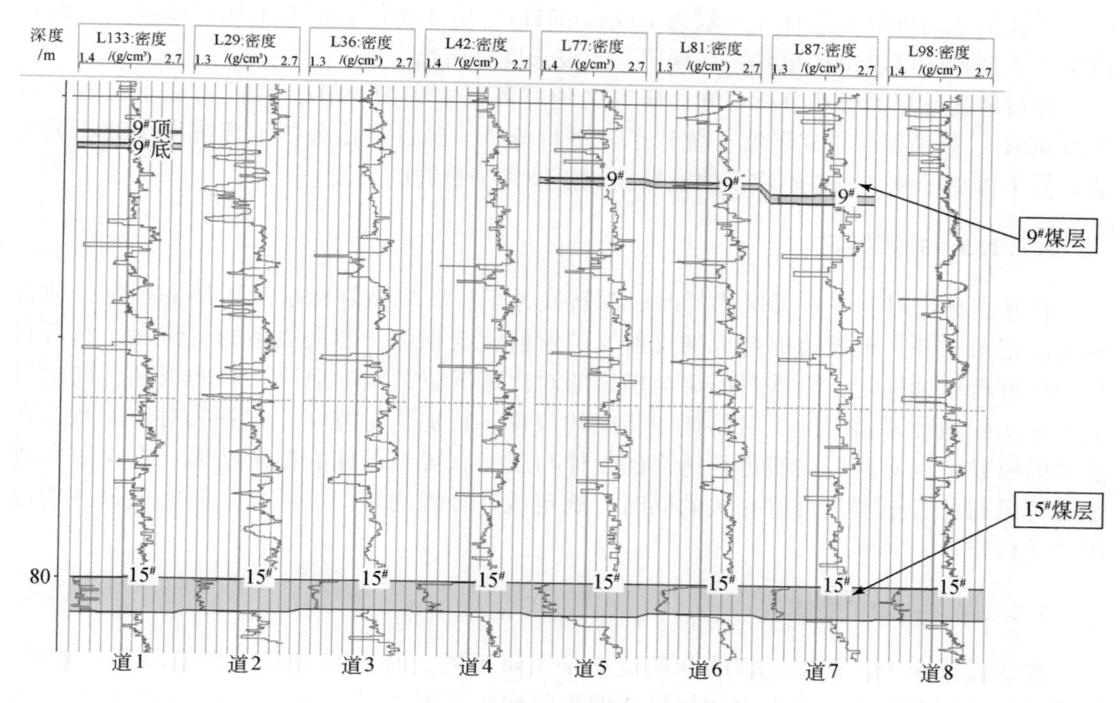

图5.2　全工区密度曲线示意图

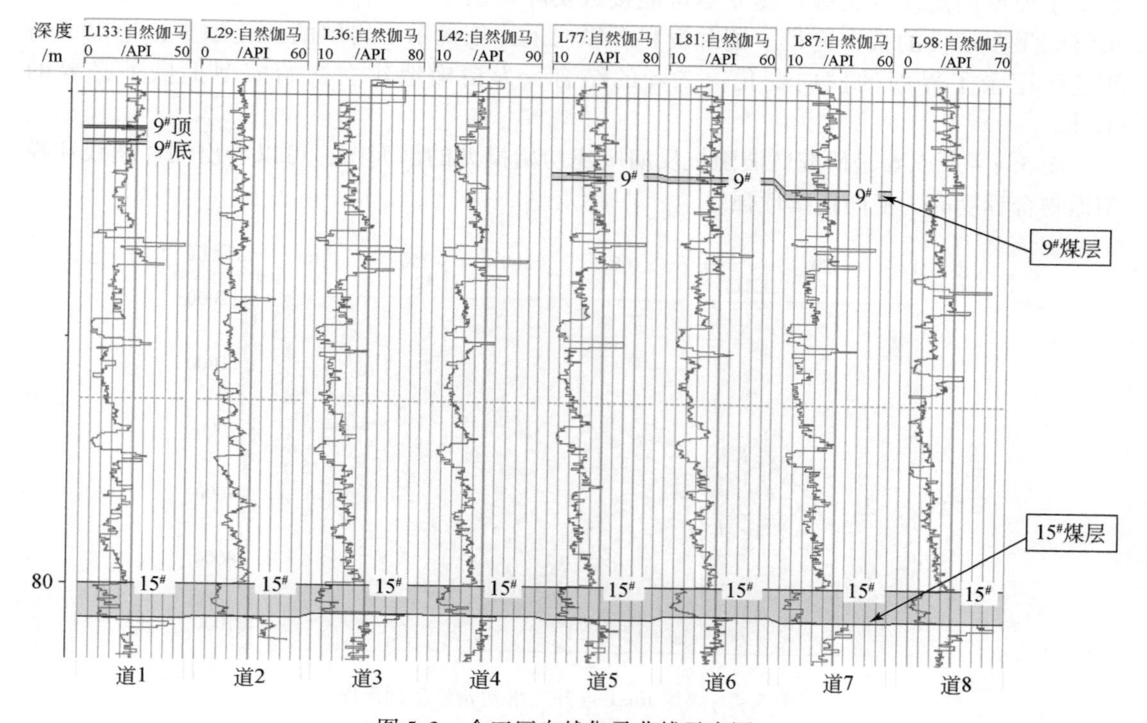

图5.3　全工区自然伽马曲线示意图

子波长度的选取要适宜（一般为100ms左右）。由于地层对高频有吸收效应，因此在浅层，子波长度可以选择短些；在深层，子波长度可略长。

通过地震数据的频谱分析可知，研究区地震数据主频为40Hz，因此雷克子波的主频也取40Hz。分别提取雷克子波、统计子波进行分析，经过对比分析发现统计子波相关系数要低于雷克子波，所以本次反演选取雷克子波作为最终的子波。

5.2.1.3　井震标定

在井震标定时，参考邻区内经验时深转换关系，首先做好标准反射层的标定，使合成地震记录与井旁地震道保持标准反射层的反射波组相位、能量关系的一致性。然后对目的层进行精细标定，根据目的层与围岩的对比情况以及实际地震资料的极性，确定目的层在实际地震资料中的反射特征和相应的位置，特别是与波峰、波谷的对应关系，在必要的时候可以对测井曲线进行适当的拉伸与压缩，得到最佳的标定结果。在保证合成地震记录与井旁地震道良好相关的同时，确定该井合理的时深关系，从而完成该井的地震地质标定。

5.2.1.4　初始模型建立

在地震反演中，初始模型的合理建立是很重要的，特别是对基于模型的反演来说，反演结果的好坏很大程度上由初始模型即先验地质认识决定，因此，建立初始模型是做好基于模型的反演的关键。建立尽可能接近实际地层条件的初始波阻抗模型，是减少其最终结果多解性的根本途径。测井资料在纵向上详细揭示了岩层的变化细节，地震资料则连续记录了界面的横向变化，二者的结合，为精确地建立初始模型提供了必要的条件。

图5.4～图5.6是研究区波阻抗反演所建初始模型的剖面图，可以看出测井曲线和模型道吻合程度高，横向连续性强。

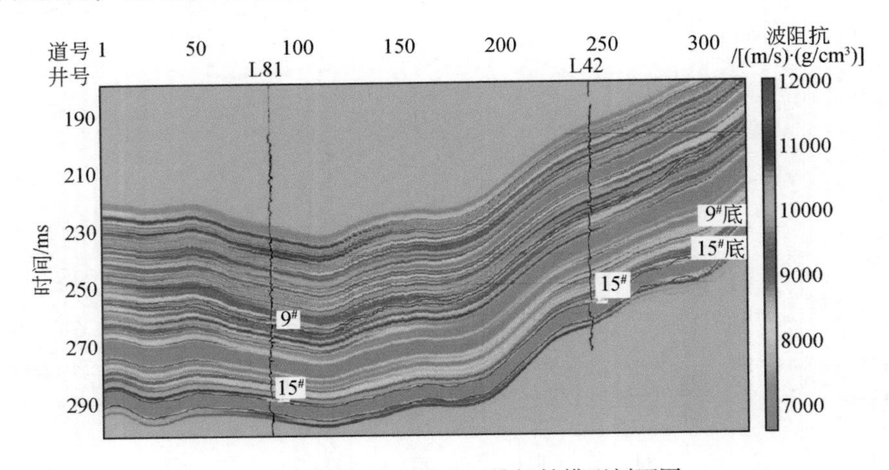

图5.4　煤层line1连井三维初始模型剖面图

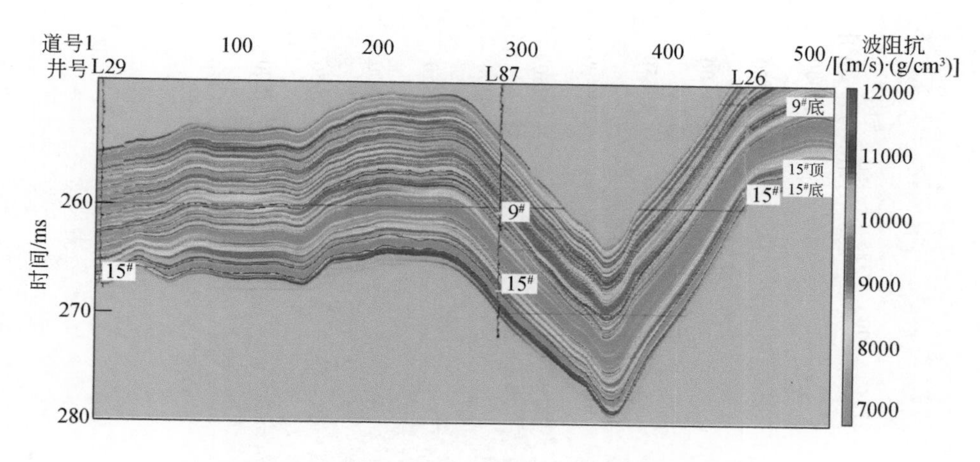

图5.5 煤层line2连井三维初始猜测模型剖面图

5.2.2 反演结果分析与评价

在完成以上各项工作的基础上，选定时窗和地震道范围，采用基于模型的反演进行反演。反演中，先对连井剖面进行反演，调整反演参数，进行反复试验、分析，确定合适的参数，然后对全区进行反演，这个过程叫作反演分析。

5.2.2.1 9#煤层厚度反演结果

工区内含9#煤层的有4口钻井，通过对4口钻井进行统计，全区的9#煤层平均厚度为0.70m，煤层结构复杂，在全区内分布不连续。9#煤层在L81测井处出现最小值，为0.32m，在L87测井处出现最大值，为1.21m，其数据见表5.2。

表5.2 工区9#煤层厚度统计表

井名	9#煤层厚度/m
L77	0.92
L81	0.32
L87	1.21
YQ-002	0.35

通过波阻抗反演，得到波阻抗数据体，再通过对波阻抗反演剖面（图5.7）低值（绿色）部分进行追踪，得到9#煤层厚度反演图（图5.8）。

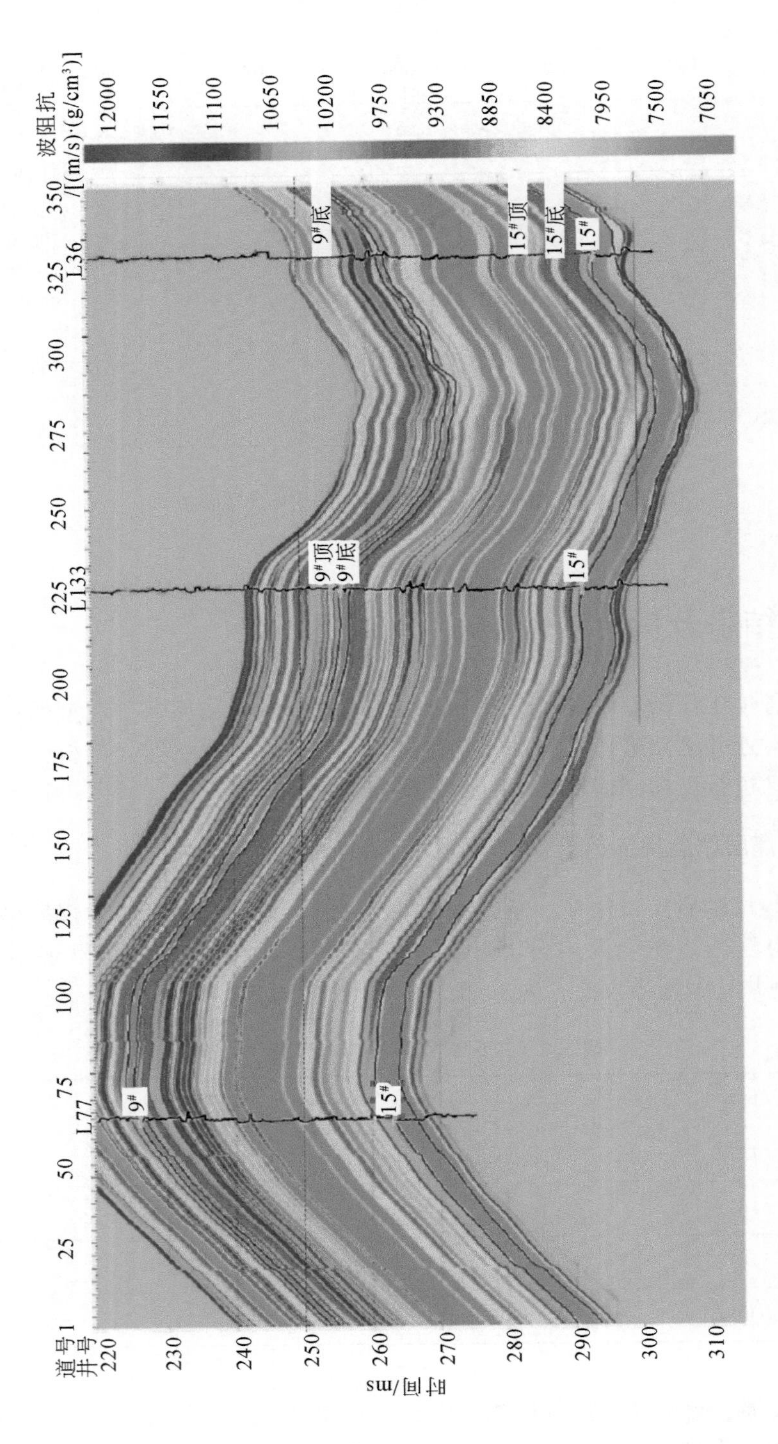

图5.6　煤层line3连井三维初始模型剖面图

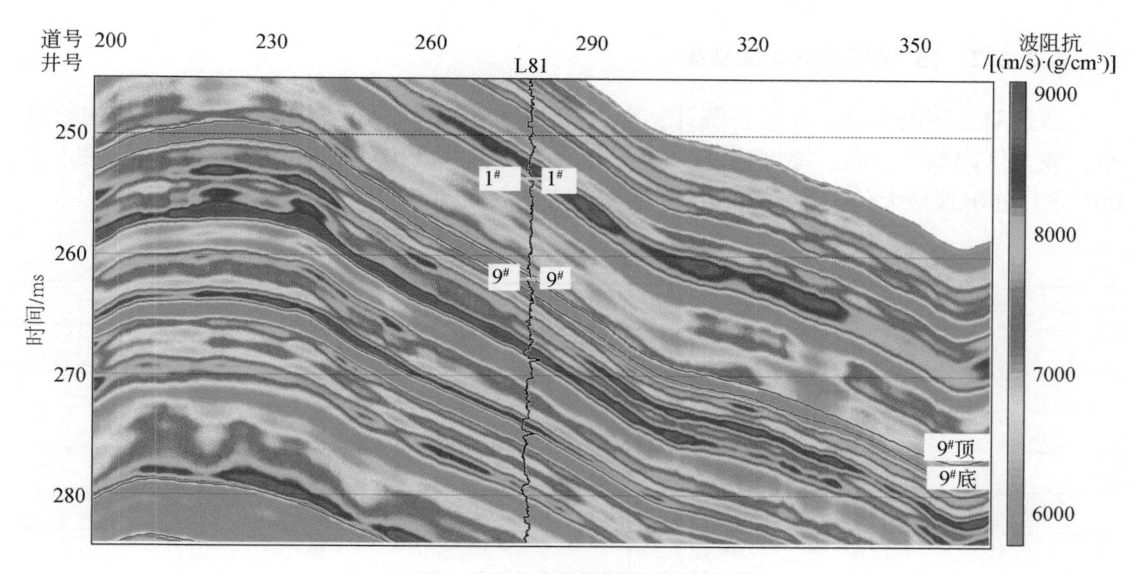

图 5.7　9#煤层波阻抗反演剖面图

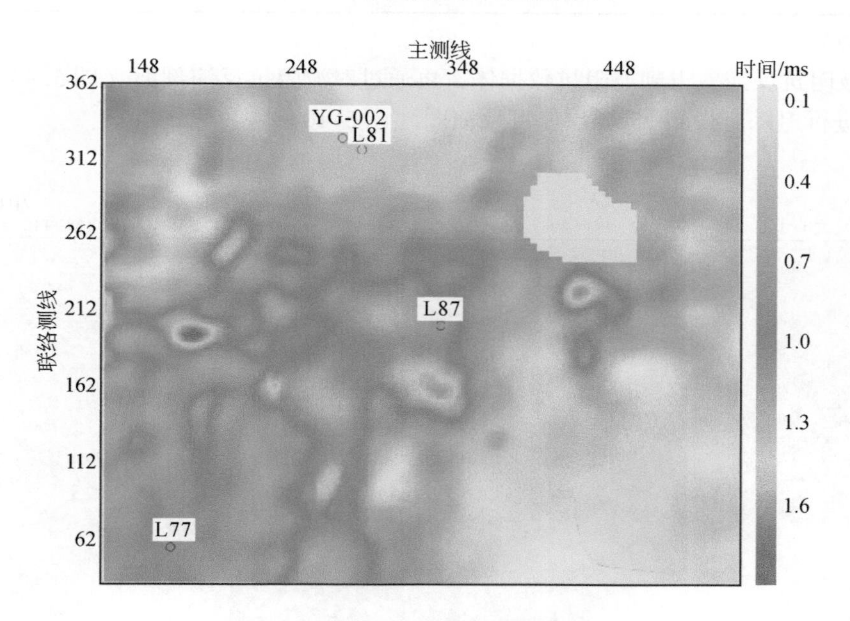

图 5.8　9#煤层时间域的厚度反演图

从图 5.8 中可以看出，工区内部的煤层厚度平均为 1m，工区的 9#煤层厚度整体呈现淡白色，以及少量绿色，在工区东北方向和东南方向均有两块无煤区，在工区的西南方向存在绿红色的区域，表示这块区域厚度为大于 1m 的煤层，工区西南方向的 9#煤层厚度普遍比东部方向的 9#煤层厚度大。

5.2.2.2 15#煤层厚度反演结果

通过对工区内8口钻井进行统计，全区的15#煤层平均厚度为4.60m，煤层结构较简单，在全区内均有分布，厚度稳定。15#煤层在L77测井处出现最小值，为3.90m，在YQ-002测井处出现最大值，为5.33m，其数据见表5.3。

表5.3 工区15#煤层厚度统计表

井名	15#煤层厚度/m
YQ-002	5.33
L36	4.32
L42	4.67
L77	3.90
L81	4.73
L87	5.06
L98	4.52

通过波阻抗反演，得到波阻抗数据体，再通过对波阻抗反演剖面（图5.9）低值（绿色）部分进行追踪，得到15#煤层厚度反演图（图5.10）。

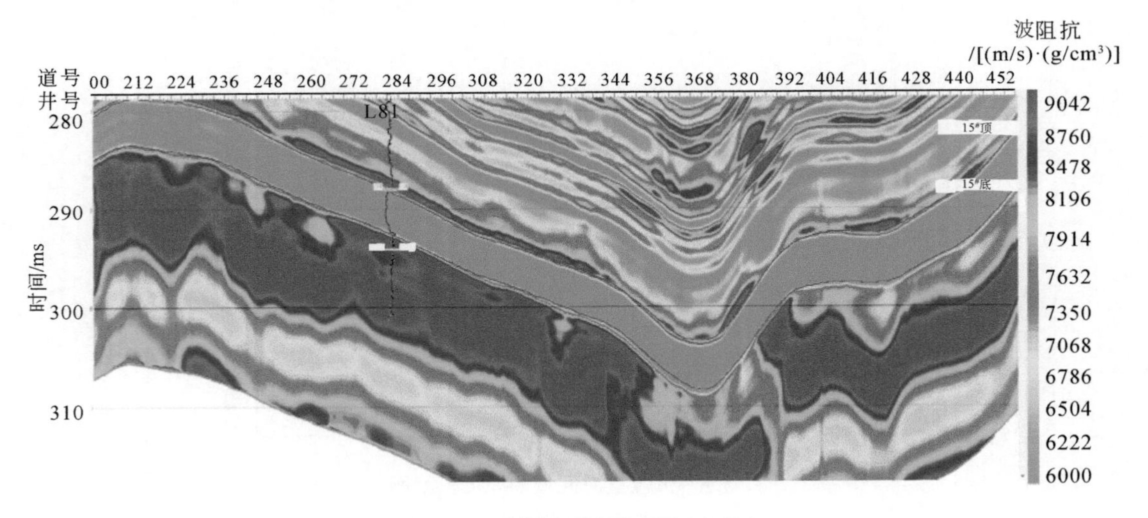

图5.9 15#煤层波阻抗反演剖面图

从图5.10可以看到，15#煤层整体颜色呈现嫩绿色和深绿色及少量淡白色，绿黄色代表煤层厚度介于4～4.5m，黄绿色代表煤层厚度介于4.5～5m。由图5.10可以看出，工区内的15#煤层厚度普遍为4.5m，通过钻井统计，含15#煤层的井有7口，本层在整个工区范围内发育较好，连续性比较好，整体厚度变化不大。在工区的西北方向以及东南方向15#煤层较厚，普遍比工区的东北方向和西南方向要大，除了在工区的东南方向有小部分

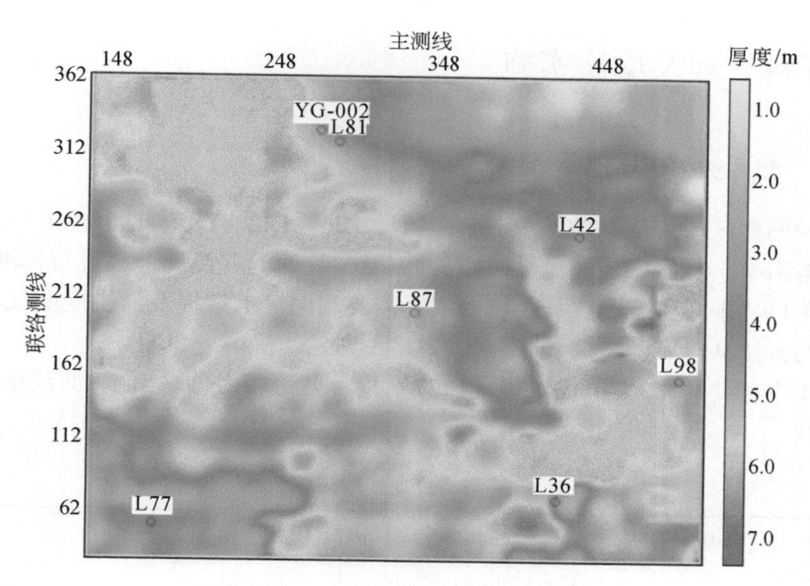

图 5.10 15#煤层厚度反演图

区域呈现深红色，代表15#煤层厚度出现极大值，其余工区的区域厚度分布较均匀。

5.3 寺家庄矿区 15118 巷道岩性预测

巷道作为煤矿井下生产的脉络，每年巷道进尺达千万米，但巷道所处地质条件复杂多样，不同围岩性质千差万别，对巷道围岩稳定性影响程度不一，因此，保持其畅通和完好状态对改善井下劳动条件和作业环境、预防顶板事故、保障矿井安全生产具有重要意义。

基于自然伽马拟声波曲线，开展波阻抗反演，并在拟声波阻抗岩性体上对煤层顶底板发育的砂岩层、泥岩层、砂泥岩互层、砂岩透镜体、泥岩夹层等岩性特征进行精细解释，为盾构机掘进砂岩层岩性确定、底抽巷层位确定等实际工程问题提供地质依据。

基于钻井的砂泥岩分布特征，统计砂泥岩平均深度、平均厚度，绘制砂泥岩连井剖面，获得工区内砂泥岩连井分布趋势，通过拟声波反演，得到波阻抗数据体，分析砂泥岩与不同岩层的波阻抗值的差异，识别煤层顶底板岩性，对顶底界面进行层位追踪，得到煤层顶底岩层的顶底标高图，两者相减，得到时间域的砂岩厚度反演图，可观察到岩层的厚度变化及起伏状态。结合深度域的测井中岩层顶底信息，再提取波阻抗数据体中顶底板岩层的顶底层位测井处的时间，对时间域的反演结果通过时深关系转换到深度域，就得到了研究区煤层顶底板岩性分布结果。

本次反演的主要目的层为15#煤层底板向下5～15m，综合运用地质、测井和三维地震资料，采用拟声波反演技术，查明目的层段的空间展布及岩性分布特征，为巷道的施工提供地质保障。

5.3.1　资料处理及反演实施

5.3.1.1　测井资料预处理

在本次的勘探区内，一共收集到钻孔 4 个，L36、L42、L87、L98 这 4 口井资料含有自然电位、电阻率、自然伽马和伽马-伽马曲线，需要对这些测井曲线进行标准化处理。

勘探区 4 口井中无密度曲线和声波曲线，需要利用第 1 章提及的密度曲线重构和拟声波曲线构建的方法从已有测井曲线中获得。

将表 5.4 中各井的 a、b 值代入式（1.27）中，就可以由伽马-伽马曲线重构出每口井的拟密度曲线。

表 5.4　伽马与密度曲线对应关系统计表

井名	$\ln GGR_{min}$	$\ln GGR_{max}$	a	b
L36	3.84	5.7	5.230645161	-0.672043011
L42	4.07	5.8	5.590751445	-0.722543353
L87	4.04	5.58	5.929220779	-0.811688312
L98	4.05	5.94	5.328571429	-0.661375661

图 5.11 是各井经过伽马-伽马曲线转化后的拟密度曲线，拟密度曲线基本在 1.4 ~ 2.65g/cm^3，符合测井曲线的规律。

5.3.1.2　反演处理

通过地震数据的频谱分析可知，研究区地震数据主频为 45Hz，因此雷克子波的主频也取 45Hz。分别提取雷克子波、统计子波进行分析，经过对比分析发现统计子波相关系数要高于雷克子波，所以本次反演选取统计子波作为最终的子波。

借助声波测井资料、密度资料和地震子波等褶积获得的地震反射图，通过精确制作合成地震记录，把地层岩性界面精确标定在地震剖面上。

在保证合成地震记录与井旁地震道有良好相关性的同时，确定该井合理的时深关系，从而完成该井的井震标定，使各井合成地震道和实际地震道在各个煤层上相关系数较高，井震标定达到反演要求。

从地震资料出发，以测井资料和钻井数据为基础，建立能反映本区沉积体地质特征的低频初始模型。图 5.12 是研究区巷道位置波阻抗反演所建初始模型的剖面图，可以看出测井曲线和模型道吻合程度高，横向连续性强。

图5.11　各井拟密度曲线

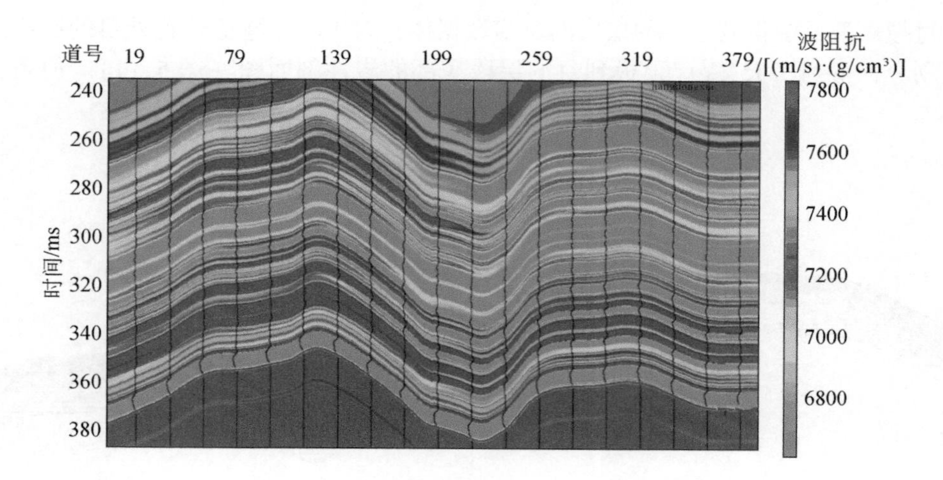

图5.12　研究区巷道位置波阻抗反演所建三维初始模型剖面图

5.3.2 反演结果分析与评价

通过反演分析，合成地震记录与实际地震记录的匹配误差非常小，适合进行叠后反演。

由于研究区钻井间距大，同时为了使得反演结果更加地偏向地震道，减小反演结果的模型化，对研究区进行叠后反演时，其硬约束条件选择40%，以求获得更好的结果。

为了减少计算时间，不取整个数据做计算，本次反演取15#煤层底板向上20ms、向下20ms时窗。

图5.13是15#煤层巷道波阻抗反演结果剖面图。

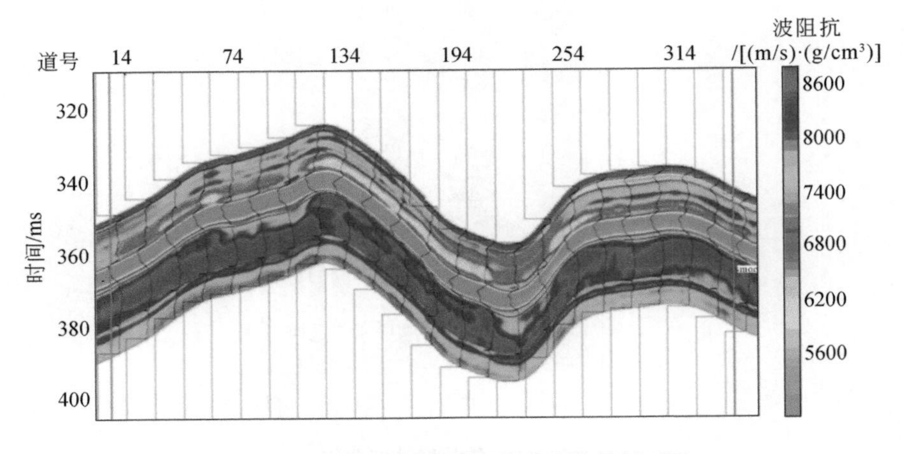

图5.13　15#煤层巷道波阻抗反演结果剖面图

通过拟声波反演得到了目的层段的反演数据体，对15118巷道位置处目的层段剖面岩性进行划分，得到了15#煤层顶板到目的层段底部的岩性剖面图（图5.14）。但是，由于

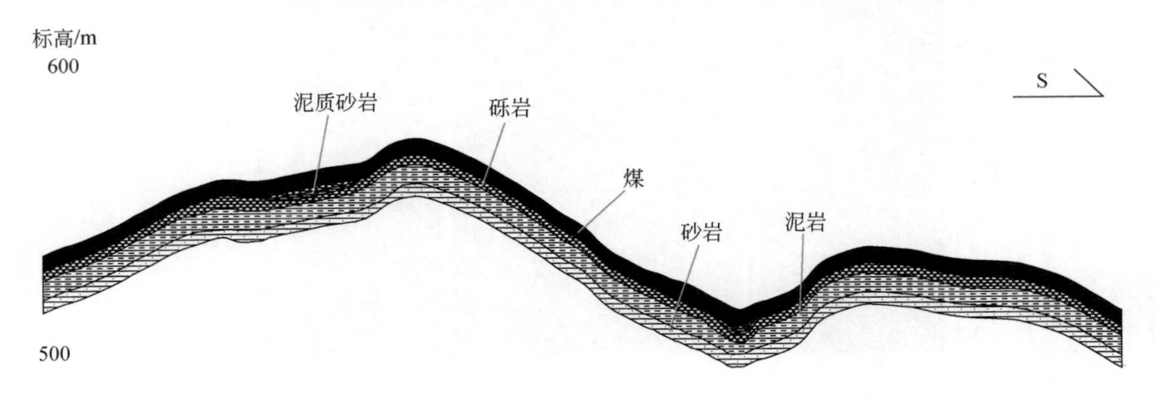

图5.14　15#煤层顶板到目的层段底部的岩性剖面图（纵向比例5∶1，横向比例1∶1）

测井曲线的限制，仅有 L87 井达到目的层深度，所以反演结果具有一定的局限性。通过和目的层段岩性、厚度统计结果（表 5.5）对比，反演结果与钻井实际揭露情况较一致。经分析获得以下成果：15118 巷道所处位置的剖面岩性分布较复杂，存在泥质砂岩透镜体，表明该地区沉积环境较复杂，地应力场各向异性较强，修建巷道需加强注意。

表 5.5　设计巷道连线 15#煤层及向下 20m 岩性反演结果统计表

井名	岩层名称	顶板标高 /m	底板标高 /m	岩层厚度 /m
L87（向西 244m）	15#煤层	579.02	573.62	5.4
	菱铁矿	573.62	573.0639	0.5561
	砾岩	573.0639	570.236	2.8279
	泥岩	570.236	568.5697	1.6663
	砂质泥岩	568.5697	564.3454	4.2243
	泥岩	564.3454	559.2684	5.077
	石灰岩	559.2684	558.8014	0.467
	砂岩	558.8014	549.6426	9.1588
L36（向东 224m）	15#煤层	530.42	525.57	4.85
	泥岩	525.57	523.9767	1.5933
	砂质泥岩	523.9767	521.6494	2.3273
	菱铁矿	521.6494	521.1659	0.4835
	泥质粉砂岩	521.1659	518.4862	2.6797
L42（向东 256m）	15#煤层	589.13	584.17	4.96
	菱铁矿	584.17	583.6782	0.4918
	泥岩	583.6782	583.0522	0.6260
	砾岩	583.0522	578.2001	4.8521
	砂岩	578.2001	572.3618	5.8383
	砾岩	572.3618	571.2172	1.1446
	砂岩	571.2172	568.2639	2.9533
	菱铁矿	568.2639	568.0186	0.2453
	泥岩	568.0186	566.9864	1.0322
	砂岩	566.9864	565.3148	1.6716
L98（向东 620m）	15#煤层	626.46	621.28	5.18
	泥岩	621.28	619.8619	1.4181
	砂岩	619.8619	616.3867	3.4752
	砾岩	616.3867	611.6167	4.77

5.4 寺家庄矿区巷道围岩岩石力学性质预测

5.4.1 基于叠后波阻抗反演的岩性预测

由于研究区钻井的间距大，同时为了使反演地结果更加地偏向地震道，减小反演结果的模型化，对研究区进行叠后反演时，其硬约束条件选择40%，以求获得更好的结果。图5.15是L42井的叠后波阻抗反演分析剖面，合成地震记录与实际地震记录的匹配误差非常小，适合进行叠后反演。

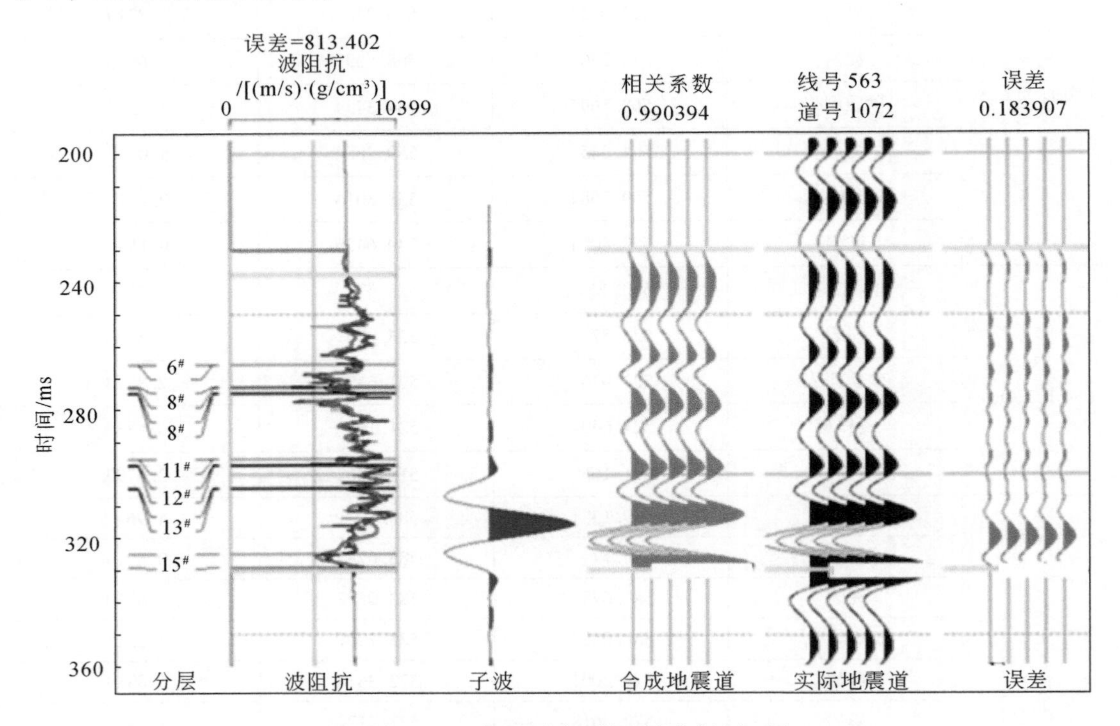

图5.15　L42井叠后波阻抗反演分析剖面图

利用反演分析得到的参数进行波阻抗反演，得到了波阻抗数据体。在解释前，需要解释人员精细地检验波阻抗反演结果的正确性，才能得到客观的评价结果。通过对波阻抗和地震波形进行叠合发现，两者吻合度较好；井旁地震道与测井响应对应良好；连井波阻抗剖面所反映的岩性变化规律与测井对比结果一致，说明反演结果合理，符合地质认识，可以应用于下一步的解释工作。

由于岩体在沉积过程中存在沉积和成岩作用差异，致使其地球物理特征不同。在沉积环境相对稳定的地区，砂泥岩的波阻抗分布区间重叠较小，在这种条件下可以在波阻抗反演体上通过单一的阈值将砂泥岩区分开。

图5.16为工区内某钻井位置处的反演剖面图，根据钻井实际揭露，15#煤层下部的岩性主要为砂岩或者泥岩，图中蓝色部分对应砂岩，其他部分为泥岩。所以，选取8900（m/s）·（g/cm³）为砂岩与泥岩的分界阈值，大于该值的为砂岩，小于该值的为泥岩。

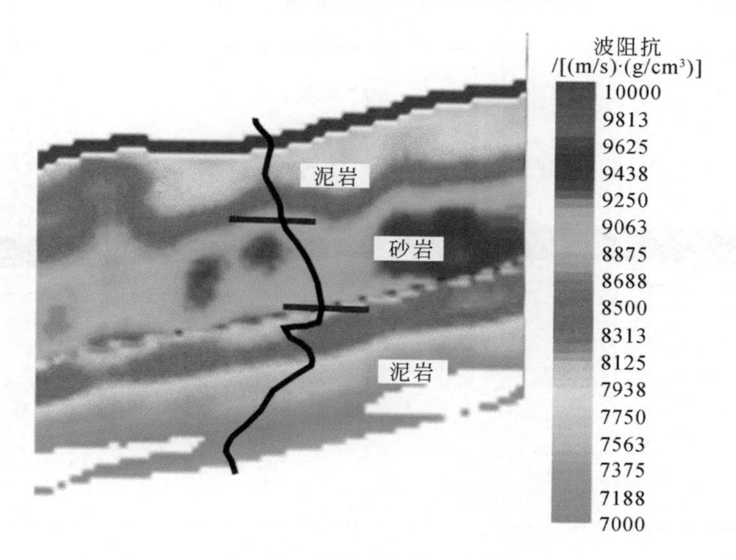

图5.16 某钻井位置处的反演剖面图

基于以上认识及波阻抗反演结果，在15118巷道目标层段的波阻抗反演剖面中对岩性进行划分。如图5.17所示，高于阈值的部分为砂岩，低于阈值的部分为泥岩。

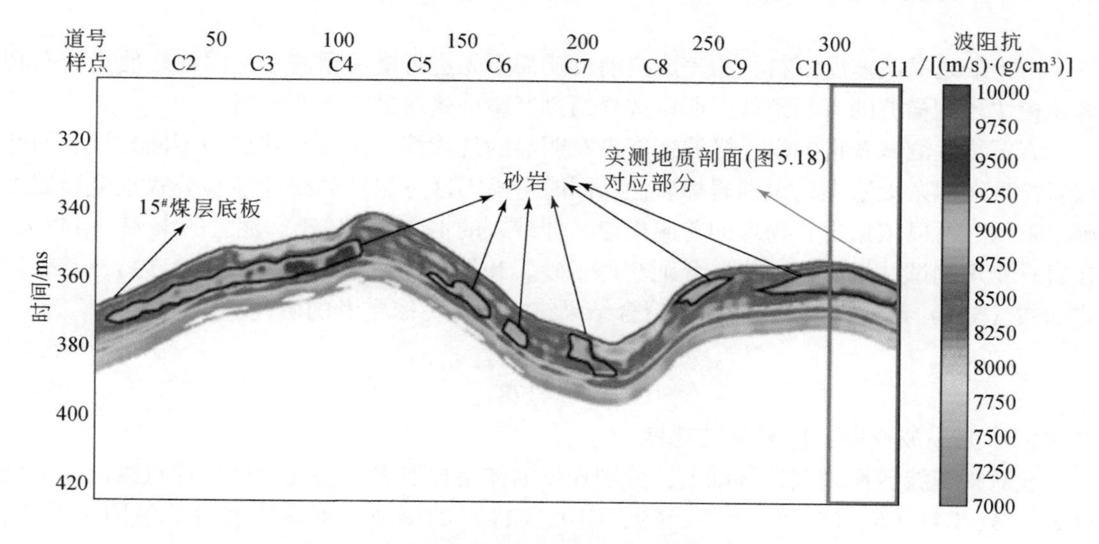

图5.17 15118工作面进风底板岩石预抽巷岩性识别剖面

从反演结果上看，砂体位于研究层段中部，呈似层状、透镜体状分布，符合该地区障壁海岸相的沉积规律。图5.18为图5.17中红色方框部分的实测地质剖面图，两者岩性结构基本一致，进一步说明了通过波阻抗反演进行岩层岩性识别是可行的。

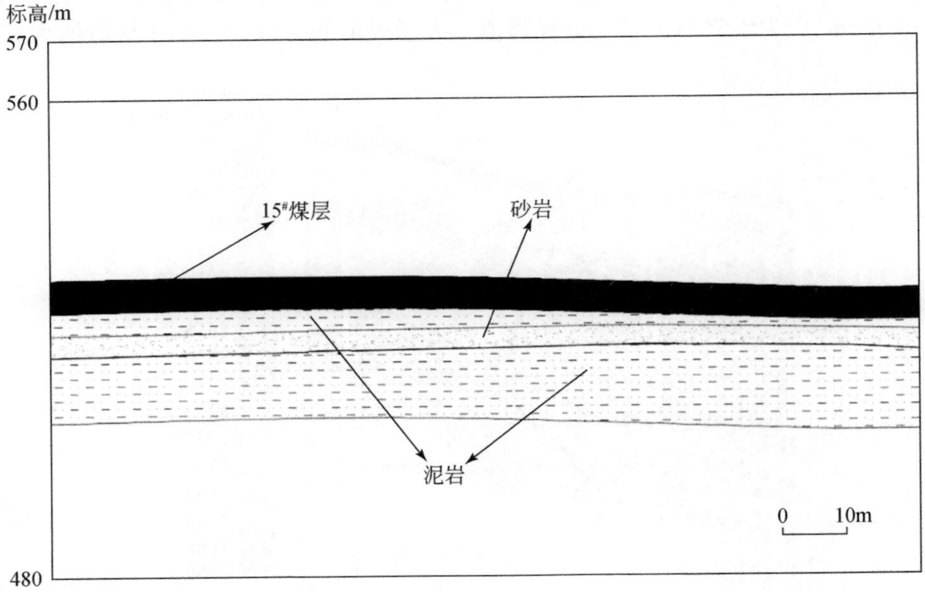

图 5.18　15118 工作面进风底板岩石预抽巷道线实测地质剖面图

5.4.2　横波预测

由于缺乏横波速度资料，为完成叠前反演需要先进行横波预测。又因缺乏使用岩石物理建模法预测横波的有利条件，所以选择通过经验公式法进行横波预测。

岩石物理测试获得的纵、横波速度没有明显的规律性，无法有效识别不同岩性。而测试岩样砂泥混杂无法准确识别岩样岩性，同时考虑不区分岩性的线性经验公式预测横波准确率较低。所以依据岩石物理的普遍规律，即砂岩的 V_p/V_s 值较小，泥岩的 V_p/V_s 值较大，在岩石物理测试结果的极限位置分别获得了砂岩和泥岩的拟合趋势线（图 5.19），其表达式如式（5.1）及式（5.2）所示，拟合结果符合众多专家学者的研究规律。

$$V_s = 0.6388 V_p \tag{5.1}$$

$$V_s = 0.4178 V_p \tag{5.2}$$

式中，V_p 是纵波速度；V_s 是横波速度。

在获得横波转换公式的基础上，分别在反演体上提取岩石物理测试采样点纵向剖面处（C2、C3、C4、C5、C6、C7、C8、C9、C10、C11）的纵波速度曲线及叠后波阻抗曲线，依据 8900（m/s）·（g/cm^3）这一阈值在叠后波阻抗曲线上进行岩性划分。然后，依据波阻抗曲线上的岩性划分结果，结合岩石物理测试分析获得不同岩性的横波转换公式，在岩石物理测试采样点纵向剖面上构建横波速度曲线（图 5.20）。

图 5.21 为基于横波预测结果获得的叠前 V_p/V_s 反演剖面图。从剖面图上可以看出，砂

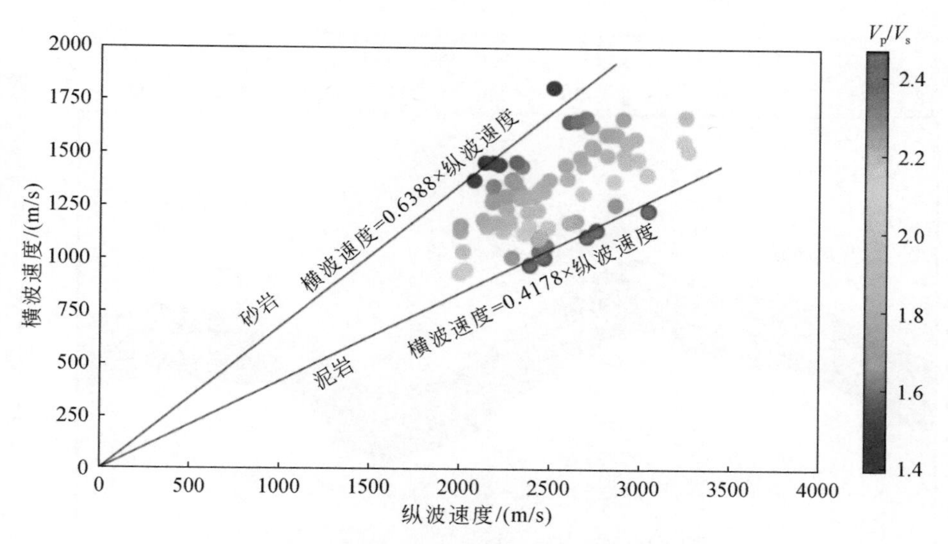

图 5.19　岩石物理测试纵波速度与横波速度结果交汇图

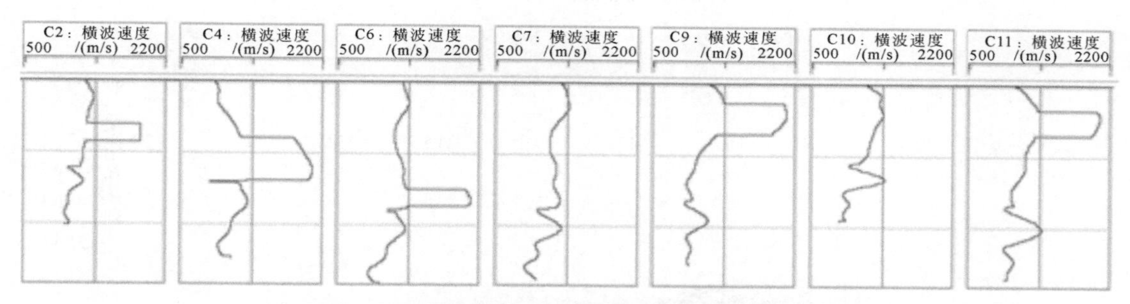

图 5.20　基于岩石物理统计分析获得的横波曲线预测结果

岩呈三个透镜体状分布，边界光滑清晰，形态上符合沉积规律；从砂岩与煤层层间距上看，左侧砂岩与煤层层间距大，右侧层间距小，表现为不同层位的两层砂岩；从砂岩厚度变化上看，表现为右侧砂岩厚，左侧和中部砂岩相对薄。通过与实际揭露相比，两者吻合度较高。因此，可作为岩石力学性质预测的基础。

5.4.3　巷道围岩岩石力学分析

针对15#煤层底面层位深度曲面数据进行地震曲率属性计算，该研究区15#煤层底板标高在490～550m，巷道位置处构造总体起伏较小，但存在一个褶曲构造，在褶曲构造北部存在一个倾角过大的区域。

基于趋势面法分别提取15118巷道剖面处的最小负曲率及最大正曲率属性，如图5.22及图5.23所示。巷道剖面线上曲率整体变化不大，但存在异常区域。剖面上的异常值位置与研究区构造位置对应一致，表明曲率提取基本正确，满足进一步计算的要求。

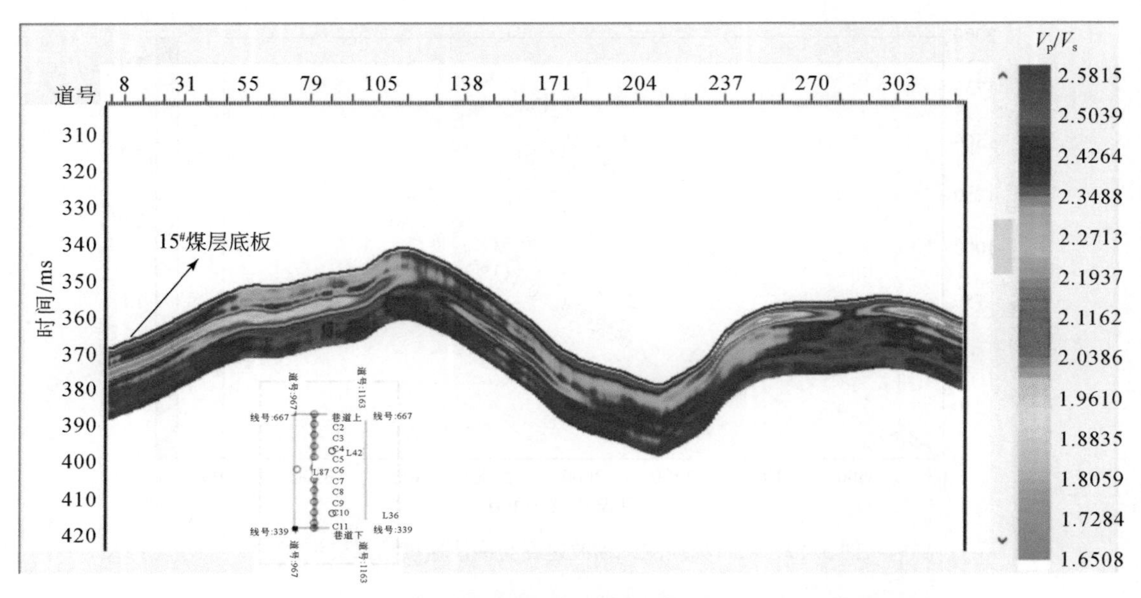

图 5.21　15118 工作面进风底板岩石预抽巷叠前 V_p/V_s 反演剖面图

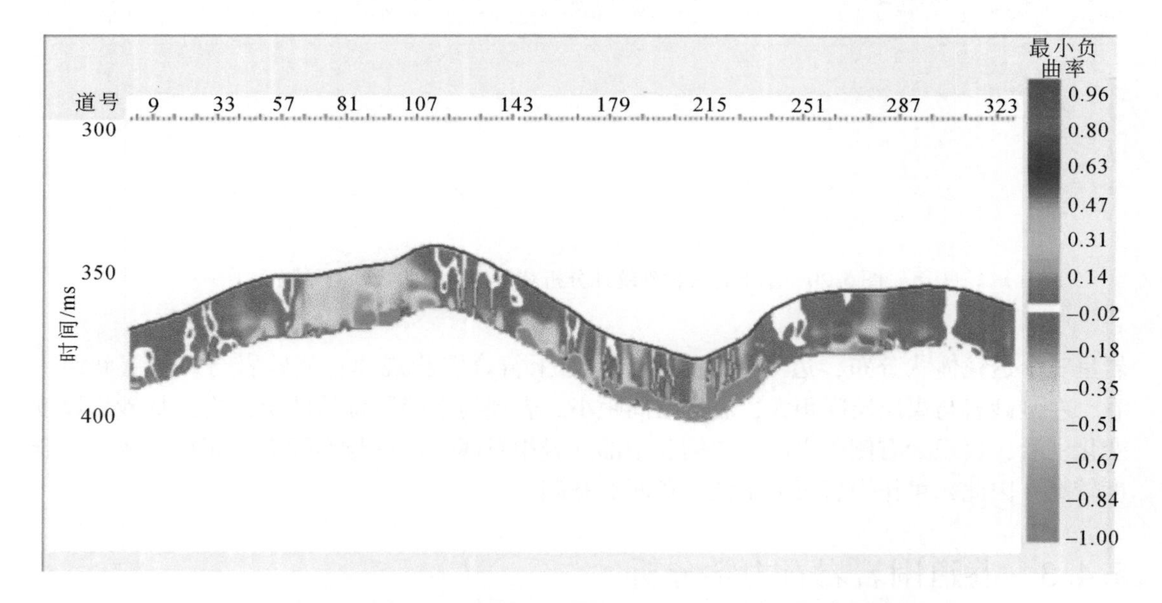

图 5.22　15118 工作面进风底板岩石预抽巷最小负曲率提取剖面图

图 5.24 为基于叠前反演结果获得的弹性模量反演剖面图。

图 5.25、图 5.26 为通过式（5.3）、式（5.4）获得的最大、最小水平地应力反演剖面图。由于无法获得地表高程的分布资料，所以式中以 $z=1$ 为假设条件。

$$\sigma_{\max}=-\frac{Ez}{1-v^2}(K_{\text{neg}}+vK_{\text{pos}}) \tag{5.3}$$

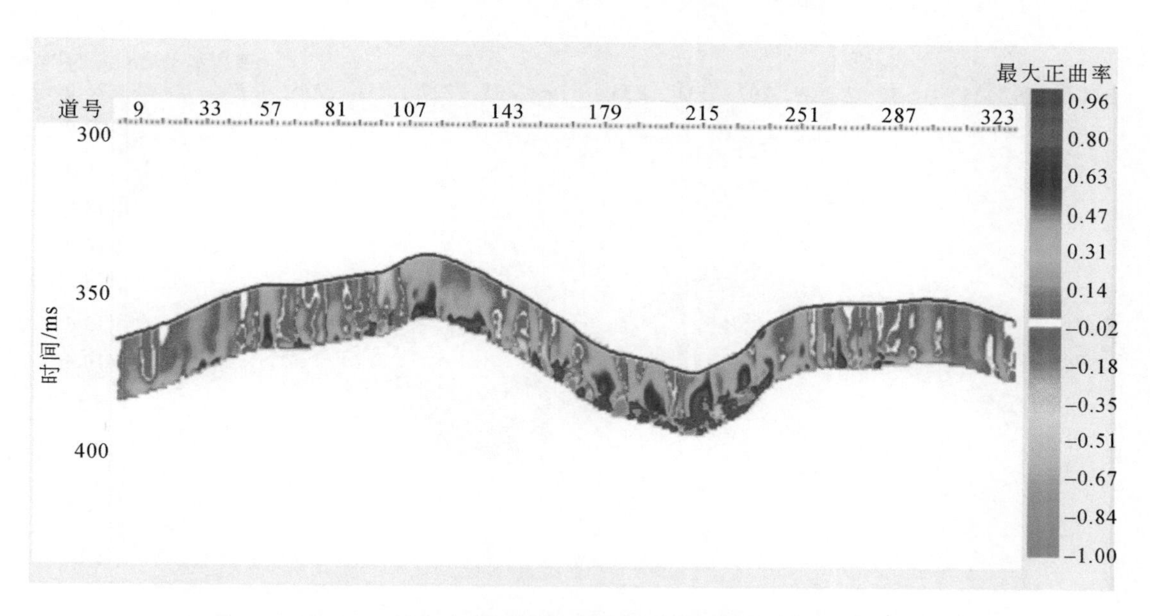

图 5.23　15118 工作面进风底板岩石预抽巷最大正曲率提取剖面图

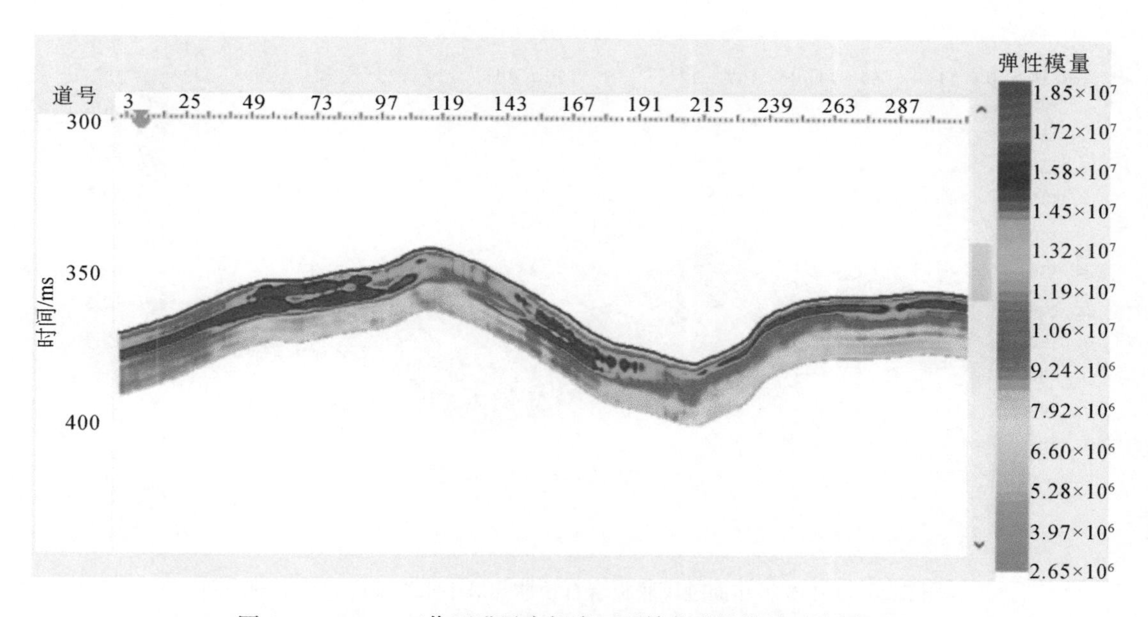

图 5.24　15118 工作面进风底板岩石预抽巷弹性模量反演剖面图

$$\sigma_{\min}=-\frac{Ez}{1-v^2}(vK_{\text{neg}}+K_{\text{pos}}) \tag{5.4}$$

式中，K_{neg}及K_{pos}分别是最小负曲率及最大正曲率；$\sigma_{\max}$是最大水平地应力；$\sigma_{\min}$是最小水平地应力；E是杨氏模量；v是泊松比。

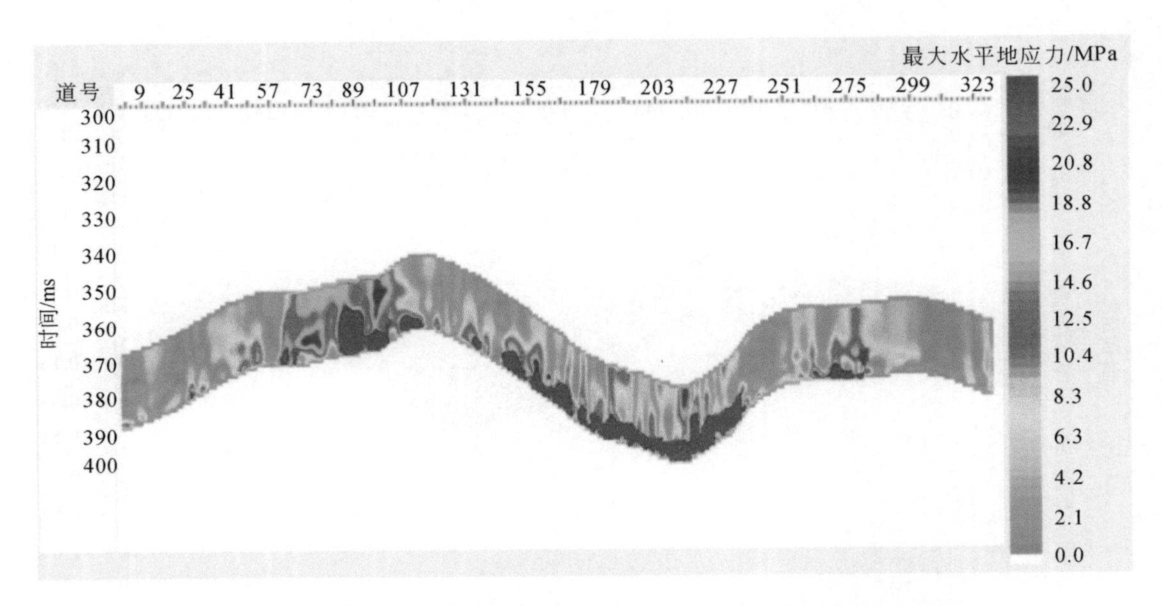

图 5.25　15118 工作面进风底板岩石预抽巷最大水平地应力反演剖面图

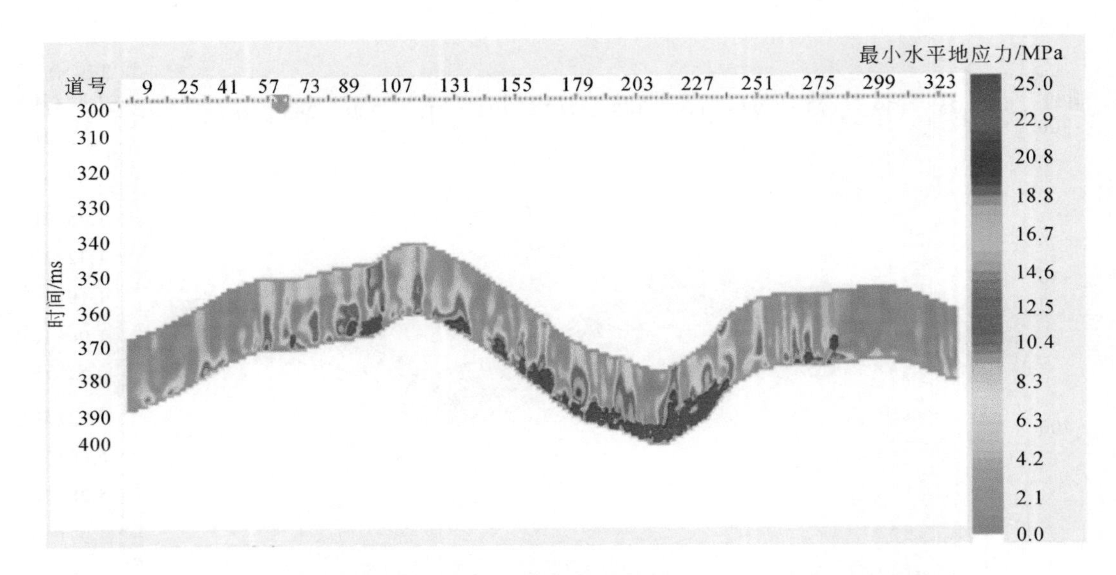

图 5.26　15118 工作面进风底板岩石预抽巷最小水平地应力反演剖面图

基于上述计算获得的最大、最小水平地应力，利用式（5.5）获得岩体的稳定系数，如图 5.27 所示。

$$T=\frac{\sigma_{\max}-\sigma_{\min}}{\sigma_{\max}}=\frac{(1-v)(K_{\text{neg}}-K_{\text{pos}})}{K_{\text{neg}}+vK_{\text{pos}}} \tag{5.5}$$

图 5.27 中数值较大的地方为岩体稳定性较差的位置，数值较小的地方为岩体稳定性

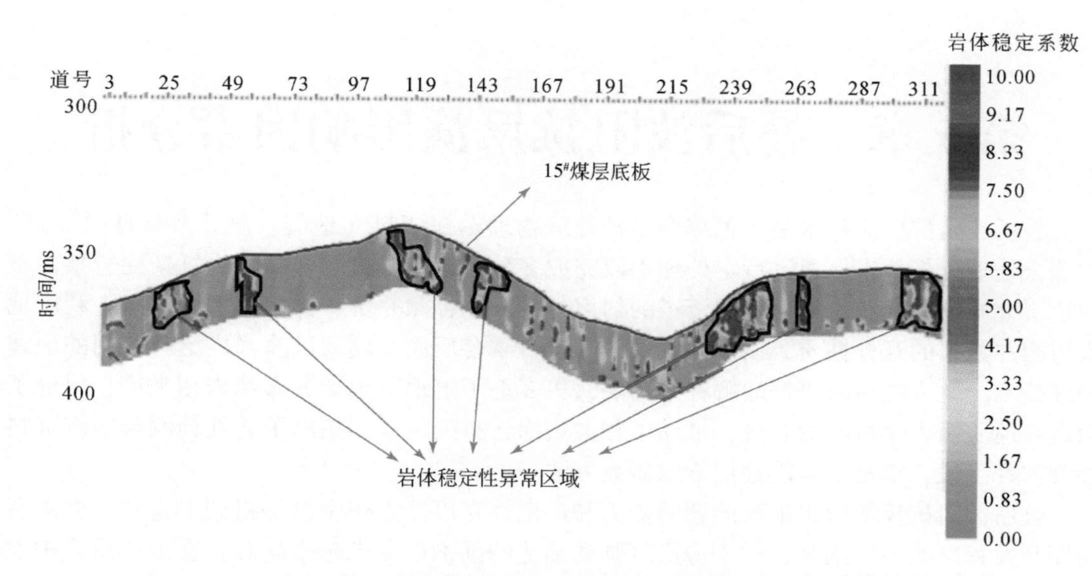

图5.27　15118工作面进风底板岩石预抽巷岩体稳定系数反演剖面图

较强的位置。根据反演结果显示，该巷道整体稳定性较强，但存在稳定性较差的异常区域。通过与图5.17对比，图5.27显示异常的位置主要可以分为三种类型：①地层起伏较大的区域；②地层岩性突变的位置；③既属于地层起伏变化大又属于地层岩性突变的位置。

第6章　叠后波阻抗反演影响因素分析

叠后波阻抗反演技术是一种综合多种地球物理勘探资料（地震、测井及岩性等资料）的综合处理分析技术，通过特定处理手段完成多种资料的有机融合，解决复杂构造条件下的地层地质解释问题。依靠地震资料的约束外推，结合测井资料详细的垂向信息，利用地震与测井数据的互补性质，以测井约束地震进行联合反演，成为目前“广泛”应用的地球物理技术。此方法可以更好地解释目的层，更多地了解地下地层分布和岩相类型，促进了地震与地质两大学科间的联合，推动了相关边缘学科的发展，拓展了岩性预测与地震资料综合解释手段，丰富了地震地层学的研究方法。

叠后波阻抗反演解决地质问题的能力和适用性在以往工作中已经得到了肯定，但随着勘探开发程度的不断提高，对于薄层刻画和描述的准确性要求越来越高，在生产研究中发现，测井约束波阻抗反演方法会存在分辨率低、多解性强的问题，特别是对于薄层、薄互层及岩性边界等，预测可信度较低，甚至出现虚假岩性尖灭现象，导致解释陷阱（王延光，2022）。同时，由于很难准确提取薄层的地震信息，使得利用地震属性预测薄储层的结果具有不确定性。

本章对叠后波阻抗反演结果的主要影响因素进行讨论与分析，反演结果的精度除依赖于研究目标的地质背景、钻井数量、井位分布以及地震资料的品质外，还取决于处理和解释工作的精细程度，其中主要包括以下几个方面：测井数据的预处理和标准化、测井曲线的重构、井震标定的好坏、地震构造层位的解释、初始模型插值算法的选取和反演参数的影响等。反演结果得到的波阻抗剖面被认为是储层特征的反映，然而，受到上述多种因素的影响，地下的波阻抗特征与储层特征之间还有一定差距。客观地分析影响叠后波阻抗反演品质的因素，并有针对性地提出相应的对策，对降低反演的多解性，提高储层的预测精度都是十分必要的。

6.1　影响反演结果的因素及解决方法

6.1.1　地震资料

作为反演的主体数据——地震数据，要求必须是高信噪比、高分辨率、高保真度的资料（马永生等，2016），不是通常用于解释的增益地震数据，而是经过精细处理的零偏移距叠后的纯波数据。地震数据是经过偏移处理的没有多次波的数据，每道地震只与下方地层的反射序列相关，没有振幅随偏移距的变化（amplitude variation with offset，AVO）。通常假设波阻抗反演输入的地震数据的振幅信息反映了地下波阻抗变化情况，地震剖面没有多次波和绕射波的噪声分量，或者说噪声是随机的与地震无关的白噪声。

6.1.1.1　信噪比

信噪比低的资料不可能得到好的反演结果，因为反演技术本身不能把噪声剔除在外，包含噪声的反演必然要影响地质效果。尤其是多次波或层间多次波存在时，多次反射当作界面反演，将会干扰反演的地质效果，有可能造成假象。可以使用自适应相干噪声衰减技术、分频高能噪声压制技术和多次波压制技术等地震处理方法来对地震数据进行去噪。

6.1.1.2　分辨率

叠后波阻抗反演的分辨率是受地震资料分辨率、地震主频及频宽制约的，地震资料分辨率取决于地震采样率，小于地震采样率的薄层在模型道中被平滑而不能分辨，采样率决定了反演所能达到的分辨薄层的最大限度。近年来，随着地震勘探技术的提高，实际地震资料的采样率普遍实现了1ms采样，因此，井旁道的地震反演纵向分辨率基本可以与测井曲线达到最佳匹配，实现了对薄层的有效分辨。同时，叠后波阻抗反演的分辨率与地震的主频及频宽成正比，与到井旁道的距离成反比。地震资料的有效频带范围基本决定了反演结果对储层有效厚度的分辨能力，叠后波阻抗反演对提高主频低、频宽窄的地震资料反演的分辨率是困难的。反演中所采用的地震子波的主频高低决定了合成地震记录反映波阻抗厚度的大小，子波主频越高，可以识别的储层厚度越小。所以，地震主频越高，叠后波阻抗反演越容易识别薄储层，其结果也更真实可靠。可以采用高分辨率数据采集或分频或拓频处理、反褶积和反Q滤波等处理来获取更宽频带信号，提高地震数据的分辨率。

6.1.1.3　保真度

高保真地震资料是岩性识别的必要条件，尤其是地震资料处理时振幅保持。在地震资料处理时应该考虑反演对高保真数据的要求，在反褶积、噪声切除，尤其是多次波处理方面，最终得到更加真实地反映地质反射特征的真振幅剖面，使得地震更加准确地反映地下波阻抗变化（Lupinacci et al.，2017），才能保证数据反演结果的保真度，因此采集高质量的有效信号，采用先进的处理方法是获得高保真反演结果的基础。

6.1.2　井质量和数量

由于地震道是一个有限频带的信号，用直接反演方法得到的波阻抗只是一个相对值，缺乏10Hz以下的低频分量，因此需要加入其他频段的分量，才能得到绝对波阻抗值。高分辨率的测井资料是反演的关键，测井资料可以提供地震资料所不具备的更低频和高频的信息，弥补地震资料有限带宽的不足。用于基于模型的反演的测井资料最主要的是声波和密度测井资料，但有时候所收集的测井资料会存在缺失反演关键曲线的情况，这时采用重构曲线的方法可能达不到好的效果，从而影响反演结果。反演前需要建立一个初始的低频模型，然后得到合成地震道与实际地震道的误差，不断迭代，最终得到波阻抗模型，这个过程直接利用井的信息，故井的信息越多，先验信息就越丰富，反演结果的不确定性就越小，与真实情况也越接近，通过以往经验得出随着井网密度的增加，叠后波阻抗反演的结果有明显的改善。因此，在进行反演准备工作时，收集参数齐全、质量高、数量多的测井数据是地震勘探反演的关键。

6.1.3 标准化处理影响因素

测井曲线经过环境校正和曲线编辑后，测井读数仍然存在一定的误差，这种误差主要是由仪器刻度不一，仪器不正常的工作与操作，使用不同测井公司的仪器，环境校正不完善等因素引起的。这些误差的存在，可能导致不同井在标准层上的测井读数差别较大。而这种误差直接导致井间约束的误差，原来没有岩性横向的变化，却可能推出岩性横向的变化，产生解释陷阱。所以，叠后波阻抗反演要求使用标准化后的测井资料。

测井曲线标准化的处理实质上是利用同工区的同一层段内往往具有相似的地质-地球物理特性，规范测井数据具有的自身相似分布规律。因此，一旦建立各类测井数据的标准分布模式，就可以对各井的测井数据进行整体的综合分析，校正刻度的不精确性，达到全工区范围内测井数据的标准化。

6.1.3.1 标准层和标准井的选取

显然测井数据标准化的客观依据是“标准层”的测井数据具有相似的频率分布。标准层应具有如下特点：①在目的层相邻井段内，标准层与目的层之间的测井环境相近，尤其是地层浸泡时间相近；②岩性稳定且全区普遍分布，地层厚度越大，岩性与测井响应特征明显便于对比，且同一测井曲线数据相同或呈规律变化（宋泽章等，2016）。另外需要在工区范围内选择关键井，达到正确揭示和描述工区地质特征的目的。确定标准井一般应具有如下品质。

（1）理想的地质控制：处在构造的主要部位，其分布具有明显的控制作用，能反映工区地质特征的变化趋势。

（2）相对完善的测井资料：有完整的和精度较高的裸眼井测井资料，在工区具有代表意义。

（3）良好的井眼条件：井眼规则近于直井，钻液性能符合要求，有利于测井的环境条件。

（4）系统生产测试资料：有比较系统的生产测试资料，齐全的煤层含量等资料。

（5）标准井的标准层厚度稳定：各种测井曲线的响应特征明显。

6.1.3.2 标准化处理方法

测井曲线标准化处理方法较多，具体的标准化处理方法选择主要参考研究区的面积大小、沉积特征、断层发育、井网密度等情况，直方图法是普遍适用且效果较好的方法。

直方图法是将研究区内不同井标准层的测井参数值划分为若干段，分别统计出各个井标准层测井数值落入每段的频次，从而绘制某一测井参数值的频率直方图，并与关键井的标准层测井值进行比较的方法。根据标准层的频率直方图的特征峰值或者其频率分布应基本保持不变的情况，以关键井的频率直方图作为校正标准，通过计算分析将所有井的曲线值校正至关键井标准层特征峰值的刻度范围内。

6.1.4　重构测井曲线处理效果影响因素

特征曲线影响着岩性识别精度的纵向分辨率，从而影响着目的层预测的精度，而声波曲线是进行常规波阻抗反演的基础资料。随着勘探开发程度的不断提高，地下岩层具有非均质强、赋存空间复杂、控制因素多等特点，导致在某些地区声波测井信息在目的层和非目的层的响应区分不明显。若直接使用原始的声波曲线进行反演，即使反演结果分辨率达到了要求，也无法有效识别出目的层，利用声波测井的常规波阻抗反演就面临着严重的挑战。

研究发现，重构声波曲线，能够对目的层预测纵向分辨率有所改善。纵波曲线及纵波时差等速度类测井资料在反演处理中是最主要的测井曲线，但当工区速度曲线与实际地层的岩性对应关系不好时，就不能很好地区分目的层和围岩，仅用声波曲线进行约束反演，难以直接表达目的层的分布特征。特征曲线重构是以地质、测井、地震综合研究为基础，针对具体地质问题和反演目标，以岩石物理学为基础，从多种测井曲线中优选，并重构出反映目的层特征的曲线。理论上，常规测井资料中的自然伽马、自然电位、密度、补偿中子、电阻率等非速度类曲线与地震反射没有直接对应关系，但能直接反映地层的岩性，可以用于识别目的层。拟声波法就是将原始声波曲线低通滤波作为低频部分，将对岩性反应敏感的自然伽马或自然电位等曲线作为高频部分，最后将低频和高频合并得到拟声波曲线，相当于在反演中加入了岩石物性及地质先验知识的控制（张学芳等，2005），此方法简单快速，得到的拟声波曲线可增强对目的层的区分能力。

在进行曲线重构时，一定要遵循两条原则：一是针对研究区目的层地质特征，在地质分析的基础上，以岩石物理学为指导，充分利用岩性、电性、放射性等测井信息与声学性质的关系，多学科研究，综合尽可能多的资料进行特征曲线重构，并使得这条曲线有明显的目的层特征，既能反映波阻抗特征，又能反映岩性，能够更好地识别目的层；二是重构后的特征曲线需要满足井震标定的要求，使合成地震记录与井旁地震道相匹配，这样才能得到可以信赖的波阻抗数据体。

6.1.5　子波因素

井震标定中尽量使合成地震记录和实际地震记录获得较大的相关系数，以此来提取和确定子波，子波选取的合理与否直接影响到最终的叠后波阻抗反演结果。因此，子波的好坏必然会对波阻抗反演的结果产生很大的影响，主要有以下三个因素：①子波频率，参与反演的子波频率不同，所得到的波阻抗反演结果必然不同，甚至会出现错误的结果。在实际应用过程中，通常都是提取每口井井旁道的地震子波进行标定，尽可能地使提取的子波频率与地震资料的频率达到最佳匹配。②子波长度对波阻抗反演的结果影响比较小，一般都是选取128ms。③地震子波的相位直接影响井震标定的结果，在带宽相同的条件下零相位子波的旁瓣比其他类型相位子波的要小，其能量更为集中，因此具有更高的分辨能力；

在地层较薄时，相对于其他类型的子波如最小相位子波无法分辨的相邻尖脉冲，零相位子波往往可以分辨，且零相位子波更有利于鉴别地震剖面的极性（Yuan and Wang，2011）。

除了上述方法外，经过相关文献调研可知，研究人员应该采取相应的措施，尽可能地降低子波参数选取不当而对叠后波阻抗反演所造成的影响，主要有以下四种措施：①使用零相位处理的地震数据；②多井之间子波进行横向对比，控制子波一致性；③对提取的地震子波进行各种质控，使合成地震记录与实际地震记录的误差最小；④挑选一些井震标定较好井的子波，然后计算一个平均子波，使用该子波进行波阻抗反演（Sun and Feng，2010）。

6.1.6　井震标定的效果

精细地震地质层位标定是地震构造解释的基础，同时在精细地震地质层位标定基础上进行的高精度目的层标定又是高分辨率地层反演的基础工作。必须确保每一个地质界面和地震同相轴精确对应。匹配好目的层段附近的每一个同相轴，确保时间域地震资料和深度域测井资料的正确结合。

6.1.6.1　井震标定的方法

时间域地层地质模型的建立，是通过声波测井的时深转换实现的。由于声波测井的误差，转换后的时间域测井曲线的时间厚度会存在误差。消除这种速度误差的方法主要是依据合成地震记录与井旁地震道对比，准确找出两者主要波组（煤层附近的每个同相轴）的对应关系，然后以地震记录的时间厚度为标准，对测井资料进行压缩或拉伸校正，从而改善合成地震记录与井旁地震道的相似性和匹配关系，获得准确的时深转换关系，精确标定各岩性界面在地震剖面上的反射位置。

在井震标定过程中，可以参考临近研究区的时深转换函数，因此首先要做好标准反射层标定，将井旁地震道和合成地震记录保持与标准反射层反射波组的能量及相位关系相同。接着精细标定目的层，依据围岩和目的层的实际地震资料中的极性及比对情况，确保目的层与实际地震资料内的相应位置及反射特征，尤其是与波谷、波峰的相应关系，可适当地压缩或拉伸测井曲线，从而标定得到最好的结果。而且在保证井旁地震道和合成地震记录相关关系的同时，需要确定其时深转换关系的合理性，最终完成井震标定。

6.1.6.2　检验方法

检验井震标定的质量，有如下方法。

1）*相关系数法*

计算地震剖面和合成地震记录间的相关系数，能够判断子波选取及井震标定的质量，但不作为唯一评价准则。子波不同则对应的相关系数也不同，处于同一张图内但不同井间的相关系数也不相同，对于低相关测井，可返回上一步骤调整，直至满足条件为止。

2）*测井曲线的对比法*

反射系数求取过程中，需要压缩或拉伸合成地震记录，这样声波曲线的形态将会改变，故需要对比原始声波曲线和完成时深转换的声波曲线，确保两者形态变化在可控范围中。

3）*残差剖面法*

残差剖面指的是地震剖面和合成地震记录的差，越小的残差剖面，则表明地震剖面和合成地震记录的相位、振幅、频率等的匹配度越高，其质量越好。

6.1.7　初始模型因素

在地震反演中，合理的初始模型建立是非常重要的，尤其在基于模型的反演中，初始模型的输入直接决定了反演结果的好坏，因此，构建合理的初始模型是基于模型的反演最重要的环节之一。通过合理的地质解释成果，构建沉积构造合理的初始模型，尽可能接近实际地层条件的初始波阻抗模型，是减少基于模型的反演结果多解性的最根本途径，会直接影响到反演结果的真实可靠性。准确详尽的层位解释是构建地质模型的关键内容，据地震精细解释的层位信息，按实际地质沉积规律可以在大层间内插出多个小层，建立相对更加精细的地质框架结构，在精细地质框架模型的控制下，通过一定的数学插值方法（克里金插值法、距离外展法等），在单井井震标定的基础上，集合过井、连井剖面进行多井闭合分析处理，做到井间地质-地震层位的统一，开展地震地层学研究，将处理好的测井数据沿解释的地质层位进行外推和内插，构建平滑、闭合的初始模型（如波阻抗模型）。在建立初始模型时，合理的地质框架结构解释以及定义调节内插模式是关键的部分。

6.1.7.1　地质框架结构的建立

地震层位是横向约束模型的控制资料，这是叠后波阻抗反演处理过程中加入地质认识和井点测井约束信息的一个重要框架载体。模型框架建立的基本原则是：①建立的模型，首先必须在大的格局上反映出构造及断裂系统，并合理反映构造单元，如背斜、向斜、断块等；②能够有效控制小整合等地质剥蚀现象在模型上的影响；③必须有效控制断层及局部发育层系的空间延展范围，例如将局部断层、超覆层控制在实际发育范围内；④通过对地层内部层系结构的定义，完成对不同地质体内部结构的描述，如实现河道、礁体等的内部地层沉积结构；⑤结合地震反射资料特征，实现对典型地质沉积现象的整体描述，如三角洲、冲积扇等。

地震层位解释首先要遵循从地震资料本身出发，从具有明显的地震反射特征的剖面入手的原则，利用地震地层学原理，对地震资料进行沉积相研究，针对不同地质时期的沉积特点，总结不同时期对应的地震反射特征，结合本区构造背景和大区域沉积模式，确定标志层的地震响应，生成可靠的构造解释成果，初始模型就会接近实际地下地质情况，基于模型反演结果就会更加真实合理地反映实际的地质情况。好的初始模型是结合地震以及测井数据的良好纽带，可以有效地控制地震的高横向展布信息以及测井资料的高纵向分辨率信息，将两者结合可以反演出地震资料本身所不具备而测井资料可以指示的岩性地质信息，输出岩性等多种反演成果，因此初始模型建立时，应当尽可能地考虑研究区的实际构造沉积规律，囊括所有测井资料以及岩心资料的岩性变化细节信息，这样才能得到更好的反演结果。

6.1.7.2　内插模式的定义

参数内插并不是简单的数学运算，而是要根据地震层位的变化，对测井曲线进行拉伸和压缩，是在层位约束下的具有地质意义的内插。通常的内插方法有反距离平方法、三角网格法及克里金插值法等，每种插值方法都遵循一个准则：任何一口井的权值在本井处为1，在其他井处为0。其中反距离平方法适用于测井资料少的地区；三角网格法较适合于规则分布的开发井网间的插值；克里金插值法是一种地质统计网格化方法，是特殊的加权平均法，主要反映了储层参数的宏观变化趋势，所给出的结果是确定性的，比较接近真实的值，就井间估计值来讲，该方法能较好地反映客观地质规律，精度较高，是定量描述的有力工具。阳泉矿区的研究区内有多口井，井点较多，且分布不是很规则，通过反复试验，采用了克里金插值法。

6.1.8　反演参数因素

基于模型的反演有以下几个关键参数，它们的选取会很大程度上影响反演的效果（Huang et al.，2012）。在参考经验值的同时，需要进行反复试验比较，把反演结果与测井、钻井等已知的数据进行对比，选择适合于工区的参数。基于模型的反演的四个重要参数为反演约束、迭代次数、比例系数和最大幅值修改率。

6.1.8.1　反演约束

它限定反演的最终结果要在初始模型上下一定的范围内变化。通过这一约束，可以降低反演结果的多解性，节省反演时间，但也导致反演结果对于初始模型的过分依赖，因此要求初始模型应尽可能逼近实际地下模型。具体应用中阻抗变化范围大小，需视初始模型的可靠程度来定。一般来讲初始模型所用的井越多、工区内构造及岩性越简单，波阻抗变化越小（约束收紧）；相反初始模型所用的井越少或者工区内构造或岩性变化较大，波阻抗变化则越大（约束放松）。具体的取值需通过单线试验结合约束井、检验井以及残差剖面来选取。

6.1.8.2　迭代次数

迭代次数主要是控制模型修改迭代运算的次数。通过增加迭代次数，可以降低波阻抗数据体与实际地震数据体的残差。当增加到一定程度后，对残差的降低会不太明显，因此迭代次数的选择需结合残差剖面来定。另外，迭代次数对于反演的时间影响较大，迭代次数选取过大，将大大增加计算机的运算周期，一个需要运算几十天甚至几个月才能完成反演结果，通常没有什么意义，而且反演结果也没有什么根本改善。迭代次数选取过小，运算速度虽然加快，但模型道合成地震记录与实际地震记录不匹配，二者误差很大，反演结果不能体现地震信息的横向变化。对于三维工区的反演，一般先进行连井剖面试验，确定反演参数，再进行三维反演。迭代次数一般取6～12次比较合适，通常需要选取多条连井测线反复试验，比较反演结果和实际地质规律的吻合程度、残差剖面的大小，最终确定合适的迭代次数，一方面要保证反演结果的可靠性，另一方面又要尽量节省计算机的计算时间，加快储层反演处理的周期。

6.1.8.3　比例系数

比例系数是反演的另一重要参数，主要用来协调子波振幅和实际地震道振幅。比例系数过大和过小，都会增大反演残差。另外，比例系数过小，反演的波阻抗变化会小于实际井的波阻抗变化；比例系数过大，反演的波阻抗变化会大于实际井的波阻抗变化，因此，比例系数需依据反演残差以及井旁反演道的动态范围与已知井的匹配来定。

6.1.8.4　最大幅值修改率

这一参数主要控制反演在迭代运算过程中对模型进行修改的最大幅度。最大幅值修改率选取得过小，迭代运算过程中对模型的修改就很小，反演结果更接近模型，而地震信息的变化则体现不出来，该值选取的过大，迭代运算过程中对模型的修改就很大，反演结果虽能较多地体现地震信息的变化，但却与模型道相差甚远，也就是说井点处的反演结果和井点实测结果不匹配，让人无法接受。最大幅值修改率的合理范围为15% ~65%，通常需要选取多条连井试验线进行反演试验，对比分析反演结果和地震信息、测井信息、地质沉积背景，确定最终合理的取值范围，原则上既要保证反演结果和模型的相似性，又能充分体现地震信息的横向变化，符合研究区的地质背景和沉积规律。

6.1.9　其他影响因素

在叠后波阻抗反演后，会得到波阻抗体和其他属性体。分析研究区反演剖面时，色标调试也是至关重要的。色标颜色代表波阻抗值或其他属性值的大小，可以直观地反映反演结果中砂泥岩的分布。由于各层位速度不同，波阻抗值各异，因此在剖面上各层位的颜色也会随之变化，适用于识别某一套岩层的色标并不一定在分析另一套岩层时也适用。因此，能否采取合适的色标，把目的岩层更为直观清楚地表现出来，也是影响反演结果的因素之一，需要在实际研究中予以考虑。

6.2　总　　结

基于模型的反演是地震解释、反演处理、地质认识、再解释、再反演、再认识的一个不断深化的过程，是地震与测井相互验证、相互补充、相互结合的综合过程。地震和测井这两种地球物理方法都或多或少地存在噪声及干扰，在地震地质解释过程中不可避免地存在多解性。这种多解性在反演剖面上也将有所反映。在反演过程中或应用反演剖面成果时，一定要以地质规律为指导。反演剖面的效果与下列因素有关：①反演的方法与算法；②反演的基础资料（地震偏移剖面及测井、钻井资料）；③储层的标定（合成地震记录的制作与解释）；④反演剖面的分析及参数的选择；⑤反演与解释系统的结合（反演剖面与地震剖面的结合）。

因此要提高反演的效果，除了反演的方法与算法外，还要在上面提出的②、③、④、⑤项因素上下功夫。在地震资料处理过程中尽量接近地震反演的假设条件，如保持振幅相对强弱的关系、降低噪声、减少干扰、提高地震剖面的分辨率与信噪比。经过校正，消除非地质因素影响的测井、钻井资料。精细的储层标定，求取可靠的用于多井约束反演的测井声阻抗。以地质规律指导地震反演，找出反演剖面存在的问题，做好反演参数修改。

通过阳泉矿区叠后波阻抗反演的处理和解释研究工作，有如下体会：面对复杂的煤系地层条件，需要以研究区可靠的先验认识作为约束，减少反演的多解性，旨在提高反演效果的具体措施，应该把握具体问题具体分析的原则，全面、细致和认真地做好每一个细节步骤，将初步结果认真研究、核对，反复校正，可以提高反演的效果。

为了提高叠后波阻抗反演的品质效果，应该重视以下几个方面。

首先，层位的精细标定，它是地震与地质联系的桥梁，是叠后波阻抗反演的前提。

其次，叠后地震资料的信噪比直接影响反演的地质效果，尤其是多次波的存在将有可能以假乱真；叠后地震资料的分辨率大致决定了所能可靠地分辨的波阻抗地层的厚度，其有效频宽基本确定了地震反演的分辨率；用于约束反演的叠后地震资料，其振幅相对强弱关系应该保持良好，符合地下地层的反射特征。所以，对地震资料目的层段做高信噪比、高分辨率和高保真处理是改善反演品质的基础和前提。

再次，用于约束反演的测井波阻抗资料应该预处理和标准化，确保同一层段约束反演的波阻抗值是统一的。构造解释应该精细，小层的内插和地层格架模型的建立应该从地震相出发，尽可能地符合地下沉积规律，因为模型的外推控制也会直接影响反演结果的真实可靠。

最后，在反演剖面的储层解释过程中，需要综合其他资料对反演结果进行多方面的印证，包括用于反演的地震剖面，还需结合揭露的钻孔资料，始终以地质为导向，与实际生产紧密联合起来。

第7章　叠后波阻抗反演技术综合应用模式

7.1　叠后波阻抗反演技术的优势

波阻抗表示为岩石密度与纵波速度的乘积，可见波阻抗是表示岩石自身特性的一个物理量。地震反射系数表示地下不同界面间的关系。波阻抗数据以其不同于地震反射系数的特点，对应着岩层型剖面。

以下将波阻抗反演的优势进行阐述。

（1）测井丰富的高频信息和完整的低频成分补充了地震资料的带宽限制，结合地质等信息约束，可以得到高精度的波阻抗反演资料，可以为地质学家、地球物理学家、岩石物理学家和工程师所共同理解，为各学科的互相理解和渗透提供良好的媒介。

（2）地震剖面是具有界面特征的数据，它可以表示为反射系数序列与子波的褶积，对应不同层位波阻抗的变化，而波阻抗数据代表的是岩石特征，它是岩石密度和速度的乘积，速度和密度又可以从测井资料直接获取，所以波阻抗是连接地震和测井的天然纽带和桥梁。

（3）波阻抗表示地层本身的特性，相对的地震反射能量表示地层分界面特性，所以用波阻抗做层序地层分析具有更直接的特点及明显的优点。

7.2　煤层厚度预测

煤层厚度预测不仅为采区工作面设计、巷道掘进提供参考，而且降低回采率，提高原煤的采出率，同时煤层厚度也与瓦斯涌出量有一定的联系，为控制瓦斯提供参考，对矿井的安全生产部署具有重要意义。

煤层的波阻抗值较低，因此煤层与顶底围岩形成的波阻抗差较大，通过计算煤层波阻抗范围，可以划定煤层顶底板距离，进而计算出煤层厚度（李红等，2007）。

7.2.1　基于钻井的主要煤层厚度分析

通过对研究区内钻井进行分析，统计全区的主要煤层平均深度、最大厚度、最小厚度、平均厚度和分布区域，对稳定性进行评价。

7.2.2　基于叠后波阻抗反演的煤层厚度预测

（1）在研究区内尽可能多地收集测井资料，对数据进行标准化、剔除异常采样点等预处理，确保计算得到准确的密度和纵波速度。

（2）合成地震记录的质量直接取决于子波提取的准确与否，首先产生一个初始理论子波进行初步标定，时深关系初步确定后，再用井旁地震道和各个测井数据重新估算子波，综合分析提取的子波质量，最终确定合理的子波。

（3）井震标定时将测井资料与井旁道进行相关分析直到最大互相关，通过标志层（煤层）标定对测井曲线做拉伸和压缩处理，使得合成道（模型的地震道）与复合道（实际地震道的复合）的相关系数达到要求。

（4）利用研究区所有测井曲线资料的相关分析合成模型地震道，并建立初始波阻抗模型。模型有明显的分层现象，测井曲线幅值变化规律与模型波阻抗值变化规律基本一致，建立的模型较吻合实际地质情况。

（5）对实际地震道和模型合成道进行误差分析，判断模型的准确性，使合成道与实际道之间取得较高的相关系数。

（6）利用最终波阻抗模型对目的层进行反演，获得波阻抗数据体，煤层在波阻抗反演剖面上显示为低波阻抗值，经过以往项目总结发现，阳泉矿区煤层波阻抗的门槛值为3000～6000（m/s）·（g/cm^3），较围岩为低值，可以明显分辨出来，其低波阻抗厚度与煤层厚度一致。

（7）根据实际反演结果，科学合理分析研究区内3#煤、8#煤和15#煤等主要煤层的厚度情况。

（8）由于煤层所处岩性差异，煤层的波阻抗值的范围同样存在差异，对研究区有效钻孔进行统计分析，确定能够代表全区主采煤层的波阻抗范围。根据波阻抗值的变化，按地震层位解释的方法在波阻抗反演剖面上拾取煤层反射波顶底板的同相轴，得到全区煤层顶底板时间层位。

（9）在加入测井约束后，通过提取井点的时间，利用公式 $h=vt/2$，计算得出煤层顶底板的速度，作出顶底板层位速度图。

（10）利用煤层顶底板的时间层位及速度信息，通过时深转换公式 $h=vt/2$，可获得煤层顶底板的标高，进一步得到煤层厚度图。

（11）结果分析和验证，通过对阳泉矿区地震资料反演解释后，获得该区的煤层厚度变化趋势平面图，将反演结果与钻孔实际测量出的煤层厚度进行对比，控制误差。

通过叠后波阻抗反演，得到波阻抗数据体，煤层在波阻抗数据体上表现为低值异常，对煤层顶底板进行层位追踪，得到煤层时间域厚度层位图，再通过精确的时深转换，得到煤层厚度图。煤层厚度预测技术路线如图 7.1 所示。

7.2.3　结论

（1）层位可以很好地约束地震频带内的地质模型向正确的方向收敛，保证反演结果的可靠性。因此，精确的层位解释是提高煤层分辨率的基础。

（2）高品质的地震资料和测井资料是做好地震反演和煤层厚度预测的基础，要求的地震资料必须是高信噪比、高分辨率、高保真的纯波数据。用于约束反演的测井资料受到各

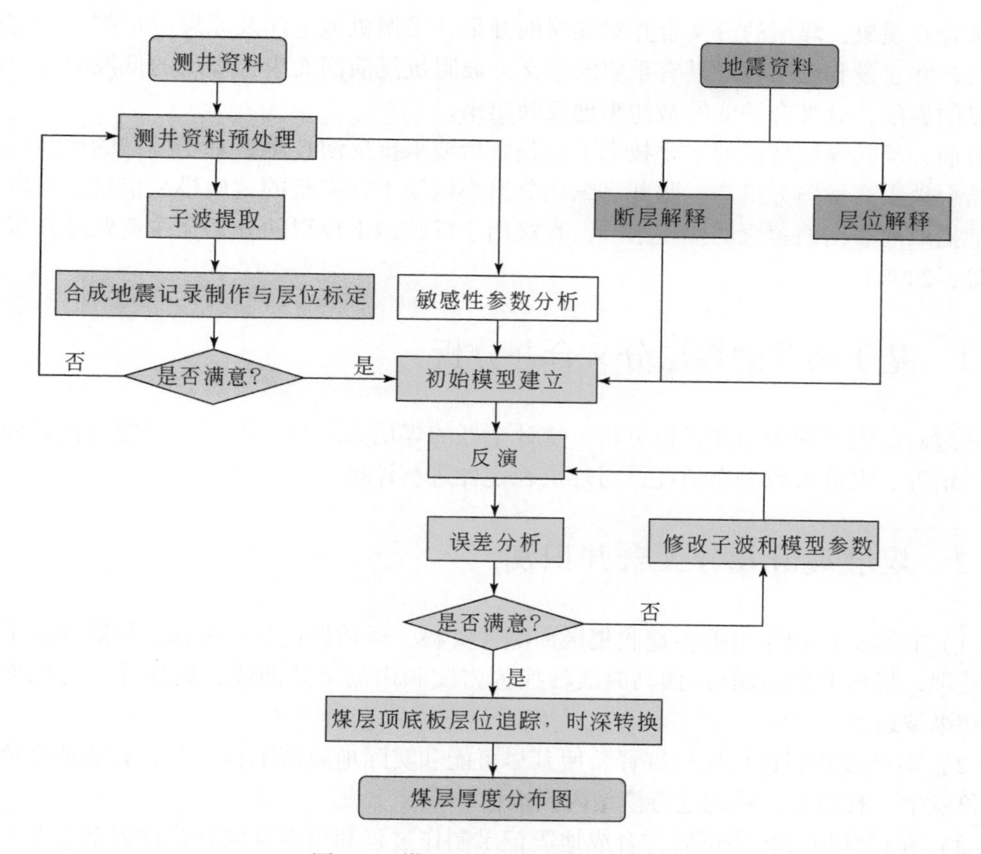

图7.1　煤层厚度预测技术路线图

种外界因素干扰，必须做好环境校正和标准化处理，以确保同一层段约束反演波阻抗值是统一的，得到正确的波阻抗值，从而保证初始模型的正确性，同时也能一定程度上减少反演的多解性。

（3）测井的丰富高频信息和完整的低频成分补充了地震资料的带宽限制，结合地质等信息约束，可以得到高精度的波阻抗反演资料。通过比较分析，拓宽了频谱，提高了纵向分辨率。

（4）叠后波阻抗反演的影响因素很多，其中初始模型的建立、子波的提取、反演过程中参数的调节都对反演结果有很大的影响。在对煤层进行标定时要精细，要注意调整子波，尤其是要分析子波的正反极性以及子波长度的选取，要经过仔细反复调节使合成地震记录与实际地震记录达到最大相关，因为标定的精细程度直接影响模型的可靠性。

7.3　煤层夹矸及分叉合并识别

煤层稳定性是影响煤层生产的主要地质因素之一，夹矸、分叉合并、尖灭、缺失等变化会直接影响煤层的稳定性。煤层局部夹矸逐渐增厚，并把煤层分为上、下两层，为煤层的分叉合并现象，煤层的分叉合并对煤层的开采、采掘机械选择及原煤质量都有一定的影响，对矿井建设和煤层生产具有重要的意义，波阻抗反演剖面中，煤层的低波阻抗与围岩有明显的界限，分叉合并能够被清晰地反映出来。

目前，反映煤层特征的主要技术手段是叠后波阻抗反演技术，基于模型的反演可以有效地结合地震高横向分辨率、测井高纵向分辨率以及丰富完整的地质模型信息，可以最大限度地提取地震剖面蕴含的地质细节，直接用于反映地下煤层的分叉合并及夹矸分布（李仁海等，2008）。

7.3.1 基于钻井的煤层分叉合并分析

通过对研究区内的钻井进行分析，统计全区的煤层大致分布区域、厚度变化趋势、煤层缺失情况、夹矸大致分布情况，对煤层稳定性进行评价。

7.3.2 煤层夹矸及分叉合并识别

（1）在研究区内尽可能多地收集区内测井资料，对数据进行标准化、剔除异常采样点等预处理，将标准化的伽马-伽马曲线转换为密度和声波测井曲线，确保计算得到准确的密度和纵波速度。

（2）对地震资料进行层位解释，使其尽可能和实际地质情况相吻合，有效地避免多解性现象发生，有助于正确地进行模型内插操作。

（3）在详细地解释层位后，合成地震记录制作过程和很多反演计算过程都会涉及地震子波，因此反演计算过程和地震子波这项关键技术紧密相连，能否获得质量较高的地震子波将直接决定反演结果的准确性高低，对识别煤层分叉和夹矸这种细层比较重要。通常有以下两种获取地震子波的方式：第一种，通过提取雷克子波来获取地震子波；第二种，通过提取统计子波来获取地震子波。通过以往经验发现，在处理煤层分叉合并和夹矸这类地质问题时，阳泉矿区的资料适合通过统计子波来获取地震子波，根据合成地震记录的分析比较和地震数据资料的极性来获得地震子波的强弱相位，同时通过特定的统计方式来获得地震子波的振幅谱。

（4）结合上述测井资料对研究区内存在分叉合并的主要煤层波组（8#煤层、15#煤层反射波）进行追踪分析，选取与地震剖面频率最为接近的子波进行合成地震记录的制作，进而对煤系地层进行标定。为了使波阻抗反演的效果最为接近实际的地质情况，必须充分利用研究区钻井资料，采用多井约束的方法，对研究区内连井剖面逐一进行层位标定。

（5）基于三维地震资料，借助测井资料以及地质资料来完成初始波阻抗模型的建立。在定义模型的内插模式时，内插参数不只代表简单的数学计算，它主要代表通过地震层位改变来拉伸与压缩测井曲线，这种内插拥有一定的地质意义和层位约束，主要包括反距离平方法、三角网格法、克里金插值法等。在多次试验后，阳泉矿区选取的内插法是克里金插值法。

（6）通过多次试验，发现在解释煤层分叉和夹矸时设置反演参数，使用20%作为约束条件，迭代次数取 10，方波长度使用 1ms，反演范围时窗选取煤层底板向上 20ms、向下 20ms，可以达到最好的效果。

（7）在波阻抗数据体上，各煤层的波阻抗特性表现为低阻抗［3000～6000（m/s）·（g/cm^3）］，各煤系地层的变化趋势和缺失情况可以被清晰地识别出来，夹矸及周围围岩波阻抗特性表现为高阻抗［6000～10000（m/s）·（g/cm^3）］，夹矸分布和煤层分叉合并也可以被清晰地识别出来，据此可以在测线剖面上对煤层形态变化趋势做定性的解释。

（8）得到反演结果后，将反演结果与钻孔实际测量出的煤层夹矸进行对比，控制误差。

（9）层位解释十分重要，在反演剖面上对夹矸做精细层位追踪，得到夹矸的顶底时间层位，再通过测井信息求出夹矸顶底层位速度图，利用时深转换公式 $h=vt/2$，得到夹矸顶底的标高，进一步求出夹矸厚度图及分布范围。在反演剖面上逐道拾取煤层分叉合并点，最后在平面图上得到煤层分叉合并交线。

通过叠后波阻抗反演，得到波阻抗数据体，根据波阻抗值的相对变化，可观察到煤层内部岩性变化及煤层分叉，进而在波阻抗数据体上识别煤层分叉合并。煤层夹矸预测及分叉合并识别技术路线如图 7.2 所示。

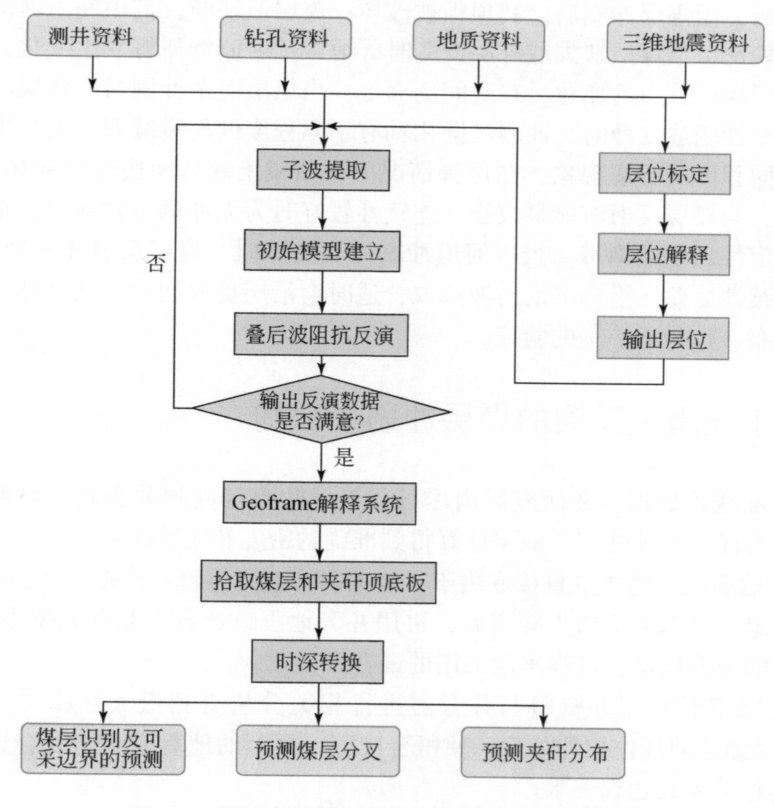

图 7.2　煤层夹矸预测及分叉合并识别技术路线图

7.4 煤层冲刷带识别

煤层冲刷带的存在意味着煤层厚度、顶板岩性发生变化，冲刷带区域岩石硬度较大（砂岩或砾岩）易诱发冒顶，还容易形成冲刷带瓦斯富集，威胁矿工生命安全。

煤层冲刷带在地震时间剖面上表现为地震波同相轴的中断或变弱，在沿层振幅切片上则表现为振幅弱异常，也可通过叠后波阻抗反演技术得到反演体，观察反演体上的波阻抗异常变化，识别煤层厚度变薄、煤层顶板缺失、顶板岩性变化等冲刷带特征（崔大尉和于景邨，2014）。

7.4.1 基于钻井资料和地震资料的煤层顶板岩性及厚度变化分析

（1）通过对研究区内钻井进行分析，统计全区的煤层厚度变化趋势及煤层顶板岩性变化，对煤层稳定性进行评价，识别冲刷带大致范围。

（2）阳泉矿区受冲刷带影响的煤层主要为3#煤层，分析地震资料，对目标煤层反射波特征进行分析，当煤层冲刷后，其顶板被破坏，煤层被切断，其中间为河流相砂岩，根据地震反射波理论，当煤层缺失或煤层变薄时，地震反射波特征将发生变化，反射波在一定程度上反映了煤层分布的变化，在时间剖面上，当煤层完全冲刷时，煤层的反射波同相轴中断，不完全冲刷或变薄时，冲刷区同相轴有不同程度的能量减弱，振幅降低，连续性变差，还有不同程度的上翘现象，在这种情况下中断或上翘区两边煤层同相轴倾角一致，没有错断现象，当煤层反射波能量较强、连续性较好时为无冲刷正常煤层，据此可以在地震时间剖面上定性识别冲刷带。当古河道冲刷煤层变薄时，煤层反射波表现为能量降低、振幅变弱、连续性变差。沿标准反射波选取合适时窗沿层提取切片，从属性切片上可以看到冲刷带的分布，作为下一步的验证。

7.4.2 基于波阻抗反演的煤层冲刷带识别

（1）测井曲线预处理，在研究区内尽可能多地收集区内测井资料，对数据进行标准化、剔除异常采样点等预处理，确保计算得到准确的密度和纵波速度。

（2）合成地震记录的质量直接取决于子波提取的准确与否，首先产生一个初始理论子波进行初步标定，时深关系初步确定后，再用井旁地震道和各个测井数据重新估算子波，综合分析提取的子波质量，最终确定采用的最合理子波。

（3）井震标定时将测井资料与井旁道进行相关分析直到最大互相关，通过标志层（煤层）标定对测井曲线作拉伸处理，使得合成道（模型的地震道）与复合道（实际地震道的复合）的相关系数达到要求。

（4）对地震数据目标岩层的反射波进行层位拾取，反射选定合适的子波，制作合成地震记录，反复修改后进行精准的层位标定，建立符合地质特征的平滑初始模型，然后进行基于模型的反演得到波阻抗数据体。

（5）波阻抗数据体上可识别由冲刷带导致的煤层变薄、波阻抗值缺失的地方为冲刷带导致的陷落柱，可以根据颜色的变化识别波阻抗值的变化，分析得到煤层厚度变化和冲刷带发育情况。

（6）对目标煤层顶底界面进行层位追踪，得到煤层顶底时间层位图，结合深度域的测井中煤层顶底信息，再提取反演数据体中煤层顶底层位测井处的时间，通过公式 $h=vt/2$，将时间域的反演结果通过时深关系转换到深度域，可获得煤层顶底板标高，进一步得到煤层厚度图，通过该图可观察到冲刷带的分布。

7.4.3 基于拟声波反演识别煤层顶板岩性

（1）利用自然伽马曲线进行曲线重构获得拟声波曲线。煤层被冲刷后，上覆岩性逐渐演变成煤层顶板砂岩。煤层、砂岩和未受冲刷的煤层底板围岩的波阻抗值不同，通过以往经验及实验室数据发现，自然伽马曲线对砂泥岩的响应特征明显不同，可用于区分砂泥岩。

（2）进行子波提取、合成地震记录制作、地震层位解释、层位标定和模型建立，每一步都要反复检查确保准确，为反演质量提供保证。

（3）对目的煤层进行反演，获得波阻抗数据体，反演波阻抗值变化规律要与测井曲线幅值变化规律基本一致。通过反演分析，最终得到满意的波阻抗反演结果。

（4）煤层、砂岩和未受冲刷的煤层底板围岩波阻抗值不同，煤层冲刷带部分的波阻抗值往往比未遭受冲刷的煤层要大，因此在波阻抗剖面上煤层顶板缺失、顶板岩性变化情况都可以被清晰地识别出来，据此可以在测线剖面上识别冲刷带。

（5）沿煤层顶板选取合适时窗沿层提取切片，在切片上显示相对高值的部分为煤层正常顶板泥岩，显示有相对低值变化且可以看到古河道形态的部分为冲刷煤层顶板砂岩，即煤层冲刷带，波阻抗值缺失的地方为冲刷带导致的陷落柱。可以根据波阻抗值的变化观察煤层顶板岩性变化情况和冲刷带发育情况。

7.4.4 结论

通过波阻抗反演和拟声波反演观察波阻抗值的相对变化，可识别煤层厚度变化及煤层顶底板岩性变化，进而识别煤层冲刷带，再利用地震振幅切片和钻孔资料对反演结果进行验证。

图7.3为煤层冲刷带预测技术路线图。

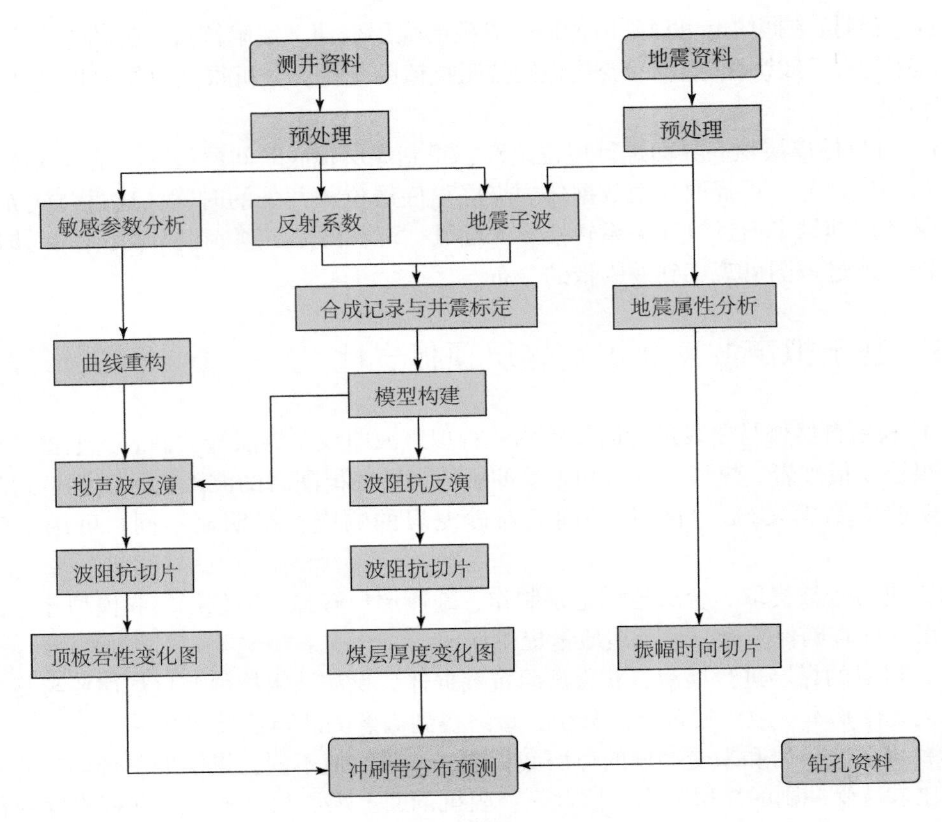

图 7.3　煤层冲刷带预测技术路线图

7.5　构造煤分布预测

构造煤是煤体原生结构发生不同程度变形和破坏的一类煤，是原生煤在遭受构造运动时发生挤压、剪切等构造作用下的产物。由于构造应力的作用，相对于原生煤，构造煤在煤体结构、物理性质和化学性质等方面发生了较大的改变，其孔裂隙较为发育，具有瓦斯含量高、渗透性低、强度小和应力敏感性强等特征。同时由于构造煤是在受到强烈的构造挤压和剪切应力下形成的，构造煤发育区往往是构造应力集中区，因此，一定厚度的构造煤是发生煤与瓦斯突出的必要条件，故对构造煤分布的准确预测能为矿井煤与瓦斯突出预测提供依据，保障矿井的安全生产，并且在煤层气开采与评价领域也具有特殊意义（崔大尉等，2013；彭刘亚等，2013）。

7.5.1　基于测井的煤层构造煤变化分析

对研究区内测井曲线进行分析，识别煤层层段内测井响应变化，定性判别煤层构造煤厚度变化大致趋势和分布范围，分析煤层稳定性，作为下一步的成果评价。

7.5.2 基于波阻抗反演的构造煤分布预测

（1）基于测井分析煤层煤体变化。构造煤与原生煤相比在物理性质、化学性质以及放射性等方面具有明显差异，故在不同类型的测井曲线上均有不同的响应（表7.1）。对研究区测井曲线进行分析，可以识别煤层层段内测井响应变化，定性判别煤层煤体变化趋势，分析煤层稳定性，作为下一步的成果评价。

表7.1 阳泉矿区原生煤、构造煤测井曲线异常对比分析

测井曲线类型	测井响应对比		原因分析
	原生煤	构造煤	
密度	高	低	构造煤遭受构造作用破坏，孔隙发育，密度较小
自然伽马	高	低	构造煤密度较小，单位体积的放射性更低
视电阻率	高	低	构造煤中孔裂隙含水，导电性增强，电阻率降低
声波时差	低	高	构造煤胶结性差，波速较慢，声波时差大
人工伽马	低	高	构造煤能吸收的伽马射线比原生煤少，人工伽马值较大

（2）测井曲线预处理，在研究区内尽可能多地收集测井资料，对数据进行标准化、剔除异常采样点等预处理。

（3）由表7.1可知，煤层中声波曲线或密度曲线出现低幅值或相对低幅值时，判定为构造煤分层，可以作为构造煤判别的主要测井曲线。整体上构造煤视电阻率测井值要低于原生煤，构造煤的自然伽马测井值也要略低于原生煤，以声波曲线和密度曲线为主曲线，并注意与自然伽马曲线和视电阻率曲线的基本同步反映。

（4）确定合适的子波，制作合成地震记录，反复修改后进行精准的层位标定，建立符合地质特征的平滑初始模型，然后进行波阻抗反演得到波阻抗数据体。

（5）波阻抗反演成果清晰地表现出构造煤与原生煤的发育特征，当煤层内部有构造煤时，波阻抗值明显降低。通过波阻抗值的相对大小，在反演剖面上能够很清晰地辨别出构造煤的层段。

（6）对波阻抗数据体做反演切片，可以看出，波阻抗值最低，反映构造煤较为发育；波阻抗值相对较低，反映构造煤发育相对较弱；波阻抗值相对较高，反映煤体以原生煤发育为主。构造煤最为发育的地方，煤体结构破坏较为严重，可能是煤与瓦斯突出的重点防治区。

7.5.3 结论

综合利用三维地震数据的高横向分辨率、多种测井响应信息可以对阳泉矿区15#煤层发育的构造煤分布区进行预测和圈定，尤其是无钻孔区域，反演结果划分得更为精确，体现了叠后波阻抗反演高横向分辨率的优越性。

图 7.4 为构造煤分布预测技术路线图。

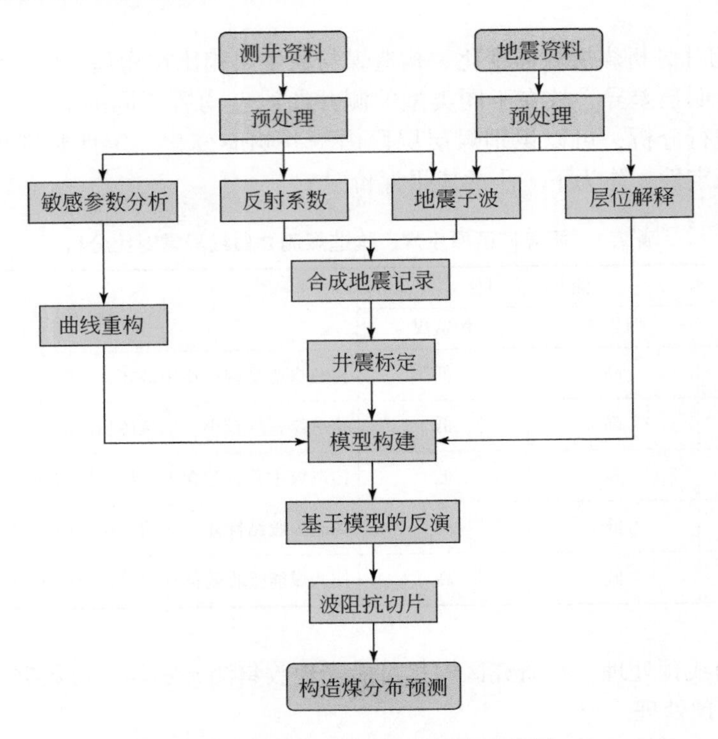

图 7.4　构造煤分布预测技术路线图

7.6　煤层顶底板岩性预测

随着井下建设的需要，盾构机掘进已经代替传统的钻爆法、冻结法进行施工。地质条件是决定盾构机巷道设计施工的重要因素。盾构机施工围岩以石灰岩、砂岩等中硬岩最为有利。为此针对盾构机和巷道施工的范围，开展了有利砂岩预测。

由于煤层顶底板岩性一般是沿横向变化的，而地震数据的横向连续性好以及测井曲线的纵向分辨率较高，因此，可以用基于模型的反演对煤层的顶底板岩性进行预测（师素珍等，2016；Huang et al.，2012）。

7.6.1　基于钻井的砂岩分布特征

对研究区内的测井数据进行分析，统计砂岩平均深度、平均厚度，绘制砂岩连井剖面，获得研究区内砂岩连井分布趋势。

7.6.2　砂岩识别及预测

（1）测井曲线预处理，在研究区内尽可能多地收集测井资料，对数据进行标准化、剔除异常采样点等预处理。

（2）基于模型的反演是基于密度曲线和纵波速度曲线所建立的初始波阻抗模型进行的反演，因此密度和纵波速度曲线是进行波阻抗反演的关键。

（3）密度及纵波速度曲线重构，通过以往经验及实验室数据发现，自然伽马曲线对砂泥岩的响应特征明显不同，可用于区分砂泥岩。通过研究阳泉矿区自然伽马曲线与密度曲线的关系，得到自然伽马-密度拟合关系式，因此可利用自然伽马曲线得到拟密度曲线，并计算出拟声波曲线。

（4）对地震数据目标岩层的反射波进行层位拾取，反射选定合适的子波，制作合成地震记录，反复修改后进行精准的层位标定，建立符合地质特征的平滑初始模型，然后进行基于模型反演最后得到波阻抗数据体。

（5）阳泉矿区3#、8#、9#和15#煤层都需要做顶板或底板岩性预测，此地区的砂岩波阻抗门槛值为6000～8000（m/s）·（g/cm^3），煤层波阻抗门槛值为3000～6000（m/s）·（g/cm^3），泥岩的波阻抗门槛值为8000～9000（m/s）·（g/cm^3），在波阻抗剖面上煤层展布趋势、砂泥岩分布趋势、岩性变化界面都可以被清晰地识别出来，据此可以在测线剖面上对顶底板岩性形态变化趋势做定性的解释。

（6）通过拟声波反演，得到波阻抗数据体，分析砂岩与不同岩层的波阻抗值差异，识别砂岩层，对砂岩顶底界面进行层位追踪，得到砂岩顶底时间域标高图，结合深度域的测井中砂岩顶底信息，再提取波阻抗数据体中砂岩顶底层位测井处的时间，将时间域的反演结果通过时深转换到深度域，就得到了研究区砂岩分布结果及厚度图。

（7）通过对阳泉矿区地震资料进行反演解释，获得该区的煤层顶底板厚度变化趋势平面图，将反演结果与钻孔实际测量出的煤层厚度进行对比，控制误差。

7.6.3　结论

选取自然伽马曲线作为原始曲线，应用基于模型的反演技术，充分利用地震资料横向分辨率高和测井数据纵向分辨率高的特点，获得较高分辨率的反演结果，准确识别岩性分层，反演结果与实际情况吻合度较高，可以对盾构机掘进路线和巷道位置选择提供技术支撑。

图7.5为煤层顶底板岩性预测技术路线图。

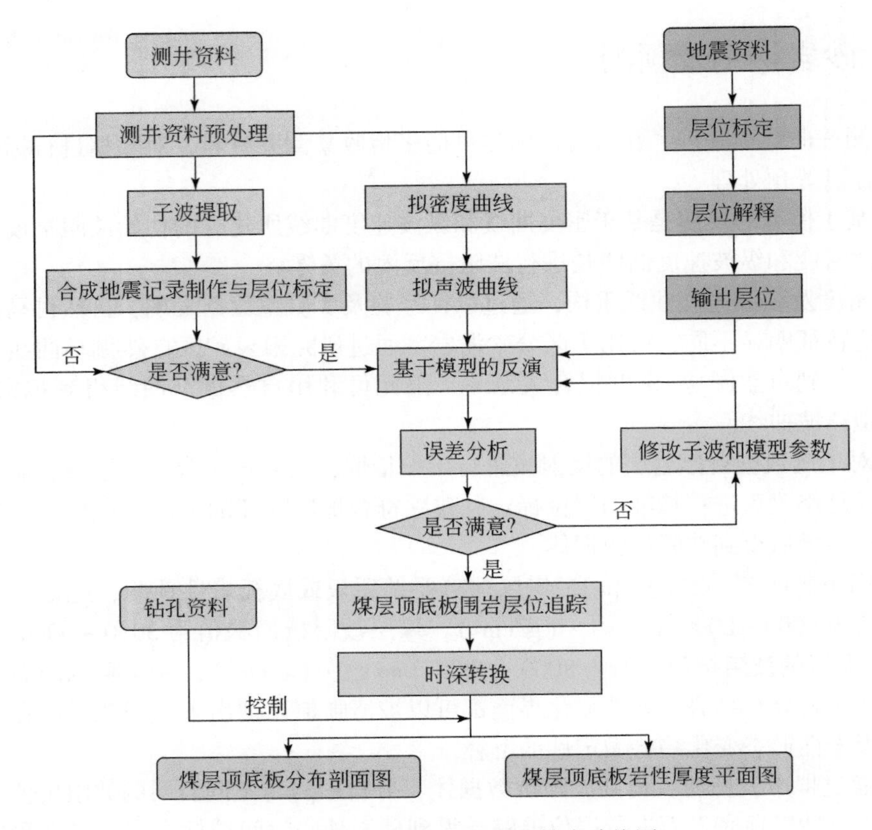

图 7.5　煤层顶底板岩性预测技术路线图

7.7　巷道围岩岩石力学分析

在煤矿开采中地应力问题尤为重要，大量的矿井生产实践表明，原岩应力研究是研究煤矿地下空间围岩支护、煤与瓦斯突出、矿井突水、煤层气勘探开发和岩爆等问题的基础。而且随着采矿深度的增加，地应力场环境随之复杂，这种地质环境给深部巷道围岩支护和矿山动态防灾带来了巨大挑战。所以，针对煤系地层研究各类地应力预测方法的适用性，形成针对煤系地层的地应力预测技术方法，并将之应用于生产实践，对于煤矿的安全高效开采具有重要意义。

基于波阻抗反演的岩性解释成果进行横波预测，在叠后曲率属性的基础上，结合叠前地震反演获得的弹性参数，如杨氏模量、泊松比、纵横波速度比、密度等，利用平板理论建立弹性参数和应力之间的关系，获得巷道围岩应力场分布。

7.7.1　岩体的力学性质与弹性波传播规律的内在联系

一般岩体中岩性、结构面发育特征及岩体应力等情况的不同，将导致岩体在动载荷作用下产生变形，对岩体中弹性波的传播过程产生一系列影响，如反射、折射、绕射和散射等，进而将改变弹性波的运动学及动力学特征，导致弹性波的非均质性及各向异性。也就是说，弹性波的波动特性可以反映岩体的结构特征，确定岩体的岩石力学性质，所以基于弹性波进行工程岩体的力学性质研究是一种可靠有效的技术手段（马妮等，2018，2017）。

7.7.2　在叠后波阻抗反演区分岩性的基础上进行横波预测

由于缺乏横波速度资料，为完成叠前反演需要先进行横波预测。又因缺乏使用岩石物理建模法预测横波的有利条件，所以选择经验公式法进行横波预测。在获得横波转换公式的基础上，分别在反演体上提取岩石物理测试采样点纵向剖面处的纵波速度曲线及叠后波阻抗曲线，依据提前计算出的阈值在叠后波阻抗曲线上进行岩性划分。然后，依据波阻抗曲线上的岩性划分结果，结合岩石物理测试分析获得不同岩性的横波转换公式，在岩石物理测试采样点纵向剖面上构建横波速度曲线。与此同时，在岩石物理测试采样点处，基于Castagna公式获得另外一组横波预测曲线，对两种曲线进行叠前同时反演，生成两组横波曲线反演结果，对比验证，结合研究区岩样的实测岩石物理参数，证明基于岩石物理实验参数计算的横波曲线更符合实际情况。

7.7.3　基于地震叠后数据的曲率属性提取

由于地下介质地应力状态与地层的构造形变广泛相关，地震资料曲率属性可以一定程度表征地下构造变化情况：褶皱及断层。研究平板理论的使用条件，推导地震曲率属性与地层应变之间的关系，并进一步建立曲率和地应力的关系（Hunt et al.，2011）。

平板模型假设的建立是为了减少三维弹性方程中的参量个数。如果平板较薄（小厚度），而且发生的偏转相对于厚度较小，则平板理论是准确的。针对平板而言，更复杂的一个方面是其不仅会发生弯曲，还会发生扭转。

将平板置于坐标系中，可依托以下三个假设来简化计算过程。

（1）中间平面为“中性平面”。平板的中间平面不受应力影响且不发生应变。平板发生弯曲时，中间平面上下的面内都会发生变形，而中间平面不受其影响。

（2）小线元与中间平面保持水平。垂直于平板中间表面的线元在变形过程中能够始终保持垂直于中间平面。

（3）垂直应变为0。垂直于中间表面的小线元在平板变形过程中不会改变其长度。

7.7.4　基于叠前同时反演的弹性参数计算

通过叠前同时反演，获得目标层层段的各个叠前弹性参数属性体。将地震曲率属性与杨氏模量属性相结合，实现通过地震资料曲率属性来计算地下应力场状态。

7.7.5 地应力预测及分析

分析构造演化机制，理清研究区的应力场演变过程。研究地应力和区域构造演化之间的内在联系，基于地球物理解释成果预测研究区的应力场分布特征，研究地震曲率属性提取的方法，完成地应力预测工作，并通过岩体稳定性系数对其进行合理表征，完成地应力场的定量评价。

7.7.6 结论

通过叠后波阻抗反演，在目标剖面上获得岩性识别结果。将岩性识别结果与岩石物理测试数据相结合，通过相关理论分析完成目标剖面的横波预测工作。针对煤田地应力资料缺失的问题，将地质方法与物探方法相结合，提出一种预测煤系地层地应力场的新方法。首先，基于构造形态与地应力之间的内在联系，利用地球物理解释成果，定性分析研究区内地应力场的分布特征。然后，通过叠前同时反演获得叠前弹性参数，结合提取的地震曲率属性通过相关计算获得地应力分布场的定量表达，该方法对目标区域巷道施工提供了参考意义，为解决煤田地应力资料缺失的问题提供了一种新思路。

图 7.6 是巷道围岩岩石力学分析技术路线图。

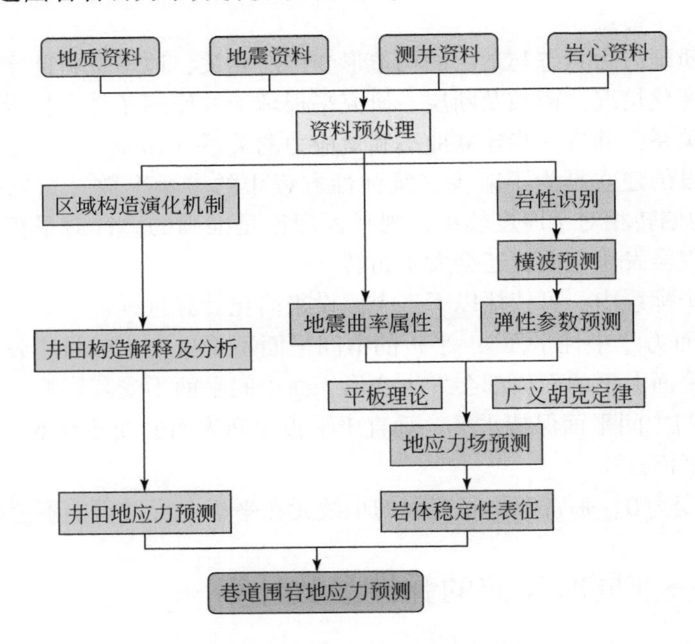

图 7.6　巷道围岩岩石力学分析技术路线图

7.8　结　　论

将波阻抗反演技术应用于地层的岩性识别、煤层精细刻画和巷道围岩力学分析中，首先煤层的波阻抗反演效果较好，能够清晰地反映煤层的厚度变化趋势、底板起伏、分叉合并以及夹矸分布；其次对于煤层内部发育的构造煤和冲刷带附近的砂体等可能出现矿井隐患的源头地层，能够预测其展布范围和发育情况；另外对煤层围岩巷道中的软硬岩分布范围能够清晰地圈定出来，进而进行力学分析。因此，波阻抗反演技术可以直观地展现整个含煤地层的特征，为煤矿开采和相关灾害治理提供技术支持。

通过对阳煤各矿区的区域地质条件和主要存在的地质问题进行梳理，把握该地区的整体地质情况的复杂性和特殊性后，结合以往矿方比较关注且仍亟待解决的地质问题，统筹兼顾，深入研究利用波阻抗反演解决该矿区不同地质问题的具体方法，设计出适用于阳泉矿区实际情况并有效解决主要地质问题的叠后波阻抗反演技术综合应用模式。

7.8.1　基于地质问题发育位置的综合应用模式

以煤层为中心，按各类地质问题发育的位置不同和波阻抗响应特征不同，将其划分为煤层内部、上部、下部，形成了一套全面的、有效的、立体的叠后波阻抗反演技术综合应用模式。

阳泉矿区主要关注煤层上部出现的地质问题有顶板岩性预测、盾构机底抽巷及高抽巷层位确定。应用的技术方法为拟声波反演，可进行精确岩性识别。

巷道的施工设计是煤矿安全高效开采的关键问题之一，巷道一般选取在煤层的上覆有利岩层中，因此查明目标煤层上覆岩层的岩性性质、起伏形态和空间分布成为问题的关键。拟声波反演是进行岩性识别、巷道层位确定的有效手段，把反映地层岩性变化比较敏感的自然伽马曲线转换为具有声波量纲的拟声波曲线，使它既能反映地层速度和波阻抗的变化，又能反映地层岩性等的细微差别。对于煤层上部的地质问题，综合使用拟声波反演技术。

阳泉矿区主要关注煤层中部出现的地质问题有煤厚预测、冲刷带识别、构造煤预测、分叉合并识别和夹矸解释。主要采用基于模型反演，准确地区分出煤层和围岩，以及煤体自身差异。

煤层的厚度与结构变化预测对指导煤矿的正常高效生产有着重要的影响，构造煤发育预测对预防矿井瓦斯突出提供重要的科学依据，冲刷带使得煤层顶板岩性发生变化并变薄，影响可采煤层的储量估计和矿井的安全生产，煤层分叉合并及夹矸发育给煤矿设计及安全开采带来重大影响。研究解决这些发育于煤体本身或内部的地质问题，对煤矿高效安全生产十分关键。因此，对于煤层的精细刻画及预测，综合采用基于模型的反演方法。

阳泉矿区关注煤层下部出现的地质问题主要是巷道围岩岩石力学性质分析。主要采用叠后波阻抗反演，结合叠后曲率属性和叠前反演弹性参数，预测巷道周围地应力分布特征。

随着采矿深度的增加，地应力场环境随之复杂，这种地质环境给深部巷道围岩支护和矿山动态防灾带来了巨大挑战，围岩的矿压显现特征取决于岩石的力学特征和岩石所处的地应力场。因此，在进行任何煤层开采前需查明矿区的地应力场分布特征，为煤矿的安全高效开采提供保障。综合利用叠后波阻抗反演方法、地震属性分析方法、叠前同时反演方法，推导地震曲率属性与地层应变之间的关系。

图 7.7 为基于地质问题发育位置的叠后波阻抗反演综合应用模式。

7.8.2　基于目的层不同岩性的综合应用模式

在阳泉矿区生产中通常要关注的煤系地层目的层有煤层、石灰岩和砂泥岩，这三类目的层所涉及的地质问题不同，采用的方法也有区别，基于此，依照岩性不同划分地质问题，形成有针对性的、目的性强的叠后波阻抗反演技术综合应用模式。

7.8.2.1　以煤层为目的层

阳泉矿区目的煤层自身出现的地质问题主要有构造煤发育、煤层厚度变化、煤层分叉合并及夹矸发育和煤层冲刷带发育。煤层稳定性是影响煤层生产的主要地质因素之一，煤层的厚度、分叉合并、尖灭、缺失等变化会直接影响煤层的稳定性。地震属性提取和基于模型的反演可以用于反映煤层特征，它将地震数据、测井信息以及地质资料相结合，既包含了测井资料纵向分辨率高的优势，又利用了地震资料横向上的趋势特征，对煤层的预测有更清晰的认识。

7.8.2.2　以石灰岩为目的层

在阳泉矿区，15#煤层与 9#煤层之间发育有 K_2 石灰岩，石灰岩为硬岩适合作为巷道围岩，其坚实程度是巷道安全通行的重要保证，但石灰岩已被侵蚀，内部发育岩溶陷落柱的可能性较大，容易形成导水通道，因此石灰岩的展布形态和发育情况对巷道设计和煤层安全开采有重要影响。石灰岩在波阻抗剖面中表现为高值，尤其与周围煤层的低阻抗值相比差异明显，石灰岩的响应特征较清晰。

7.8.2.3　以砂泥岩为目的层

岩层中砂泥岩含量一般与含水量的多少有直接的联系，在含砂量高的岩层中容易含水，煤层底板的砂岩通常也被用于巷道掘进，砂岩的坚实程度影响着巷道的设计规划，因此煤层顶底板中砂岩的分布范围对煤层安全开采有指导作用。波阻抗反演是基于波阻抗差异来识别不同的岩性，波阻抗差异的大小决定识别岩性的能力，同时波阻抗反演的分辨率决定了识别岩层厚度的能力。纯砂岩的声波、密度值较泥岩和煤层大，但声波和密度等测井参数除了与颗粒的岩性有关外，也与孔隙度、含水饱和度、压实程度等因素有关，砂岩层的波阻抗特征需要以研究区实际地层测井响应特征为依据，优选对砂泥岩特征反映明显的自然伽马曲线，构建拟声波曲线，使它既能反映地层速度和波阻抗的变化，又能反映地层岩性等的细微差别。

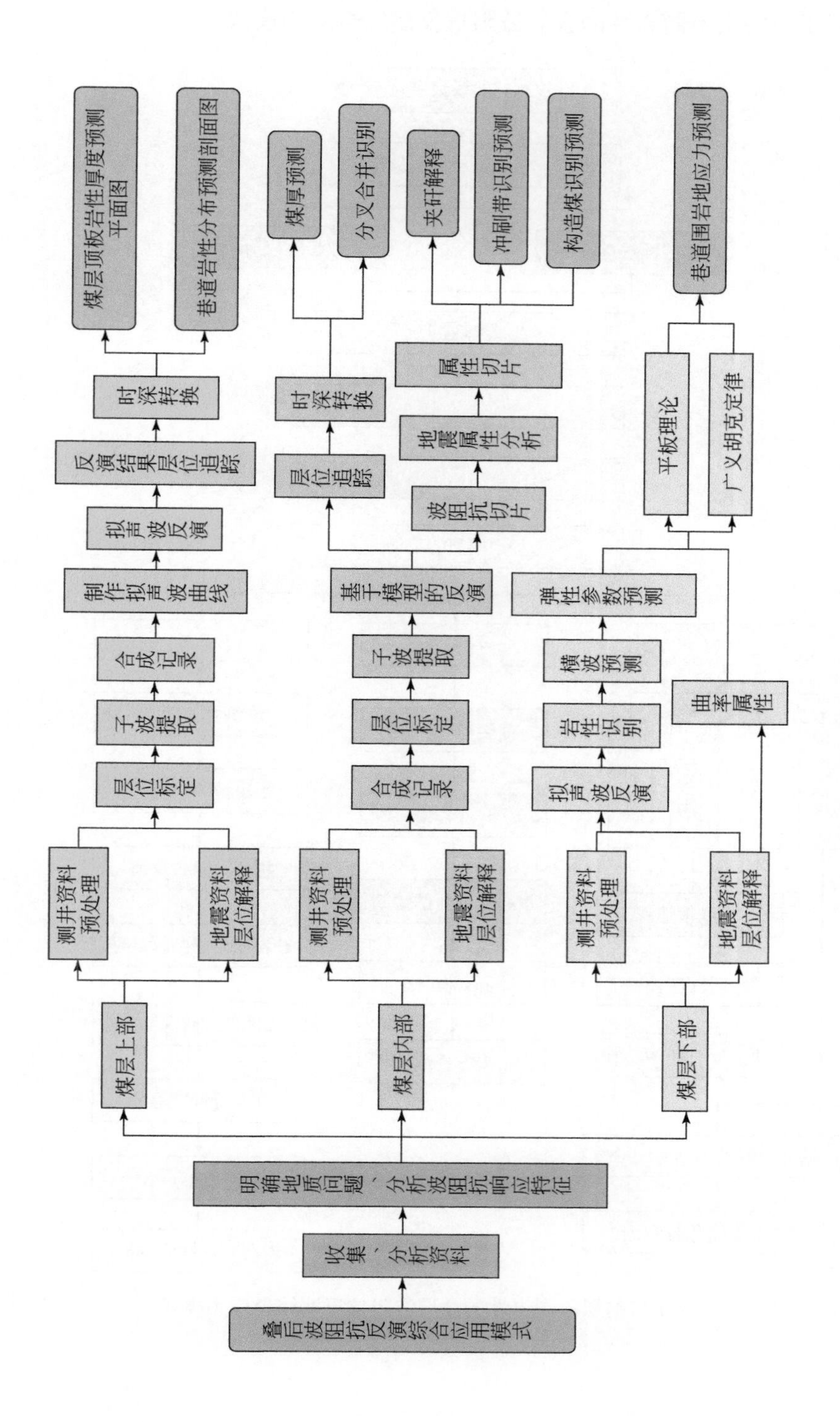

图7.7　基于地质问题发育位置的叠后波阻抗反演综合应用模式

图 7. 8 为基于目的层不同岩性的叠后波阻抗反演综合应用模式。

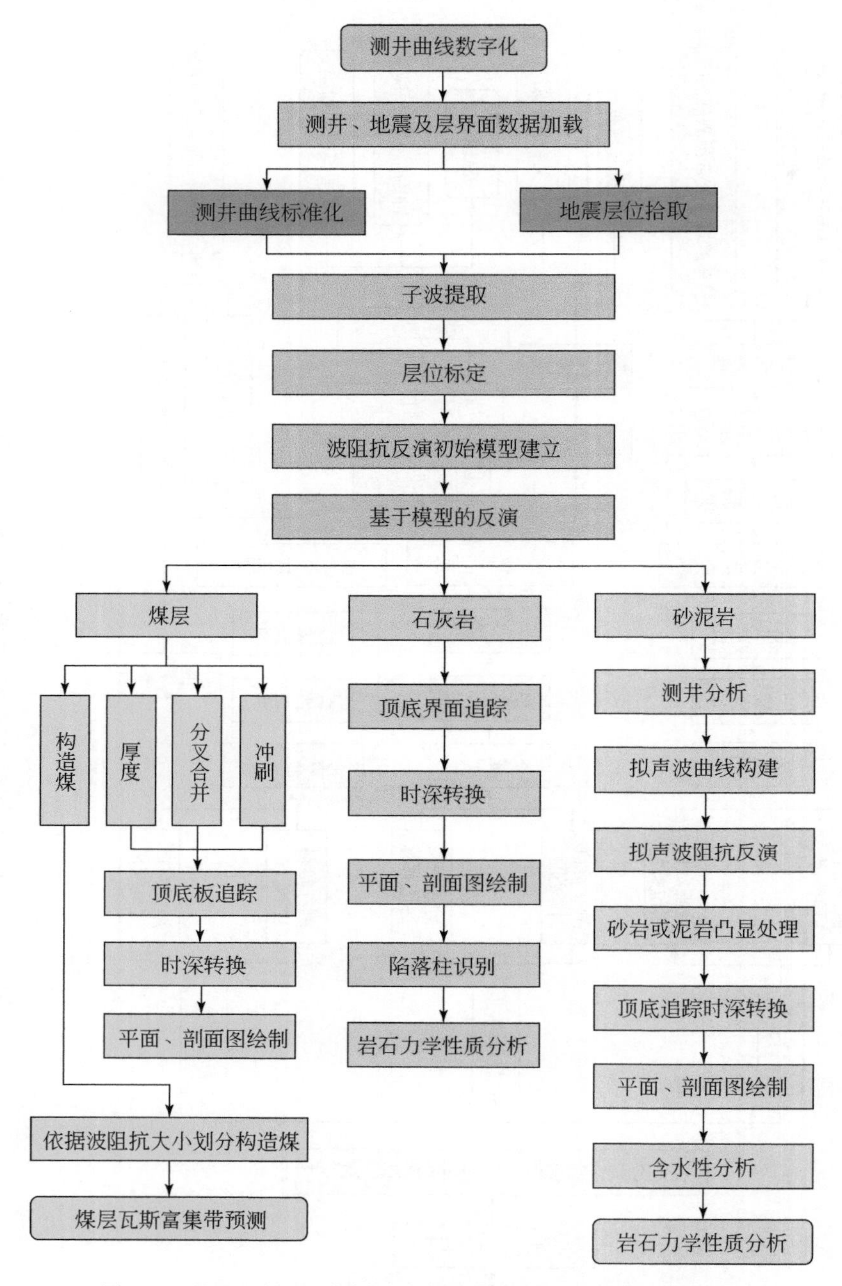

图 7. 8　基于目的层不同岩性的叠后波阻抗反演综合应用模式

参考文献

车廷信，黄延章，刘赫．2013. 基于测井敏感属性重构的随机模拟地震反演．石油地球物理勘探，48（S1）：131-138.

陈学国，王全柱．2010. 一种新的构建GS曲线砂岩储层地震预测的方法．工程地球物理学报，7（1）：28-32.

陈勇，韩波．2006. 时间推移地震反演的连续模型与算法．地球物理学报，49（4）：1164-1168.

崔大尉，于景邨．2014. 利用地震岩性信息研究煤层冲刷规律．地球物理学进展，29（1）：355-361.

崔大尉，王远，于景邨．2013. 利用AVO属性研究构造煤的分布规律．煤炭学报，38（10）：1842-1849.

戴永寿，王俊岭，王伟伟，等．2008. 基于高阶累积量ARMA模型线性非线性结合的地震子波提取方法研究．地球物理学报，51（6）：1851-1859.

董政，李熙盛，侯月明．2017. 珠江口盆地陆丰a构造文昌组文五段砂体超覆线地震识别及预测．地球物理学进展，32（2）：603-609.

高春云，周立发，路萍．2020. 测井曲线标准化研究进展综述．地球物理学进展，35（5）：1777-1783.

高静怀，汪玲玲，赵伟．2009. 基于反射地震记录变子波模型提高地震记录分辨率．地球物理学报，52（5）：1289-1300.

管永伟，陈同俊，崔若飞，等．2016. 声波阻抗反演识别陷落柱研究．地球物理学进展，31（03）：1320-1326.

贺维胜，夏吉庄，杨宏伟，等．2007. 三维高分辨率模型的建立及应用．石油学报，28（1）：58-60.

黄捍东，贺振华，刘洪昌．1999. 测井—构造约束地震资料目标反演．石油地球物理勘探，34（5）：595-600.

季敏，陈双全．2011. 基于数据驱动的合成地震记录技术及其应用研究．石油物探，50（4）：373-377.

李红，吕进英，王宏友．2007. 波阻抗约束反演技术预测煤层厚度．煤田地质与勘探，35（1）：74-77.

李宁，徐彬森，武宏亮，等．2021. 人工智能在测井地层评价中的应用现状及前景．石油学报，42（4）：508-522.

李仁海，崔若飞，毛欣荣，等．2008. 利用岩性解释方法圈定岩浆岩侵入煤层范围．地球物理学进展，23（1）：242-248.

梁光河，顾贤明．1993. 岩性地震勘探技术的发展现状及应用条件．石油地球物理勘探，28（3）：374-376.

刘文岭．2008. 地震约束储层地质建模技术．石油学报，29（1）：64-68.

陆文凯，张善文．2004. 基于频率搬移的地震资料约束测井资料外推．地球物理学报，47（2）：354-358.

吕杰堂，张铭，淮银超，等．2020. 煤储层测井分析和精细地质建模技术——以澳大利亚Surat盆地煤层气区为例．煤炭学报，45（5）：1824-1834.

马妮，印兴耀，孙成禹，等．2017. 基于正交各向异性介质理论的地应力地震预测方法．地球物理学报，60（12）：4766-4775.

马妮，印兴耀，孙成禹，等．2018. 基于方位地震数据的地应力反演方法．地球物理学报，61（2）：697-706.

马永生，张建宁，赵培荣，等．2016. 物探技术需求分析及攻关方向思考——以中国石化油气勘探为例．

石油物探，55（1）：1-9.
孟宪军，王延光，孙振涛，等．2005. 井间地震资料时间域波阻抗反演研究．石油学报，26（1）：47-49.
潘新朋，张广智，印兴耀．2018. 岩石物理驱动的储层裂缝参数与物性参数概率地震反演方法．地球物理学报，61（2）：683-696.
彭刘亚，崔若飞，仁川，等．2013. 利用岩性地震反演信息划分煤体结构．煤炭学报，38（S2）：410-415.
撒利明，杨午阳，姚逢昌，等．2015. 地震反演技术回顾与展望．石油地球物理勘探，50（1）：184-202.
沈财余，阎向华．1999. 测井约束地震反演的分辨率与地震分辨率的关系．石油物探，38（4）：96-106.
沈财余，江洁，赵华，等．2002. 测井约束地震反演解决地质问题能力的探讨．石油地球物理勘探，37（4）：372-376.
师素珍，孙超，魏文希，等．2016. 联合反演在煤层顶底板岩性预测中的应用．煤炭学报，41（S2）：338-341.
宋泽章，姜振学，原园，等．2016. “相控”测井曲线标准化及其应用——以鄂尔多斯盆地下寺湾地区延长组湖相泥页岩 TOC 评价为例．中国矿业大学学报，45（2）：310-318.
孙振涛，孟宪军，慎国强，等．2002. 高精度合成地震记录制作技术研究．石油地球物理勘探，37（6）：640-643.
王焕弟，陈小宏．2008. 层序约束储层预测技术在岩性油藏勘探中的应用．中国石油勘探，13（4）：36-42.
王延光．2002. 储层地震反演方法以及应用中的关键问题与对策．石油物探，41（3）：299-303.
王玉梅．2013. 叠前地震反演精度影响因素．油气地质与采收率，20（1）：55-58.
韦瑜，陈同俊，江晓雨，等．2017. 基于褶积模型的地震反演方法在煤田地质勘探中的应用．地球物理学进展，32（3）：1258-1265.
吴媚，李维新，符力耘．2007. 基于测井曲线分频分析的地震反演．石油地球物理勘探，42（z1）：65-71.
徐敬领，刘洛夫，邹长春，等．2012. 精细井—震标定研究沉积层序旋回的方法．石油地球物理勘探，47（6）：990-997.
杨立强．2003. 测井约束地震反演综述．地球物理学进展，18（3）：530-534.
杨培杰，印兴耀．2008. 地震子波提取方法综述．石油地球物理勘探，43（1）：123-128.
杨文采．1993. 地震道的非线性混沌反演——Ⅰ．理论和数值试验．地球物理学报，36（2）：222-232.
姚逢昌，甘利灯．2000. 地震反演的应用与限制．石油勘探与开发，27（2）：53-56.
印兴耀，裴松，李坤，等．2020. 多尺度快速匹配追踪多域联合地震反演方法．地球物理学报，63（9）：3431-3441.
曾正明．2005. 合成地震记录层位标定方法改进．石油地球物理勘探，40（5）：104-106.
查华胜，甘志超，刘卫佳，等．2014. 自然伽马拟声波曲线构建技术探讨．中国煤炭地质，26（5）：58-62.
张超英，周小鹰，董宁．2004. 测井约束的地震反演在鄂尔多斯盆地大牛地气田中的应用．地球物理学进展，19（4）：909-917.
张广智，刘洪，印兴耀．2005. 井旁道地震子波精细提取方法．石油地球物理勘探，40（2）：158-162.
张国栋，刘萱，田丽花，等．2010. 综合应用地震属性与地震反演进行储层描述．石油地球物理勘探，45（S1）：137-144.
张宏兵，尚作萍，杨长春，等．2005. 波阻抗反演正则参数估计．地球物理学报，48（1）：181-188.
张学芳，董月昌，慎国强，等．2005. 曲线重构技术在测井约束反演中的应用．石油勘探与开发，32

（3）：70-72.

张永华，陈萍，赵雨晴，等．2004. 基于合成记录的综合层位标定技术．石油地球物理勘探，39（1）：92-96.

张志明，曹丹平，印兴耀，等．2016. 时深转换中的井震联合速度建模方法研究与应用现状．地球物理学进展，31（5）：2276-2284.

赵小龙，吴国忱，曹丹平．2016. 多尺度地震资料稀疏贝叶斯联合反演方法．石油地球物理勘探，51（6）：1156-1163.

朱卫星，杨玉卿，赵永生，等．2013. 测井地震联合反演在地质导向风险控制中的应用．石油地球物理勘探，48（S1）：181-185.

邹冠贵，彭苏萍，张辉，等．2009. 地震波阻抗反演预测采区孔隙度方法．煤炭学报，34（11）：1507-1511.

左博新，胡祥云，韩波．2012. 基于褶积模型的地球物理反演模型增强．地球物理学报，55（12）：4058-4068.

Brossier R, Operto S, Virieux J. 2015. Velocity model building from seismic reflection data by full-waveform inversion. Geophysical Prospecting, 63 (2): 354-367.

Duijndam A J W. 1988. Bayesian estimation in seismic inversion. Geophysical Prospecting, 36 (8): 878-898.

Faraklioti M, Petrou M. 2004. Horizon picking in 3D seismic data volumes. Machine Vision and Applications, 15 (4): 216-219.

Figueiredo L D, Grana D, Santos M, et al. 2017. Bayesian seismic inversion based on rock-physics prior modeling for the joint estimation of acoustic impedance, porosity and lithofacies. Journal of Computational Physics, 336: 128-142.

Gan T, Goulty N R. 2010. Seismic inversion for coal-seam thicknesses: trials from the belvoir coalfield, england. Geophysical Prospecting, 45 (3): 535-549.

Gunning J, Glinsky M E. 2007. Detection of reservoir quality using bayesian seismic inversion. Geophysics, 72 (3): R37-R49.

Huang X R, Li L, Li F L, et al. 2021. Development and application of iterative facies-constrained seismic inversion. Applied Geophysics, 17 (4): 522-532.

Huang Z Y, Gan L D, Dai X F, et al. 2012. Key parameter optimization and analysis of stochastic seismic inversion. Applied Geophysics, 9 (1): 49-56.

Hunt L, Reynolds S, Hadley S, et al. 2011. Causal fracture prediction: Curvature, stress, and geomechanics. The Leading Edge, 30 (11): 1274-1286.

Koesoemadinata A P, Mcmechan G A. 2003. Petro-seismic inversion for sandstone properties. Geophysics, 68 (5): . 1611-1625.

Kolbjrnsen O, Buland A, Hauge R, et al. 2020. Bayesian seismic inversion for horizon, lithology and fluid prediction. Geophysics, 85 (3): 1-65.

Li G F, Li H, Ma Y Y, et al. 2011. Analysis of the ambiguity of log-constrained seismic impedance inversion. Petroleum Science, 8 (2): 151-156.

Li Y F. 2004. Joint inversion of seismic data for acoustic impedance. Geophysics, 69 (4): 994-1004.

Lupinacci W M, Franco A P D, Oliveira S A M, et al. 2017. A combined time-frequency filtering strategy for q-factor compensation of poststack seismic data. Geophysics, 82 (1): V1-V6.

Nie F. 2017. Application of velocity modeling technology based on seismic horizon constraint in puguang gas filed. Unconventional Oil and Gas, 4 (2): 1-7.

Ning S H. 2006. A study of thin sandstone reservoirs by high- resolution seismic inversion. Petroleum Science, 3 (3): 32-35.

Rong H D, Cheng, Y, Nueraili Z, et al. 2018. Seismic inversion with adaptive edge- preserving smoothing preconditioning on impedance modelinversion with model preconditioning. Geophysics, 84 (1): R25-R33.

Rui Z, Zhi W D. 2018. A depth variant seismic wavelet extraction method for inversion of poststack depth-domain seismic datadepth- variant wavelet extraction. Geophysics, 83 (6): 569-579.

Sarkheil H. 2020. Overview of seismic inversion steps. Reviews of Geophysics, 8 (1): 1-5.

Sun X K, Feng S M. 2010. Wavelet extraction methods in seismic inversion system. Computing Techniques for Geophysical and Geochemical Exploration, 32 (2): 120-125.

Tarantola A. 1984. Inversion of seismic reflection data in the acoustic approximation. Geophysics, 49 (8): 1259-1266.

Wang L, Zhou H, Liu W, et al. 2021. High-resolution seismic acoustic impedance inversion with sparsity-based statistical model. Geophysics, 86 (4): 1-129.

Wang Y H. 2015. Generalized seismic wavelets. Geophysical Journal International, 203 (2): 1172-1178.

Weglein A B, Zhang H Y, Ramí Rez A C, et al. 2009. Clarifying the underlying and fundamental meaning of the approximate linear inversion of seismic data. Geophysics, 74 (6): WCD1-WCD13.

Wu X M, Guillaume C. 2016. Simultaneous multiple well- seismic ties using flattened synthetic and real seismograms. Geophysics, 82 (1): IM13-IM20.

Xu J, Liu L, Wang G, et al. 2013. Study of sedimentary sequence cycles by well-seismic calibration. Petroleum Science, 10 (1): 65-72.

Yuan S Y, Wang S X. 2011. Influence of inaccurate wavelet phase estimation onseismic inversion. Applied Geophysics, 8 (1): 48-59.

Zhang X, Liu C, Feng X, et al. 2020. The attenuated ricker wavelet basis for seismic trace decomposition and attenuation analysis. Geophysical Prospecting, 68 (2): 371-381.